Stählerne Druckrohrverzweigungen

Stählerne Druckrohrverzweigungen

Entwurf und Berechnung

Von

Dr.-Ing. Hans Atrops

Köln

Mit 122 Abbildungen

Springer-Verlag

Berlin / Göttingen / Heidelberg

1963

ISBN-13: 978-3-540-02941-0 e-ISBN-13: 978-3-642-94858-9
DOI: 10.1007/978-3-642-94858-9

Library of Congress Catalog Card Number: 63—22737

Vorwort

In der Energiewirtschaft zeigt sich in zunehmendem Maße das Bestreben, gasförmige, flüssige und feste Stoffe unter Innendruck in stählernen Rohrleitungen zu transportieren. Dieser Verkehrsweg besonderer Art macht Verzweigungspunkte notwendig, die so gestaltet sein müssen, daß sie den unterschiedlichsten Betriebsanforderungen genügen.

Im vorliegenden Buche wird versucht, aufbauend auf Erfahrungen vornehmlich der letzten 15 Jahre, die vielseitigen Gesichtspunkte für die konstruktive und festigkeitstheoretische Bearbeitung von Verzweigungen zusammenzufassen bzw. zu entwickeln. Dabei werden Berechnungsmethoden angegeben, deren Vorzüge entweder in ihrer großen Genauigkeit oder in ihrem geringen Zeitaufwand liegen, so daß sie den jeweiligen Absichten des Praktikers genügen können. Die zahlreichen Abbildungen sollen ein schnelles Einarbeiten erleichtern.

Bei der Abfassung des Manuskriptes wurde ich von meiner Frau tatkräftig unterstützt. Besonderer Dank gilt dem Springer-Verlag für seine verständnisvollen Ratschläge sowie für die gewohnt vorzügliche drucktechnische Gestaltung und Ausstattung des Buches.

Köln, im April 1963

H. Atrops

Inhaltsverzeichnis

I. Einleitung

Der Weg vom Bauvorhaben bis zur Inbetriebnahme eines Wasserkraftwerks berührt praktisch alle Disziplinen des Bauwesens. Nicht nur der Planer und Entwurfsbearbeiter, sondern auch der nur mit einer Teilaufgabe betraute Ingenieur wird gezwungen, wie wohl kaum bei einem anderen Bauwerk seinen Beitrag im Miteinander des Ganzen zu sehen.

Wenn die stählerne Druckrohrleitung an den Gesamtkosten meist nur einen geringen Anteil hat, so kommt ihr vom Standpunkt der Betriebssicherheit jedoch entscheidende Bedeutung zu. Die Entwicklung und der Bau großer Leitungssysteme in den letzten Jahrzehnten haben mannigfache Anregungen und Aufschlüsse über das Verhalten der Einzelteile dieser Systeme gegeben. Dabei werden Lage und Anordnung der Leitungen bestimmt durch die angestrebte Druckhöhe an der Turbine, durch die Art des Staudamms, die Lage des Rohrein- und -auslaufs, die topographischen Verhältnisse im Einzugsgebiet und zwischen Staudamm und Krafthaus, durch die Art der Wasserablenkung während des Baues usw.

Sind mehrere Turbinen vorgesehen, so ergeben sich für die Rohranordnung zwei Möglichkeiten: 1. Jede Turbine erhält eine besondere Zuleitung. Der Vorteil besteht in kleineren Rohrdurchmessern, größerer Beweglichkeit in der Rohrverlegung, besserer Turbinenregulierung, in dem Vermeiden komplizierter Abzweige und in weniger schwerwiegenden Betriebsstörungen bei Schadensfällen. Allerdings sind die Herstellungs- und Unterhaltungskosten erheblich höher als bei 2. dem Verteilersystem, das im Bau wesentlich wirtschaftlicher ist und das niedrigere Druckverluste aufweist. Ein besonders wichtiges Bauglied in diesem System bildet das Rohrverzweigungsstück. Geht die Hauptleitung in zwei oder mehr Hauptleitungen gleichen oder geringeren Durchmessers über, so liegt ein sog. Hosenrohr vor, während das Verbindungsstück Hauptrohr-Nebenrohr als Rohrabzweig bezeichnet wird.

Die Betrachtung der Rohrverzweigung kann nicht isoliert erfolgen, d. h., grundsätzlich beeinflußt das Gesamtsystem diesen Knotenpunkt in starkem Maße. Dieser Einfluß läßt sich in seiner Größe jedoch auf konstruktivem Wege steuern, während dem durch die Verschneidung von Rohrschalen ausgelösten Kräftespiel nur in der Verzweigung selbst begegnet werden kann. Die Aufnahme der durch die empfindliche Störung des Gleichgewichts frei werdenden Kräfte geschieht entweder nur durch Erhöhung der Wanddicken im Störbereich oder durch Anordnung von

Versteifungskonstruktionen, die im Rohrinnern oder auf den Rohrschalen angeordnet werden. Über die Zweckmäßigkeit, die Versteifungen möglichst starr oder möglichst elastisch auszubilden, gehen die Ansichten z. Z. weit auseinander.

Die zahlreichen bekannt gewordenen Versuche und Schadensfälle haben gezeigt, daß das Bestreben, die Probleme am Tragwerk ,,Rohrverzweigung" nur von der statischen Seite her lösen zu wollen, geradezu gefährlich sein kann. Deshalb hat derjenige, dem die verantwortungsvolle Aufgabe des Entwurfs einer Rohrverzweigung aufgetragen wird, neben der Festigkeitsuntersuchung die Fragen der Werkstoffwahl, der zweckmäßigsten Anordnung der Konstruktionselemente im Hinblick auf schweißtechnische Möglichkeiten und die dadurch ausgelösten Spannungszustände genauso zu überdenken wie die hydraulischen Wünsche nach strömungstechnisch günstiger und druckstoßsicherer Gestaltung.

Daraus ergibt sich zwangläufig die Gliederung vorliegenden Buches. Die angegebenen Ausführungen von Verzweigungen sollen deutlich machen, daß die Lösungen einen Kompromiß darstellen müssen, denn die Forderungen, die Statiker, Konstrukteur, Hydrauliker, Schweißingenieur und Metallurge stellen, widersprechen teilweise einander. Dem Ingenieur zu helfen, die zahlreichen Gebiete, die beim Entwurf der Verzweigung berührt werden, sinnvoll aufeinander abzustimmen und darüber hinaus ihn zu befähigen, Festigkeitsberechnungen aufzustellen, die dem tatsächlichen Verhalten der Konstruktionsteile weitgehend nahekommen, ist der Sinn dieses Buches.

II. Entwurfsgrundlagen

1. Die Rohrleitungsanlage

Von der Wasserfassung bis zu den Turbinen muß das Triebwasser meist eine längere Strecke durchlaufen. Dabei soll es mit den geringsten Verlusten an Druckhöhe den Turbinen zugeführt werden. Die hierzu verwendeten Druckrohre gehören zu den wichtigsten Bestandteilen einer Mittel- oder Hochdruckanlage, weil in ihnen alle nur möglichen normalen und anormalen Betriebsverhältnisse sich auswirken können. Deshalb muß bei der Gesamtplanung der Rohrtrasse sowohl nach deren Lage als auch nach deren Dimensionierung der Katastrophenfall mit seinen etwaigen Auswirkungen bedacht werden. Von den beiden Verlegungsmöglichkeiten offen oder überdeckt kommt bisher bei großen Rohrleitungen meist die offene Verlegung auf Rohrsätteln in Frage, wobei die Leitungsknickpunkte zu Stahlbeton-Festpunkten ausgebildet werden. Allerdings werden in letzter Zeit in zunehmendem Maße Kavernenkraftwerke erstellt.

Kleinere Rohrleitungen werden gerne überdeckt verlegt. Dadurch sind sie äußeren Einflüssen wie Temperatur, Steinschlag, Schnee, nicht mehr ausgesetzt. Nach dem Verlegen kann das Gelände über der Leitung wieder einer Nutzung zugeführt werden. Die Instandhaltung und Ausbesserung der verdeckten Leitung ist jedoch erschwert.

Die Wahl von Rohrart und Rohrdurchmesser erfolgt nicht nur auf Grund hydraulischer, sondern vor allem auch wirtschaftlicher Erwägungen. So wird die Rohrleitung im Bereich geringen Druckes mit einem größeren, im Bereich zunehmenden Druckes und größerer Wanddicke mit einem kleineren Durchmesser ausgeführt. Während bei großen Rohrdurchmessern die Anlagekosten hoch sind, ist bei engen Rohren der Druckabfall groß, wodurch die Stromerzeugungskosten bzw. in Ölleitungen die Transportkosten steigen. Man wird versuchen, möglichst kleine Rohrdurchmesser ohne Benachteiligung der hydraulischen Erfordernisse einzuführen. Eine Untersuchung über die hydraulischen Verluste ergibt eine Abhängigkeit der Druckhöhenverminderung von den Abmessungen der Rohrleitungen etwa nach Maßgabe des Quotienten $K\, l/d^5$. Darin ist K eine Konstante, l die Rohrleitungslänge und d der Rohrdurchmesser. Der wirtschaftlichste Durchmesser ist somit der, bei dem die Summe aus den jährlichen Aufwendungen für die Rohrleitung und der Jahresausfall an Einnahmen infolge von Druckverlusten ein Minimum wird. Es wird empfohlen, bei Fallhöhen

$$H > 100\,\mathrm{m}:\ d = \sqrt[7]{\frac{5{,}2\ Q^3}{H}} \quad [\mathrm{m}] \tag{1}$$

$$H < 100\,\mathrm{m}:\ d = \sqrt[7]{0{,}052\, Q^3} \quad [\mathrm{m}]. \tag{2}$$

Damit liegt aber wegen $v = Q/F$ auch die Fließgeschwindigkeit fest, mit der die Verluste quadratisch zunehmen. Der Durchmesser bestimmt ebenfalls die Wanddicke. Mit zunehmender Wanddicke wiederum sinkt die Sicherheit, weil die Sprödbruchgefahr steigt. — Vorgenannte Zusammenhänge zwischen Wassermenge und Durchmesser d führen zu einer Strömungsgeschwindigkeit v in Hochdruckanlagen zwischen 3 und 8 m/s.

Sollen mehrere Turbinenaggregate gespeist werden, ist zu erwägen, ob an Stelle einer einzigen Leitung mit großer Lichtweite und anschließendem Verteilrohrsystem zwei oder mehrere Rohrstränge mit kleinerem Durchmesser vorteilhafter sind. Soll z. B. die Wassermenge $Q = 140\ \mathrm{m^3/s}$ mit einer Geschwindigkeit $v = 5{,}57$ m/s im Fall a durch eine Einzelleitung von 5,68 m lichter Weite, im Fall b durch zwei Leitungen von je 4,00 m Innendurchmesser fließen, so folgt für die Verlusthöhe

$$h_r = \xi\, l/d\ v^2/2g = K/d \tag{3}$$

im Fall a:

$$h_r = K/5{,}68 = 0{,}176\ K \tag{3a}$$

im Fall b:

$$h_r = K/4{,}00 = 0{,}25\ K$$

d. h., bei einer Einzelleitung sinkt der Reibungsverlust hier um ein Drittel. Geht man umgekehrt davon aus, in der Einzel- und in der Doppelleitung den gleichen Reibungsverlust h_r zu haben, dann erfordern 2 Stränge gegenüber einem Strang ein bis zu 20% höheres Rohrgewicht.

Im Gegensatz zu den Parallelrohrsträngen, die unmittelbar von der Wasserfassung bis zur Turbine geführt werden, macht nur ein Hauptstrang, der mehrere Turbinenaggregate speisen soll, ein Verteilrohrsystem notwendig. Trotz der Verzweigungspunkte ist beim Verteilrohrsystem der Gesamtdruckverlust geringer als bei Einzelsträngen. Interessant ist die Gegenüberstellung der beiden Anordnungen bei gleicher Druckhöhe und gleicher Durchflußmenge Q. Es sei die Druckhöhe einschließlich Druckstoßzuschlag $h = 215$ m. Für die beliebig gewählte Vergleichsstrecke von 150 m Länge mögen die Abmessungen der Rohrleitung Waldshut des Schluchsee-Kraftwerks zugrunde gelegt werden [*85*]. Messungen, die vornehmlich in der Schweiz durchgeführt wurden, ergaben für das geradeaus strömende Wasser in der stählernen Rohrleitung als günstigste Widerstandszahl $\xi = 0{,}025$. Mit diesem Wert wird für die 2 Einzelstränge von je 150 m Länge:

$$h_r = \frac{0{,}025 \cdot 150 \cdot 5{,}57^2}{4{,}00 \cdot 2 \cdot 9.81} = 14{,}85\,\text{m} = 7\,\% \text{ von } h$$

Mit den Maßen der Verteilleitung ergibt sich dort:

$$h'_r = \frac{0{,}025}{2 \cdot 9{,}81}\left(\frac{100 \cdot 5{,}49^2}{5{,}70} + \frac{50 \cdot 5{,}57^2}{4{,}00}\right) = 11{,}48\,\text{m}$$

Zusätzlich ist noch der Hosenrohrverlust $h''_r = 0{,}75$ m als Mittelwert der verschiedenen Gestaltungsmöglichkeiten zu berücksichtigen. Damit wird

$$h_r = h'_r + h''_r = 11{,}48 + 0{,}75 = 12{,}23\text{ m} = 5{,}7\,\% \text{ von } h$$

Der Mehrverlust bei 2 Einzelsträngen beträgt 14,85 — 11,48 = 3,37 m. Bei einer Betriebswassermenge von 140 m³/s ist die zusätzliche Leistungsminderung

$$N = 11 Q\, h_r = 11 \cdot 140 \cdot 3{,}37 = 5190\text{ PS} = 3820\text{ kW} \tag{4}$$

gegenüber der Verteilrohrleitung, was bei kontinuierlichem Betrieb einem jährlichen Verlust von maximal $33{,}5 \cdot 10^6$ (kWh) entspricht. Wenn der Anteil des Hosenrohrs am Leitungsgesamtverlust auch nur gering ist, so ist doch zu bedenken, daß jeder Zentimeter Verlusthöhe in der Verzweigung, der vermieden werden kann, $11 Q \cdot 0{,}01/1{,}36 = 0{,}081 Q$ (kW) einbringt, was bei $Q = 140\,\text{m}^3/\text{s}$ einer elektrischen Arbeit von $0{,}081 \cdot 140 \cdot 24 \cdot 365 = 99200$ (kWh) jährlich entspricht.

Ein Gewichtsvergleich für dieses Beispiel zeitigt folgendes Ergebnis:

Bei $p = 21{,}5$ atü, $d = 4{,}00$ m und einer zulässigen Ringspannung von 1700 kg/cm² ist die erforderliche Blechdicke $t = 21{,}5 \cdot 400/2 \cdot 1700 = 2{,}5$ cm und das Gesamtgewicht der 2 Rohrstränge

$$G_2 = 2\pi\, dt \cdot 0{,}785 \cdot l = 2 \cdot 3{,}14 \cdot 400 \cdot 2{,}5 \cdot 0{,}785 \cdot 150 = 738 \text{ t}$$

Nimmt man ein Gewicht von 120 t für das 10 m lange, ausgesteifte Hosenrohr an, so ist bei einer Hauptrohr-Blechdicke von $t = 21{,}5 \cdot 750/2 \cdot 1700 = 3{,}6$ cm das Gesamtgewicht der Verteilleitung

$$G_1 = 120 + 3{,}14 \cdot 570 \cdot 3{,}6 \cdot 0{,}785 \cdot 90 + 2 \cdot 3{,}14 \cdot 400 \cdot 2{,}5 \cdot 0{,}785 \cdot 50$$
$$= 120 + 457 + 246 = 823 \text{ t}$$

wenn man für das Hauptrohr $l = 90$ m und für die beiden Verteilrohre je 50 m Länge ansetzt.

Durch das Mehrgewicht und den höheren Tonnenpreis für die Verzweigungskonstruktion erhöhen sich die Kosten der Stahlkonstruktion, wenn auch der Hosenrohranteil, bezogen auf die Längeneinheit, mit zunehmender Rohrlänge kleiner wird.

Da die Leitungsverluste bei der Verteilleitung jedoch wesentlich kleiner sind als bei den Einzelsträngen, werden die höheren Rohrkosten bei den Werten dieses Beispiels schon im ersten Betriebsjahr wieder aufgewogen. Hinzu kommt noch, daß weitere Faktoren, wie Transport, Rohrstollen, Fels- und Aushubarbeiten, Auflagerung und Fixierung, Unterhaltung usw., die Anlagekosten zugunsten des Verteilrohrsystems verschieben, so daß schon ohne Berücksichtigung der Energieverluste die verzweigte Rohrleitung in den Gesamtanlagekosten normalerweise niedriger ist.

Die Ansicht, daß der Verzweigungspunkt eine größere Schadensanfälligkeit besitzt als die unverzweigte Rohrleitung, ist nicht stichhaltig bei dem heutigen Stande der Fertigungstechnik und den zur Verfügung stehenden kerbzähen, schweiß- und sprödbruchsicheren Werkstoffen. Zudem ereigneten sich die bisher bekannt gewordenen Rohrbrüche fast ausschließlich in der Rohrleitung und nicht in den Verzweigungspunkten.

2. Lasten und zulässige Spannungen

Die Voraussetzung für die Planung und Berechnung ist eine weitgehende Erfassung der vorhandenen und möglichen Lasten im Rohrleitungs- und Verzweigungsbereich. Entsprechend den Verlegungsmöglichkeiten als freitragende, oberirdisch verlegte oder als überdeckte, eingebettete Druckrohrleitung können dauernde oder unterbrochene, gleichmäßige oder ungleichmäßige Beanspruchungen auftreten. Nach ihrer Wirkungsweise unterscheidet man statische und dynamische Lasten.

Zu den statischen Lasten gehören Eigengewicht, Überdeckungen, Erd- und äußerer Wasserdruck, Steinschlag, Gebirgsdruck, Schneelast, Temperatur, Fundamentsetzungen, Verkehrslast, Eisbildung, Reibung und als wichtigste Last das unter Innendruck stehende ruhende oder fließende Wasser.

Dynamische Lasten sind die Folgen langsamer, schneller oder schlagartiger Veränderungen des Strömungsvorganges in der Rohrleitung (Regulierung der Turbinen, Anfahren von Turbinen und Pumpen, Versagen von Reglern und Abschlußorganen, Rückwirkungen von Belastungsschwankungen des Stromnetzes usw.).

Bedingen diese Lasten schon beim geraden Rohr eine sorgfältige Untersuchung, so gilt das für die Rohrverzweigung mit ihren verwickelten Verhältnissen in besonderem Maße. Außerdem ist das Hosenrohr der Knotenpunkt eines meist hochgradig statisch unbestimmten Gesamtsystems. Namentlich im geschlossenen Rohrsystem können, wie im Abschn. IV 5 (S. 123) nachgewiesen, infolge von Dehnungen aus Temperatur und Innendruck erhebliche Schnittgrößen und damit Zusatzspannungen auftreten.

Bei den üblichen Abmessungen ist im Gegensatz zum Innendruck der Einfluß der statischen Lasten, Eigengewicht und Wasserfüllung gering. Während z. B. bei einer Druckrohrleitung von 3,00 m Durchmesser und 20 mm Wanddicke infolge Innendruck $p = 10$ kg/cm² die Tangentialspannung 750 kg/cm² beträgt, ergibt sich bei 10 m Stützweite eine Biegespannung infolge Eigengewicht von 8 kg/cm², infolge Wasserlast eine solche von 39 kg/cm². Da Hosenrohre in noch kürzeren Abständen oder stetig aufgelagert werden, sind diese Spannungen praktisch bedeutungslos. Das gilt auch für die restlichen statischen Lastarten mit Ausnahme der Dehnungen infolge von Temperatur und Normalkräften (s. S. 125), wenn diesen nicht durch geschickte Unterteilung und Verankerung begegnet wird. Bei der Berechnung von offen verlegten Druckrohrleitungen wählt man im allgemeinen einen Temperaturbereich von +50 °C bis —10 °C. Die dadurch bedingten erheblichen Spannungen vom Hosenrohr weitgehend fernzuhalten (Dehnungsmuffen usw.), ist ebenfalls ratsam. — Der Gebirgsdruck kommt für die Rohrverzweigung meist nicht in Frage, da sie schon aus Sicherheits- und betrieblichen Gründen entweder im Freien liegt oder in einer eigens dafür ausgebauten Rohrkammer.

Bei der Festlegung des Innendrucks müssen sowohl der geodätische Druck, welcher sich aus den Höhenkoten der Anlage ergibt, als auch die verschiedenen Betriebsdrücke, die beim Anfahren oder Schließen der Turbinen oder Pumpen auftreten, berücksichtigt werden. Es sind also die maximal auftretenden Über- und Unterdrücke zu bestimmen und durch

Drucklinien höhenmäßig über der abgewickelten Rohrachse zu charakterisieren unter Einbeziehung der Druckverluste. Sind dynamische Lastwirkungen, z. B. Druckstöße zu erwarten, so bildet die Drucklinie die Einhüllende der in den verschiedenen Querschnitten der Rohrleitung zu verschiedenen Zeitpunkten auftretenden Druckmaxima. Häufig genügt es, die Drucklinie nur in der Nähe der Turbine und in der Nähe des Wasserschlosses festzulegen. Dazwischen kann sie näherungsweise als Gerade angenommen werden.

Die „Richtlinien“ [*34*] unterscheiden bezüglich des Innendrucks drei wesentliche Belastungsgruppen:

a) Betriebslastfälle (Geodätischer Druck, Turbinenschließdruck, Maximaldruck im Wasserschloß, Pumpenbetriebs-, -anfahr- und -ausfalldruck).

b) Ausnahmelastfälle (Turbinenversagerdruck infolge Ausfall eines vorhandenen Druckreglers; Pumpenversagerdruck, wenn die Pumpe gegen ein versehentlich geschlossenes Drossel- oder Absperrorgan anfährt).

c) Katastrophenlastfälle treten ein, wenn gleichzeitig mehrere Ausnahmelastfälle sich ereignen.

Die Aufstellung der statischen Berechnung und der Festigkeitsnachweis sind erst möglich, wenn der sog. Bemessungsdruck als Ergebnis der unter a), b) und c) angegebenen und untersuchten statischen und dynamischen Lastfälle verbindlich festgelegt ist.

Von den unvorherzusehenden dynamischen Lasten ist der wichtigste der Wasserschlag oder Druckstoß, eine plötzliche Druckänderung in einer Turbinenrohrleitung bei Regel- oder Absperrvorgängen. Wird bei einer plötzlichen Entlastung der Turbine der Leitapparat schnell geschlossen, dann wird die gesamte fließende Wassermenge augenblicklich angehalten und die kinetische Wasserenergie muß sich in Druck umsetzen, der eine außerordentliche, gefährliche Höhe erreichen kann. Die Intensität des Wasserschlags ist proportional der Fortpflanzungsgeschwindigkeit der hervorgerufenen Druckwelle und der Geschwindigkeit der vernichteten Strömung. Ein Durchmesserwechsel kompliziert das Problem sehr; bei mehreren Abzweigen ist zudem die Druckwellenreflexion in Betracht zu ziehen. Dabei ist die Steilheit der Wellenfront und nicht nur die Größe des Druckstoßes von Wichtigkeit. Die Reflexion kann dadurch reduziert werden, daß Rohrdurchmesser und Wanddicke einander entlang des Stranges angepaßt werden. — Beim Öffnen des Reglers entsteht zunächst eine Druckminderung (Einbeulgefahr durch Unterdruck), d. h. ein negativer Druckstoß mit ähnlichem Verlauf wie der positive. Um einen Unterdruck in der freien Druckrohrleitung in Ausnahme- oder Katastrophenlastfällen zu verhindern, werden meist Belüftungsventile eingebaut, so daß das Einbeulproblem nicht aktuell wird.

Schon bei der Projektierung von Verteilleitungen ist die Vorausberechnung des zeitlichen Verlaufs der Druckschwankungen an charakteristischen Stellen der Rohrleitung für verschiedene Betriebsfälle von großer Bedeutung, da sie die Voraussetzung für die Festigkeits- und Rentabilitätsberechnung bildet. Auf Grund der später durchgeführten Druckstoßmessungen können die vorausberechneten Werte überprüft werden. Der Vergleich der Rechnung mit den Versuchswerten schafft dann wieder verbesserte Unterlagen für neue Projektierungen. Die genaue Vorausberechnung des Wasserschlags steigt in ihrem Wert mit der Höhe der Anforderungen, die heute an die Druckrohrleitung und ihren Betrieb gestellt werden.

Aufbauend auf die Theorie von ALLIEVI sind eine Reihe von Berechnungsmethoden entwickelt worden, die unter Berücksichtigung der Elastizität von Rohr und Wasser gestatten, die Verhältnisse auch in komplizierten Leistungssystemen vorauszuberechnen. Besonders zweckmäßig hat sich das von SCHNYDER und BERGERON entwickelte Stoßlinienverfahren erwiesen [*195*]. — Nach A. HRUSCHKA [*78*] muß man in der Praxis mit Drucksteigerungen zwischen 3 und 50% rechnen; meist liegen sie bei 10 bis 15% der normalen Druckhöhe.

Die Güte der Konstruktion ist bei der Wasserdruckprobe mit Hilfe von Dehnungsmessungen nachzuweisen. Es ist anzustreben, daß die Sicherheit gegen Fließen auch an Stellen von Spannungshäufungen und Spannungsspitzen eine 1,3fache ist; bei einem Probedruck gleich dem 1,3fachen Bemessungsdruck dürfen demnach die Messungen auch an solchen Spannungshäufungsstellen keine nennenswerten bleibenden Dehnungen ergeben. — Oft wird als Probedruck auch der 1,5fache Betriebsdruck verlangt.

Bei Formstücken, Abzweigen, Hosenrohren u. dgl. muß die Vergleichsspannung ermittelt werden, da sie für das Erreichen der Fließgrenze und damit für das Entstehen bleibender Verformung maßgebend ist. Sowohl die Hauptspannung σ_1 als auch die Vergleichsspannung σ_v werden mit der Streckgrenze bzw. der 0,2-Grenze des Materials gemäß dem einfachen Zugversuch verglichen. Sie dürfen einen bestimmten prozentualen Anteil K dieser Grenze nicht überschreiten. Bei ausgesprochen 3achsigen Spannungszuständen würde die Ermittlung der Vergleichsspannung σ_v nach der Gestaltsänderungshypothese unzureichend; hier dürfte die größte Hauptspannung zwar theoretisch bis nahe an die Trennfestigkeit hinreichen, jedoch sollte trotz der durch die Mehrachsigkeit bedingten Streckgrenzenerhöhung auch hier sicherheitshalber die größte Hauptspannung den Anteil K der Streckgrenze des einfachen Zugversuches nicht überschreiten.

Für Abzweige, Hosenrohre, Versteifungsbügel und Ringe werden in den „Richtlinien“ [34] für $K = \sigma_{zul}/\sigma_F$ angegeben, wenn

Bemessungsdruck = Betriebslastfälle A: $K = 0{,}45$ bis 0,55
Bemessungsdruck = Ausnahmelastfälle B: $K = 0{,}50$ bis 0,65
Bemessungsdruck = Katastrophenlastfälle C: K bis zu 1,0

Die Anwendung der K-Werte setzt voraus, daß als Werkstoff in der Verzweigung ein beruhigt vergossener, alterungsbeständiger Baustahl verwendet wird, entweder der Gütegruppe B nach DIN 17100 oder, vorwiegend bei Dicken über 35 mm, ein trennbruchsicherer Sonderbaustahl.

Als Beispiel für die Handhabung der K-Werte sei darauf hingewiesen, daß bei bedeutenden österreichischen Druckrohrleitungen der letzten Jahre (Glockner-Kaprun, Reißeck-Kreuzeck) auf Grund zahlreicher Versuche und Erfahrungen festgelegt wurden:

für den Betriebslastfall $\sigma_v = 0{,}52\,\sigma_F$
für den Ausnahmelastfall $\sigma_v = 0{,}65\,\sigma_F$
für den Katastrophenlastfall $\sigma_v = 0{,}80\,\sigma_F$

In jedem Falle sollte man das Kräftespiel und die Spannungsverteilung am Modell bzw. besser noch am Original durch Messungen zu bestätigen suchen. Es sei auch hier wieder betont, daß die Wahl des richtigen Werkstoffs und seine beanspruchungsgerechte Verwendung wichtiger sind als die festgelegten zulässigen Spannungen.

3. Der günstigste Verzweigungswinkel

Die Frage nach dem vorteilhaftesten Winkel 2β innerhalb des Hosenrohrs zwischen den beiden abgehenden Rohrsträngen wird vom Hydrauliker anders beantwortet werden als vom Bauherrn, vom Statiker oder vom Hersteller. Während hydraulisch ein kleiner Winkel wünschenswert ist, um durch Vermeidung von Ablösungen oder von großen Unterschieden der Geschwindigkeitsverteilung des Wassers im gleichen Querschnitt die Druckverluste auf einen Kleinstwert zu beschränken, ist dem Statiker und Hersteller an einem großen Öffnungswinkel gelegen, um kleinere Versteifungskonstruktionen und bequemere Bearbeitungsmöglichkeiten zu haben. Den Bauherrn wiederum interessiert die effektive Leistung der Gesamtanlage des Kraftwerks, in dem die Druckrohrleitungen die „Schlagadern“ darstellen, d. h. ein hydraulisch günstiger Verzweigungswinkel ist unter dem Gesichtspunkt zu sehen, daß er in vielen Fällen Rohrkrümmungen notwendig machen kann, die zusätzliche Verluste an Druckhöhe bedingen. Bei der Entscheidung über den Verzweigungswinkel 2β haben aber hydraulische Gesichtspunkte den Vorrang. Dabei sei vermerkt, daß beim Konusrohr der Winkel α zwischen Kegelachse und Kegelmantellinie kleiner als 5° sein soll, um Ablösungen und damit zusätzliche Druckverluste zu vermeiden.

3.1 Hydraulische Überlegungen

Vergleicht man Verzweigungen mit gleichem Öffnungswinkel, so haben ausgerundete Ecken und konische Übergänge zwischen Hauptrohr und Verteilrohr auf die Ausbildung einer möglichst ablösungsfreien Strömung bei unsymmetrischem Durchfluß günstigen Einfluß. Bis zu 30% können so die Druckverluste bei starken Abrundungen gegenüber scharfen Durchdringungskanten verringert werden. Als Ausrundungsradius im spitzen Winkel wird $r = 10\%$ des Abzweigdurchmessers vorgeschlagen. Bei symmetrischer Anströmung ist demgegenüber eine scharfkantige Verzweigung ohne plötzliche Diskontinuitäten günstiger als die abgerundete Form.

Bekanntlich sind Strömungsverluste bei verzögerter Strömung im Hosenrohr besonders groß [*85*]. Man muß daher einen allmählichen, kontinuierlichen Übergang vom Hauptrohrquerschnitt auf die Verteilrohrquerschnitte anstreben, was sich jedoch konstruktiv nicht ganz erreichen läßt. Günstig ist bei einer 90°-Ablenkung ein 45°-Verzweigungsstück mit nachfolgender Anordnung eines 45°-Bogens.

Bei einer Gesamtwassermenge Q_1 und einer Verteilrohrwassermenge $0{,}5\,Q_1$ ergibt sich der geringste Gesamtverlust. Die Untersuchungen von

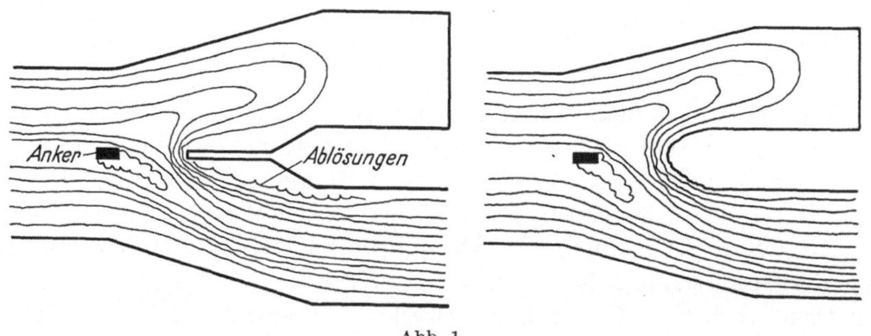

Abb. 1

Vogel und Petermann [*45*, *46*] zeigen, daß bei $Q_2/Q_1 = 0$ (unsymmetrischer Abfluß, Rohr 2 völlig abgesperrt) die Verlustziffer $\xi \neq 0$ ist, weil sich Nebenströmungen ausbilden. Zudem tritt auf der Strecke a zunächst eine Querschnittsvergrößerung ein, die eine Geschwindigkeitsabnahme zur Folge hat, was die Tendenz zur Wirbelbildung begünstigt. Eine Vergrößerung des Durchmesserverhältnisses D_V/D_H wirkt sich günstig auf die Gesamtverluste aus, besonders dann, wenn der symmetrische Abfluß den Normalfall darstellt.

Nicht nur das Wassermengenverhältnis, sondern der Hosenrohrverlust in Abhängigkeit von der Gesamtwassermenge Q_1, d. h. von der Turbinenbelastung, ist von Bedeutung. Die von der Fa. Gebr. Sulzer [*71*] durchgeführten Messungen an einem Hosenrohr mit einem Verzweigungswinkel von etwa 45°, einem Hauptrohrdurchmesser von 1,20 m, 2 Verteilrohren von je 0,9 m und einer Form, die etwa derjenigen in der Skizze entspricht, zeigten das in der Tabelle wiedergegebene Ergebnis. Dabei ist zu bemerken, daß das Hosenrohr bei vorläufig einsträngigem Ausbau nur einseitig durchflossen wird. Die fast quadratisch mit der Wassermenge zunehmenden Verluste in der Verzweigung werden besonders deutlich (Abb. 3).

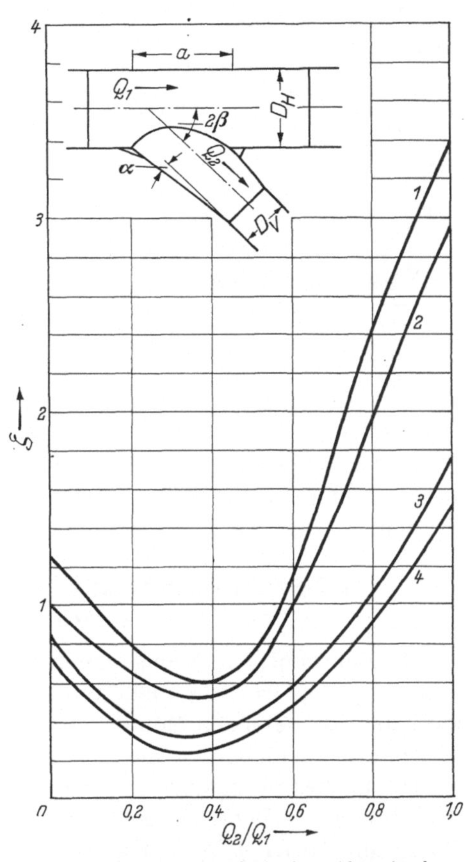

Abb. 2. Gesamtdruckverlust eines Abzweigrohres in Abhängigkeit der Wassermenge Q_2/Q_1
1 Rohr konisch, Stutzen zylindrisch, Kanten scharf; *2* Rohr zylindrisch, Stutzen zylindrisch, Kanten scharf; *3* Rohr zylindrisch, Stutzen konisch, Kanten scharf; *4* Rohr zylindrisch, Stutzen konisch, Kanten voll [*71*]

Der Vergleich einer rechtwinkligen Verzweigung mit der unter 45° zeigt, daß bei einem Verzweigungswinkel von 45° eine Ersparnis an Verlustleistung bis zu 60% bei sonst gleichen Verhältnissen zu erzielen ist [*71*]. Die die Verluste in der Verzweigung bestimmenden Faktoren, wie Gesamtwassermenge und Wassermengenverhältnis, Durchflußgeschwindigkeit und Durchmesserverhältnis, stellt ONIGA [*9*] zusammen. Die Verhältniswerte für Durchmesser und Geschwindigkeit sind dabei Optimalwerte. Von den Wassermengenquotienten aus Gesamtwassermenge Q zur Teilwassermenge Q_a in einem Verteilrohr wurde der Wert $Q_a/Q = 0{,}5$ betrachtet (Abb. 3):

Wichtig ist hier nicht nur die Größe von ξ_a, sondern seine starke, fast lineare Zunahme bei größer werdendem Verzweigungswinkel. Bekanntlich besteht ξ_a zum überwiegenden Teil aus reinen Umlenkverlusten, wozu noch Krümmerverluste treten, wenn bereits am Hosenrohrende die

Verteilstränge parallel verlaufen, die jedoch erheblich kleiner sind als die eigentlichen Verzweigungsverluste.

Das erreichbare Optimum läßt sich etwa wie folgt zusammenfassen: Verzweigungswinkel 45°, symmetrischer Abfluß in beiden Verzweigungsleitungen, wobei der Verteilrohrdurchmesser etwa 70% des Hauptrohrdurchmessers betragen soll. Dabei ist das Hosenrohr so zu gestalten, daß in seinem Bereich merkliche Geschwindigkeitsverminderungen vermieden werden.

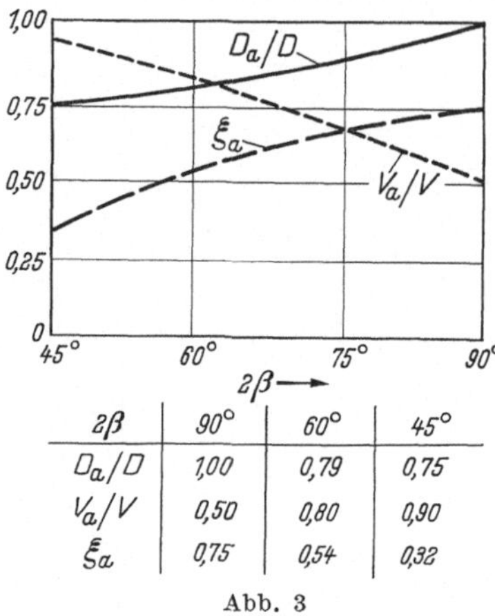

2β	90°	60°	45°
D_a/D	1,00	0,79	0,75
V_a/V	0,50	0,80	0,90
ξ_a	0,75	0,54	0,32

Abb. 3

Wassermenge Q (m³/s)	Hosenrohrverlust p_H (m)
1,46	0,06
1,90	0,11
2,95	0,26
3,06	0,28
3,63	0,40
3,90	0,46
4,01	0,48
5,09	0,78

3.2 Statisch-konstruktive und herstellungstechnische Gesichtspunkte

Bei den heutigen Abmessungen der Druckrohrleitungen für Öl und Wasser gelingt es nicht mehr, die in den Verschneidungslinien der Verzweigung auftretenden Membrankräfte nur durch Wahl größerer Blechdicken aufzunehmen, wie das von Stutzen an Behältern her bekannt ist.

Die in diesem statisch gestörten Bereich auftretenden Kräfte erfordern besondere Versteifungskonstruktionen, die meist als bügelförmige Ring- und Zwickel- oder Hufeisenträger, seltener als Versteifungsrost ausgebildet werden. Betrachtet man z. B. nebenstehendes symmetrische Hosenrohr, so ist im Zwickelpunkt A die Krümmung des Hufeisenträgers um so größer, je kleiner (hydraulisch günstiger) der Verzweigungswinkel 2β wird. Mit abnehmendem Krümmungsradius nimmt aber auch die Tragfähigkeit des Zwickelträgers ab (s. S. 32). Folglich sind Querschnittsverstärkungen am Innengurt, d. h. gerade an den Stellen erforderlich, die den geringstem Raum dafür zulassen und bei der Fertigung am schwersten zugänglich sind. Das hat dazu geführt, als Innengurt u. a. Rohre oder Rundstähle (große Werkstoffdicken) zu verwenden, die aber bei großen Nahtkräften durch (strömungstechnisch störende) Einbauten verstärkt werden müssen. Vielfach, besonders bei I- oder Kastenquerschnitt, rückt man den Innengurt von A in die Höhe $A' - A'$ und verkleidet diesen Flansch durch ein ausgerundetes strömungsgerechtes Leitblech. Die Vorteile sind ein größerer Krümmungsradius, leichtere Zugänglichkeit und Überprüfung der Schweißungen, keine Häufung von Schweißnähten und Vermeidung scharfer Ecken und Übergänge.

Gerade bei größeren geschweißten Bauteilen spielen nicht nur die Werkstoff-Grundeigenschaften, die Temperatur, die Blechdicke, die Lastwechsel usw. eine Rolle für deren Sprödbruchneigung, sondern vor allem konstruktive und herstellungstechnische Fehler (Oberflächenbeschaffenheit, Kerbwirkung, Werkstoff- und Spannungskonzentration, Steifigkeitsverhältnisse, Ein- und Verspannungen). Es ist eine bekannte Tatsache, daß ungleichförmig beanspruchte, schalenartige Bauteile bei überelastischer Beanspruchung durch plastisches Verformen in eine spannungsmäßig günstigere Form übergehen. Das bedeutet für den Konstrukteur, daß die Versteifungskonstruktionen dieser Tendenz nicht entgegenwirken dürfen, sondern sich ihr anpassen müssen. Der Idealfall wäre der, bei dem die Rohrschalen der Verzweigung sich so verformen könnten wie in der ungestörten Rohrschale.

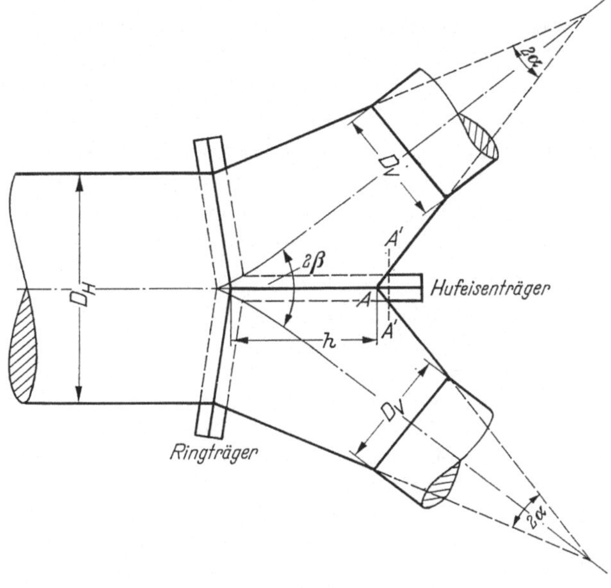

Abb. 4

Bei Schweißkonstruktionen sind Eigenspannungen vor allem dann zu fürchten, wenn sie zusammen mit den Lastspannungen zu mehrachsigen Spannungszuständen führen. Zwar tritt beim Überschreiten der Streckgrenze sofort eine plastische Verformung und damit ein Eigenspannungsabbau ein, jedoch verringert sich dadurch die bei Überbelastungen so wichtige plastische Verformungsreserve. Vorhandener Eigen- und zu erwartender Lastspannungszustand entscheiden mit den Werkstoffeigenschaften darüber, ob eine Wärmebehandlung (autogenes oder induktives Entspannen, Spannungsfreiglühen) notwendig ist, um die Eigenspannungen abzubauen.

Bei schwierigen Konstruktionen (= vielfache Einspannung) sind die Schrumpfzugaben als Werkstatt-Erfahrungswerte schon bei der Entwurfsbearbeitung zu berücksichtigen. Je sorgfältiger der Schweißplan aufgestellt wird, desto einwandfreier lassen sich auch auf der Baustelle Universalstöße großer Träger herstellen. Die vielen Vorteile einer durch Kastenträger ausgesteiften Verschneidung werden ergänzt durch die Tatsache, daß sich bei ihm die Schrumpfspannungen besser steuern lassen.

Erfahrungen und Erkenntnisse in der Theorie und Praxis geschweißter Rohrverzweigungen führten, ausgehend vom allgemeinen Stahlbau, zu Konstruktionsregeln, die nachstehend zusammengestellt werden:

1. Bei der Formgebung sind Materialanhäufungen an einzelnen Stellen sowie starke Querschnittsunterschiede zu vermeiden.

2. Die Sicherheit wird erhöht dadurch, daß an der Stelle der größten Beanspruchung keine Schweißnaht angeordnet wird. Dasselbe gilt für unvermeidbar „steife Stellen" der Konstruktion.

3. Aussteifungen der Rohrschale können die Membranspannungen verringern. Sie können aber eher schädlich als nützlich sein, wenn die am Übergang Versteifung—Rohr auftretenden Biegespannungen zu groß werden. Letztere können gesteuert werden durch entsprechende Steifigkeitswahl der Verstärkung.

4. Beim Entwurf müssen alle Überlegungen Vorrang haben, die die Werkstoffdicke herabsetzen. Blechdicken $\leqq 25$ mm sollen, z. B. durch Verwendung von Stählen mit hoher Streckgrenze, angestrebt werden, was auch für die Stege und Flansche der Verstärkungsbügel gilt.

5. Zu jeder Konstruktion ist nicht nur die richtige Werkstoffdicke, sondern auch nur die tatsächlich notwendige Schweißnahtdicke zu wählen.

6. Gerade bei zug- oder schwingungsbeanspruchten Verbindungen verschieden dicker Bleche ist ein Anschrägen der dickeren Bleche auf das Maß des dünneren vorzusehen, um einen gleichmäßigen Kräfteübergang zu sichern.

7. Wanddickenstufen sollen nicht größer als 3 mm oder 10% der Blechdicke sein, wobei diese Stufen in den Werkstattnähten liegen sollen.

8. Besonders bei Wechselbeanspruchung sind glatte und gleichmäßig zum Grundwerkstoff verlaufende Nähte mit gutem Wurzeleinbrand wichtig, wobei Stumpfnähten gegenüber den Kehlnähten der Vorzug zu geben ist.

9. Für größere Blechdicken desselben Werkstoffs ist die Übergangstemperatur zur Kerbsprödigkeit höher als für geringere Blechdicken.

10. Wenn der Werkstoff in der Tieflage seiner Kerbzähigkeit verwendet wird, können die Schrumpfspannungen eine sehr wichtige Rolle spielen.

11. Die Beanspruchung ist im spitzwinkligen Scheitel des Hosenrohrs größer als im stumpfwinkligen, folglich muß auch dort der größere Verstärkungsquerschnitt angeordnet werden.

12. Zur Erniedrigung der Eigenspannungen trägt das wurzelseitige Nachschweißen erheblich bei. Wo Längs- und Rundnaht zusammentreffen, können Eigenspannungen ihr Vorzeichen ändern.

13. Gefährlicher als völlig unzugängliche Schweißnähte sind solche, die schwer zugänglich sind.

14. Die wichtigsten Faktoren für die Gütebeurteilung eines Stahles sind die Streckgrenze, die Dehnung und die Aufschweißbiegeprobe, weil letztere über die Sprödbruchneigung im mehrachsigen Spannungszustand eine Aussage macht.

15. Die Forderung, Schweißarbeiten symmetrisch durchzuführen, ist besonders für Schweißpausen (Rückverformung) wichtig.

16. Nähte am Gurtrand verringern die Sprödbruchneigung gegenüber Nähten in Gurtmitte. Daher ist der Kastenträger eine günstige Schweißkonstruktion.

17. Die geschweißte Konstruktion hat ihre eigenen Formgesetze. Es ist daher grundsätzlich falsch, ihre Gestalt der entsprechenden Niet- oder Gußausführung lediglich anzugleichen.

18. Die richtige Beurteilung der beim Schweißen auftretenden Spannungen entscheidet über Schweißfolge und Schweißplan.

19. Die übliche Zeichnungskontrolle ist durch eine allgemeine Beurteilung auf schweißgerechte Durchbildung zu ergänzen.

20. Die Härtbarkeit des Stahles bestimmt das Maß der in den thermisch beeinflußten Zonen der Schweißnaht entstehenden Aufhärtung. Daher sind relativ weiche Stahlqualitäten zu wählen.

21. Die Steghalsnaht, die aus zwei getrennten Kehlnähten besteht, ist ziemlich unempfindlich gegen Herstellungsmängel, da sich zwischen Stegblech und Gurtplatte ein Luftspalt befindet, der risseabfangend wirkt. Ungünstiger zu beurteilen sind *K*- oder *V*-Nähte, wenn ein Nachschweißen der Wurzel nicht möglich ist.

22. Eine schnelle, durch große Querschnitte im Schweißnahtbereich bedingte Wärmeableitung wirkt abschreckend auf den Werkstoff und vergrößert dadurch die Sprödbruchempfindlichkeit.

23. Eine Schweißnaht kann mit $\alpha = 1{,}0$ bewertet werden, wenn bei der Herstellung folgende Voraussetzungen erfüllt sind [*34*]: Weitgehende Übereinstimmung von Grundwerkstoff und Elektrode in bezug auf Festigkeitseigenschaften und die chemische Zusammensetzung; wurzelseitige Ausmeißelung und Nachschweißung der Naht durch erstklassige Schweißer, wobei die Schweißraupen blecheben abgearbeitet werden; Röntgenstichproben in kurzen Abständen; thermische Nachbehandlung der Teile der Rohrverzweigung und der Montagenähte; Nachweis der Festigkeitseigenschaften der Schweißverbindungen an Proben.

24. Wegen der Schweißeigenspannungen in Stumpfnähten empfiehlt es sich immer, von der Mitte aus beginnend nach beiden Seiten hin die Schweißnähte zu ziehen, um nicht auf die ganze Nahtlänge eine einseitig gerichtete Verformungsbehinderung zu haben.

25. Längsnähte sind vor den Rundnähten und Kehlnähte sind vor den Stumpfnähten zu schweißen.

26. Schweißspannungen vermindern nicht die Tragfähigkeit, solange die Schweißausführung einwandfrei ist und in den Schweißverbindungen geringe plastische Verformungen von der Höhe der elastischen Verformung unter Eigenspannung möglich sind [*53*].

27. Bei der Festlegung der Bau- oder Konstruktionsgruppen, die vor dem Zusammenbau zum Hosenrohr spannungsfrei geglüht werden, ist darauf zu achten, daß Montagenähte nicht mehr im Schalenstörbereich hergestellt werden, sondern nur dort, wo lediglich der Membranspannungszustand herrscht.

28. Messungen zeigten, daß, wenn die Druckprobe des fertigen Hosenrohrs statt mit kaltem mit heißem Wasser durchgeführt wird, schon Eigenspannungen abgebaut werden und zwar besonders Spannungsspitzen infolge Kerbwirkung, Unrundsein u. ä.

29. Es muß der Werkstoff so gewählt und die Konstruktion so aufgebaut sein, daß alle schwierigen und mit Temperatur zu behandelnden Querschnitte und Verbindungen als Werkstattarbeit ausgeführt werden, während man auf der Baustelle möglichst ohne Wärmebehandlung auskommen sollte.

30. Beim Biegen und Verformen der Bleche ist auf die speziellen Eigenschaften des betreffenden Materials weitgehend Rücksicht zu nehmen. Maßnahmen, die geeignet sind, den Stahl unnötigerweise zu überrecken und dessen Verformungsreserve aufzubrauchen, sind unter allen Umständen abzulehnen.

31. Der Erhaltung der kerb- und trennbruchwiderstehenden Eigenschaften des Werkstoffs, seines Dehnungsvermögens im elastischen und plastischen Gebiet, d. h. seines möglichst zähen Bruchverhaltens, ist im ganzen Verlauf der Werkstattarbeit und der Montage besondere Beachtung zu schenken.

32. Schweißen mit Schweißdraht am Minuspol ergibt einen tieferen Einbrand als Schweißen am Pluspol.

33. Zwangslagenschweißung ist zu vermeiden.

34. Anhäufungen von Schweißnähten an einzelnen Stellen sind zu vermeiden.

35. Queraussteifungen zur Beulsicherung von Stegblechen und zur Stabilitätssicherung gedrückter Gurtungen sind am Druckgurt einzupassen oder zu verschweißen.

36. Gurtplatten, die nur an ihren Rändern durch Nähte durchlaufend gehalten sind, dürfen nicht breiter als ihre 30fache Dicke sein.

37. An Stellen, die mit mehr als 5% Dehnung oder Stauchung kaltverformt sind, darf nur geschweißt werden, wenn es sich um alterungsbeständige Baustähle handelt oder eine geeignete Wärmebehandlung vor dem Schweißen durchgeführt wird.

38. Regel für den Zusammenbau des Hosenrohres: Rohrschalenflächen aufsetzen und ausrichten. Längsnähte klammern, heften und schweißen; Versteifungsträger ansetzen, ausrichten, klammern, heften und schweißen; schließlich ist bei den Rundnähten in gleicher Weise zu verfahren.

39. Bei Festlegung der Abmessungen der Bauelemente sind die Schrumpfzugaben zu berücksichtigen.

40. Kreuzungen von Längs- und Rundnähten sind zu vermeiden. Kehlnähte an Versteifungen und Trägern sind an Kreuzungen mit einer Stumpfnaht zu unterbrechen.

41. Schweißnähte am Biegerand eines Bauteils sind ungünstig.

42. Kehlnahtdicke und Stumpfnahtüberhöhung sollen gering sein, um ungünstige Spannungen und Verwerfungen möglichst zu vermeiden.

43. Alle Blechausschnitte sollen nicht eckig, sondern abgerundet ausgeführt werden.

44. Gut vorgearbeitete und paßgenaue Schweißfugen steigern die Güte und senken die Kosten.

45. Um ein sorgfältiges Durchschweißen zu ermöglichen, darf beim Übergang Steg—Flansch, d. h. bei T-Stößen, der Öffnungswinkel nicht zu klein gewählt werden.

46. Das Schweißen von stumpfen Winkeln ist zu vermeiden, da infolge der breiten Schweißnaht Rißgefahr besteht.

47. Kaltverformungen durch rauhes Richten, starkes Biegen und Abkanten sind zu vermeiden.

48. Ist ein Verschweißen verschiedener Werkstoffe (z. B. Träger—Schale) nicht zu vermeiden, so sind der Vorbereitung der Ausführung und der Elektrodenwahl besonderes Augenmerk zu schenken.

49. Oft wird bei der Verteilstückfertigung zwecks Vermeidung einer Schweißnaht im Schnitt des Abzweigers das Hauptrohr an der Stelle des Abzweigrohrs aufgekümpelt. Nach dem Schweißen und dem sauberen Bearbeiten der Decklage der Rundnaht werden die Verstärkungsbügel praktisch fugenlos auf das Rohr aufgeschliffen (Patent Sulzer), aber nicht mit dem Rohr verschweißt, um eine Verformung von Rohr und Bügel zu ermöglichen, ohne daß zusätzliche Zwängungsspannungen auftreten.

Die vorstehenden konstruktiven und herstellungstechnischen Gesichtspunkte lassen sich nur bis zu einem Verzweigungswinkel von minimal 38° verwirklichen. Ein Winkel von 60° wäre empfehlenswert.

Statisch führt ein kleiner Verzweigungswinkel 2β dazu, daß die Projektionslänge h der Schalenverschneidung und damit die wahre Länge des Hufeisenbügels wesentlich größer wird. Mit ihr wachsen aber auch die Belastung und die Beanspruchungsgrößen dieses symmetrisch gebogenen Zwickelträgers, der wegen des meist gelenkigen Anschlusses an den Ringträger als Zweigelenkrahmen mit variabler Steifigkeit berechnet werden muß. Dabei ist zu beachten, daß in diesem statisch unbestimmten Verzweigungssystem die endgültigen Q-, M- und N-Flächen nicht nur von der Belastung und den Eigenträgheitsmoment der Bügel abhängen, sondern auch von dem Steifigkeitsverhältnis des Ringträgers zum Hufeisenträger. Ein Zuganker zwischen den Trägerenden ist statisch günstig, aber konstruktiv schwierig und hydraulisch nachteilig. Selbst wenn der Anker stromlinienförmig verkleidet wird, kann er die Hosenrohrverluste bei unsymmetrischem Abfluß verdoppeln. — Der Einfluß der Winkel 2α und 2β auf Geometrie, Beanspruchung und Konstruktion sowie die Auswirkung verschiedener Steifigkeiten und Steifigkeitsverhältnisse ist den zur Näherungsberechnung (s. S. 128) gehörenden Diagrammen zu entnehmen.

In der Praxis hat sich als Kompromiß zwischen den Forderungen von Hydraulik, Festigkeitslehre und Konstruktion ein Verzweigungswinkel von etwa 45° durchgesetzt.

3.3 Kugelformstücke

Wenn das aus Zylinder- oder Kegelschalen aufgebaute und mit Verstärkungskragen versehene Hosenrohr einen Kompromiß zwischen hydraulischem und statisch-konstruktivem Optimum suchen muß, so basieren die Überlegungen, die in neuerer Zeit zur Einführung von Kugelformstücken auch im Großrohrleitungsbau geführt haben, darauf, die hydraulische Formgebung von der statischen zu trennen und jedem Teil sein besonderes Aufgabengebiet zuzuweisen [*194*].

Die Verschneidungslinie einer Kugel mit einem durch ihren Mittelpunkt gehenden Zylinder ergibt einen Kreis. Die Kräfte infolge Innendruck beanspruchen einen in dieser Verschneidungslinie liegenden Verstärkungsring auf gleichförmigen Zug und können daher einfach aufgenommen werden. Dabei rufen die Verstärkungsringe in der Kugel und in den angeschlossenen Zylindern um so geringere „Störspannungen" hervor, je geringer ihre Formänderung von denen der anschließenden Rohr- und Kugelteile abweicht. Da die einfach gekrümmte Zylinderschale Störspannungen schneller abbauen kann als die doppelt gekrümmte Kugelschale, müssen beim Vergleich der Formänderungen zunächst die der Kugelschale berücksichtigt werden. Die Forderung, daß die Verstärkungsringe torsionsfrei sein und möglichst die gleiche radiale Dehnung wie die anschließende Kugelschale haben sollen, legt Form und Abmessungen ihres Querschnitts weitgehend fest. Geringe Zusatzspannungen ergeben sich u. a. auch dadurch, daß es praktisch nicht möglich ist, eine ideale Kugelform herzustellen.

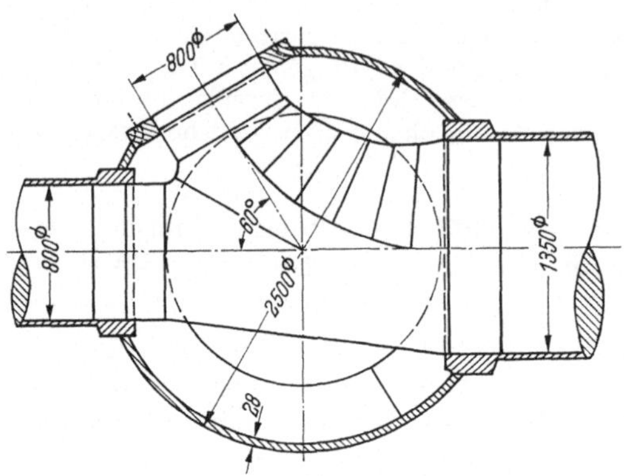

Abb. 5. Kugelformstück mit Verkleidung

Der Nachteil kurzer Baulänge wird dadurch wieder aufgewogen, daß innerhalb der Kugel eine strömungsgünstige Ausbildung der Abzweigung hergestellt werden kann. Für das dargestellte Kugelformstück wurde eine 10 mm dicke Leitblechauskleidung gewählt. Für den Abzweig betrugen die Widerstandszahlen mit Ausnahme sehr geringen Durchflusses etwa 0,4 über den ganzen Bereich. Herabsetzung des Druckverlustes bedeutet aber dauernden Energiegewinn.

III. Die Konstruktionselemente der Verzweigungen

1. Die Rohrschale allein

Im allgemeinen ist es bei Schalen nicht möglich, alle Schnittgrößen allein aus den Gleichgewichtsbedingungen zu bestimmen, die Kräfteverteilung ist statisch unbestimmt. In sehr vielen Fällen kann man die umständliche Berechnung aber umgehen durch eine Näherungstheorie, Membrantheorie genannt. Ihre Berechtigung ist nur bei geeigneten Randbedingungen gegeben, die in keinem Widerspruch zu den Gleichgewichtsbedingungen stehen. Im allgemeinen werden aber die Gleichgewichtsbedingungen am Schalenelement vom Membranspannungszustand für beliebige Schalengestalt und beliebige Belastung erfüllt, er ist also innerlich statisch bestimmt.

1.1 Die Zylinderschale

Bei der Zylinderschale (gerades Rohr) unter allseitigem Innendruck p sind die Voraussetzungen für die Anwendung der Membrantheorie voll gegeben. Die Spannungen folgen aus den Gleichgewichtsbedingungen:

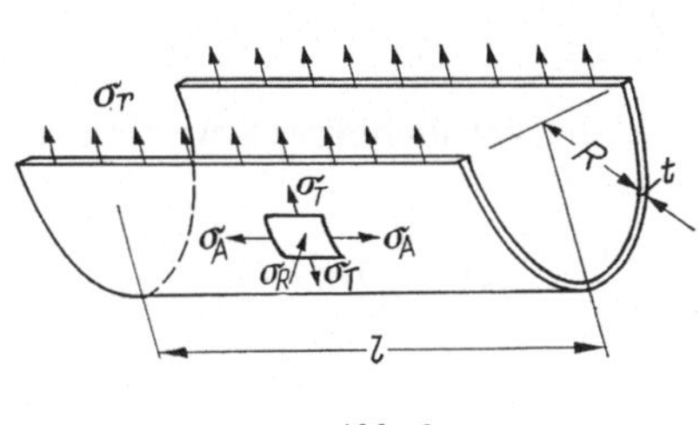

Abb. 6

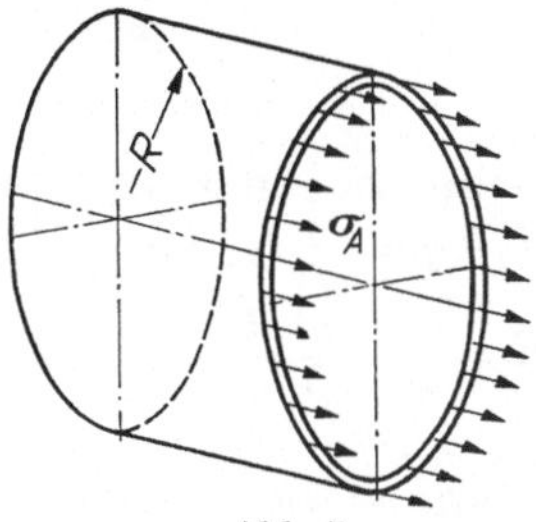

Abb. 7

Tangential- oder Ringspannung:

$$2 l t \sigma_T = 2 R l p$$

Axial- oder Längsspannung:

$$2 R \pi t \sigma_A = p R^2 \pi$$

$$\sigma_T = \frac{p R}{t} \tag{5}$$

$$\sigma_A = \frac{p R}{2t} = \frac{\sigma_T}{2} \tag{6}$$

Radialspannung:

$$\sigma_R = \sigma_T / R \text{ pro cm Umfang} \tag{7}$$

Dabei ist R der Radius der Schalenmittelfläche in cm, t = Rohrwanddicke in cm, p = Innendruck in kg/cm².

1.11 Dehnungen in keiner Richtung behindert

Sie sind unter Berücksichtigung der Querkontraktion zu ermitteln, wobei die POISSONsche Konstante für Stahl $m = 3{,}33$ gesetzt wird.

$$1/m = 0{,}3 = \mu$$

Ringdehnung

$$\varepsilon_T = \frac{1}{E}(\sigma_T - \mu \sigma_A) = \frac{p R}{E t}\left(1 - \frac{\mu}{2}\right) = \sim \frac{5 p R}{6 E t} \tag{8}$$

Axialdehnung

$$\varepsilon_A = \frac{1}{E}(\sigma_A - \mu \sigma_T) = \frac{p R}{E t}\left(\frac{1}{2} - \mu\right) = \sim \frac{p R}{3 E t} \tag{9}$$

Radialdehnung

$$\varepsilon_R = \frac{\varepsilon_T}{R} = \frac{p}{E\,t}\left(1 - \frac{\mu}{2}\right) = \sim \frac{5p}{6E\,t} \tag{10}$$

Die Ringdehnung ist demnach das 2,5fache der Axialdehnung. Die Vergrößerung Δ_R des Rohrradius ergibt sich aus folgenden Beziehungen:

$$\varepsilon_T = \frac{2\pi(R + \Delta R) - 2\pi\,R}{2\pi\,R} = \frac{\Delta R}{R}$$

$$\Delta R = R\,\varepsilon_T = \frac{R\,p\,R}{E\,t}\left(1 - \frac{\mu}{2}\right) = \sim \frac{5p\,R^2}{6E\,t} \tag{11}$$

Der Beitrag der Querkontraktion der Rohrschale zu ΔR ist

$$\Delta R' = \frac{\mu\,t\,\Delta R}{R}$$

Er kann als von höherer Ordnung klein vernachlässigt werden.
ΔR für $p = 1$ kg/cm² $= 10$ m Wassersäule:

$$\Delta R = \frac{5 \cdot 1 R^2}{6 \cdot 2{,}1 \cdot 10^6 t} = 0{,}3968 \cdot 10^{-6}\frac{R^2}{t} = \sim 0{,}4 \cdot 10^{-6}\frac{R^2}{t} \quad [\text{cm}] \tag{12}$$

1.12 Dehnungen in axialer Richtung behindert

$$\varepsilon_A = \frac{1}{E}\left(\sigma_A - \frac{\sigma_T}{m}\right) = 0$$

daraus folgt:

$$\sigma_A = \frac{\sigma_T}{m} = \mu\,\frac{p\,R}{t} \tag{13}$$

$$\sigma_T = \frac{p\,R}{t}$$

Läßt man eine Verschiebung $l\,\varepsilon_A = \Delta l_A = \delta_A$ zu, so ergibt sich

$$\sigma_A = \frac{\delta_A}{l}E + \frac{\sigma_T}{m} = \frac{\delta_A}{l}E + \mu\,\frac{p\,R}{t} \tag{14}$$

$\left(\text{für } \delta_A < \frac{l\,p\,R}{6E\,t}\right)$

$$\sigma_T = \frac{p\,R}{t}$$

Wird $\delta_A \geqq \frac{l\,p\,R}{6E\,t}$, so ist $\sigma_A = \frac{p\,R}{2t}$ und $\sigma_T = \frac{p\,R}{t}$

1.13 Dehnungen in radialer Richtung behindert

$$\Delta R_T = \varepsilon_R\,R = \frac{1}{E}\left(\sigma_T - \frac{\sigma_A}{m}\right)R = 0$$

daraus folgt:

$$\sigma_T = \frac{\sigma_A}{m} = \mu\,\frac{p\,R}{2t} \tag{15}$$

$$\sigma_A = \frac{p\,R}{2t}$$

Läßt man $\Delta R_T = \delta_T$ zu, so wird:

$$\sigma_T = \frac{\delta_T}{R} E + \frac{\sigma_A}{m} = \frac{\delta_T}{R} E + \mu \frac{p R}{2t} \tag{16}$$

$\left(\text{Für } \delta_T < \frac{5}{6} \frac{R p R}{E t}\right)$

$$\sigma_A = \frac{p R}{2t}$$

1.14 Dehnungen in axialer und radialer Richtung teilweise behindert

Zugelassen sei: $\Delta l_A = \delta_A$ und $\Delta R = \delta_R$, dann ist:

$$\varepsilon_A = \frac{\delta_A}{l} = \frac{1}{E}\left(\sigma_A - \frac{\sigma_T}{m}\right) \tag{17}$$

$$\varepsilon_T = \frac{\delta_T}{R} = \frac{1}{E}\left(\sigma_T - \frac{\sigma_A}{m}\right) \tag{18}$$

Für $\delta_A < \frac{l p R}{6 E t}$ und $\delta_T < \frac{5}{6} \frac{p R^2}{E t}$

$$\sigma_A = \frac{E}{1 - \frac{1}{m^2}} \left(\frac{\delta_A}{l} + \frac{1}{m} \frac{\delta_R}{R}\right) \tag{19}$$

$$\sigma_T = \frac{E}{1 - \frac{1}{m^2}} \left(\frac{\sigma_T}{R} + \frac{1}{m} \frac{\delta_A}{l}\right) \tag{20}$$

Für $\delta_A = \frac{l p R}{6 E t}$ und $\delta_T = \frac{5}{6} \frac{p R^2}{E t}$ ergibt sich:

$$\sigma_A = \frac{p R}{2t} \quad \text{und} \quad \sigma_T = \frac{p R}{t}$$

1.2 Die Kegelschale (Konus)

Für die Kegelschale gelten die Überlegungen und Formeln des Zylinders, jedoch mit dem Unterschied, daß statt der Rohrdicke t der Wert $t \cos\alpha$ einzusetzen ist. α ist dabei die Konusneigung, d. h. der Winkel

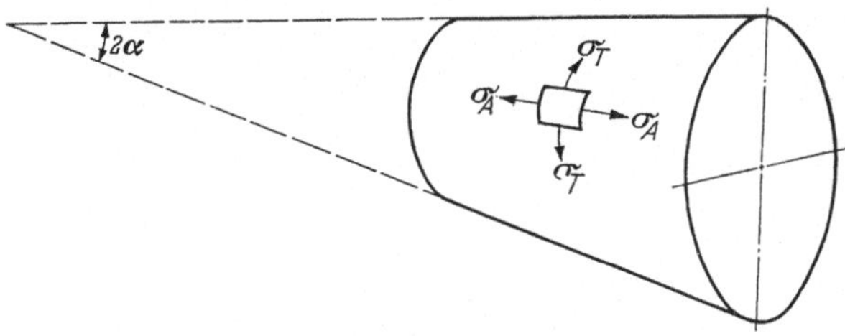

Abb. 8

der Kegelmantellinien gegen die Kegelachse. Der Radius R der Schalenmittelfläche ist längs der Kegelachse linear veränderlich.

Dann wird aus den Zylinderformeln:

$$\sigma_T = \frac{p\,R}{t\cos\alpha} \tag{21}$$

$$\sigma_A = \frac{p\,R}{t\cos\alpha} \tag{22}$$

Die Bezeichnungen in den Formeln 7 bis 20 ändern sich sinngemäß.

2. Der gekrümmte Träger allein

2.1 Vergleich gerader und gekrümmter Träger

Das Prinzip von St. Venant besagt, daß die einfachen Spannungsformeln der Festigkeitslehre nur gelten in hinreichendem Abstand vom Kraftangriff und um so weniger, je näher die zu untersuchende Stelle am Kraftangriffspunkt liegt. Bei Verzweigungsträgern ergeben die Nahtkräfte eine ungleichmäßige Streckenlast, so daß das Prinzip gewahrt ist. Die Einzellast-Verbindungskraft Ring-Hufeisen wirkt auf einen konstruktiv überbemessenen Querschnitt. Allerdings gelten die vom geraden Träger her bekannten festigkeitstheoretischen Zusammenhänge beim gekrümmten Träger nicht mehr. So fallen beim gekrümmten Balken Schwerlinie und Nullinie nicht mehr zusammen; Steifigkeit, Spannungsverteilung und Formänderung werden außer von den Querschnittsgrößen vor allem vom Krümmungsradius abhängig.

Vom Minimum der Formänderungsarbeit ausgehend, kommt Lindner [*51*] zu der Ansicht, daß bei gewissen Querschnittsformen und Krümmungsverhältnissen die Bernoullische Annahme nicht mehr aufrechterhalten werden kann; vielmehr sei in diesen Fällen parabolische und hyperbolische Verbiegung der Querschnitte anzunehmen. Auch Meyer zur Capellen u. a. weisen darauf hin, daß bei einem Verhältnis $h/r > 2$, wobei $h =$ Balkenhöhe ist, die Voraussetzungen für das Ebenbleiben der Querschnitte nicht mehr gegeben sind. — Bei den für Hosenrohre notwendigen Versteifungsträgern wird der Grenzwert $h/r = 2$ nicht erreicht, so daß für sie die Grundlagen der folgenden Formeln gegeben sind.

2.11 Normalkraftwirkung

Sie äußert sich beim geraden, elastischen Balken in der Spannung $\sigma = N/F$, der Längenänderung $\Delta l = \varepsilon\,l = \frac{N\,l}{E\,F}$ und der Formänderungsarbeit:

$$A_N = \frac{1}{2}\,\frac{N^2\,l}{E\,F} \tag{23}$$

Für den stark gekrümmten Balken gibt TIMOSHENKO [*14*] an, die Längsspannung sei wie beim geraden Stab gleichmäßig über den Querschnitt verteilt. Diese Auffassung gilt jedoch nur in grober Näherung. Wenn nämlich für das Biegemoment die *Nullinie* Bezugsachse aller Lastwirkungen und Verformungen ist, so muß auch die *Resultierende* der *Längsspannungen* in die *Nullinie fallen*, denn der Angriffspunkt der Normalkraft ist durch die Bedingung gegeben, daß bei Längsbelastung keine Querschnittsdrehungen erzeugt werden sollen:

$$\int \sigma\, dF = N; \quad \int \sigma\, dF\, z = M = 0$$

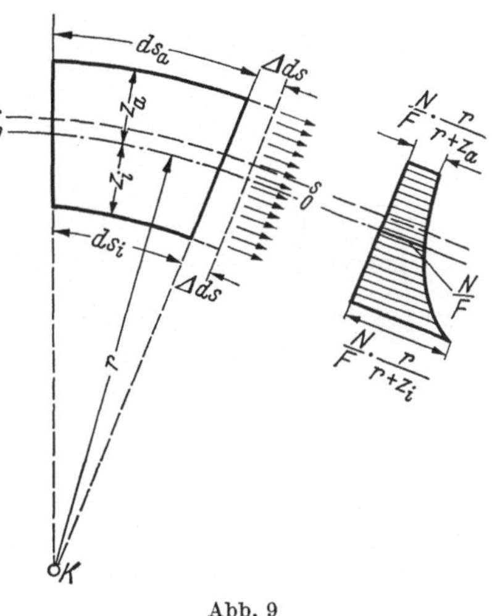

Abb. 9

Da die spezifische Längenänderung = Dehnung ε = const, die Anfangslänge der Fasern jedoch proportional $r \pm z$ ist und in der Nullinie, d. h. im Abstand r von K die Spannung die Größe $\sigma_0 = N/F$ haben muß, verteilt sich die Spannung über die Querschnittshöhe nach dem Gesetz

$$\sigma = \frac{N}{F} \frac{r}{r \pm z} \tag{24}$$

Nicht nur die Biegespannungen, sondern auch die *Längskraftspannungen* sind somit *hyperbolisch* verteilt, eine Tatsache, die versuchsmäßig ebenfalls bestätigt werden konnte. Für eine noch genauere Erfassung der Spannungen sind die Radialpressungen zu berücksichtigen.

2.12 *Biegewirkung*

Nach dem aus der BERNOULLIschen Annahme und dem HOOKEschen Gesetz von NAVIER gezogenen Schluß ist beim geraden Balken

$$\sigma_z = \sigma_{za} \frac{z}{z_a} \qquad \sigma_{za} = \frac{M z_a}{J} = \frac{M}{W_a}$$

Bezugslinie für die Spannungen und Formänderungen ist die *Nullinie*, die beim geraden Träger mit der Querschnittsschwerlinie zusammenfällt.

Trägheitsmoment $J = \int_{z_i}^{z_a} z^2\, dF$

Formänderung bei Biegung:

$$\varepsilon = \frac{\sigma}{E} = \frac{M\,z}{E\,J} \tag{25}$$

Der Winkel $d\varphi$ der Querschnittsverdrehung ist

$$d\varphi = \frac{\Delta s_a}{z_a} = \frac{\Delta s_i}{z_i} = \frac{\Delta s_i + \Delta s_a}{z_i + z_a} = \frac{M\,(z_i + z_a)\,d s}{(z_i + z_a)\,E\,J} = \frac{M\,d s}{E\,J}$$

wobei

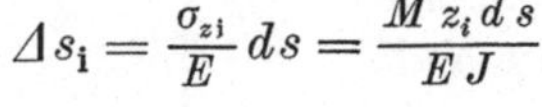

$$\Delta s_i = \frac{\sigma_{z_i}}{E}\,d s = \frac{M\,z_i\,d s}{E\,J}$$

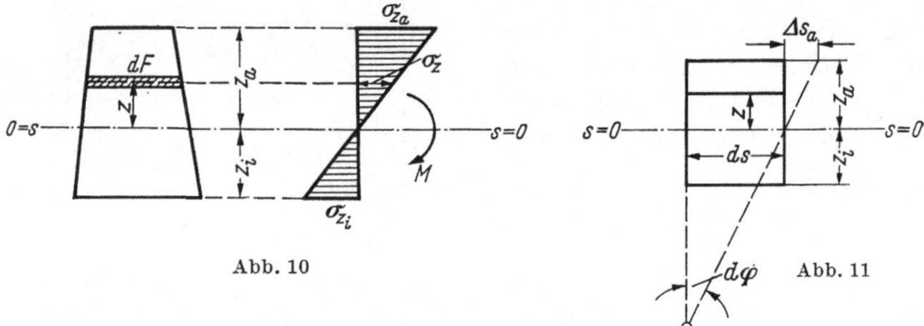

Abb. 10

Abb. 11

Daraus folgt die Biegesteifigkeit zu

$$E\,J = \frac{M\,d s}{d\varphi}$$

und die Formänderungsarbeit zu

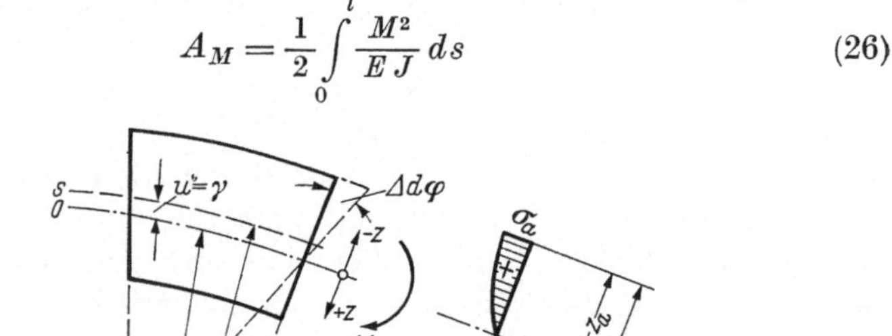

$$A_M = \frac{1}{2}\int_0^l \frac{M^2}{E\,J}\,d s \tag{26}$$

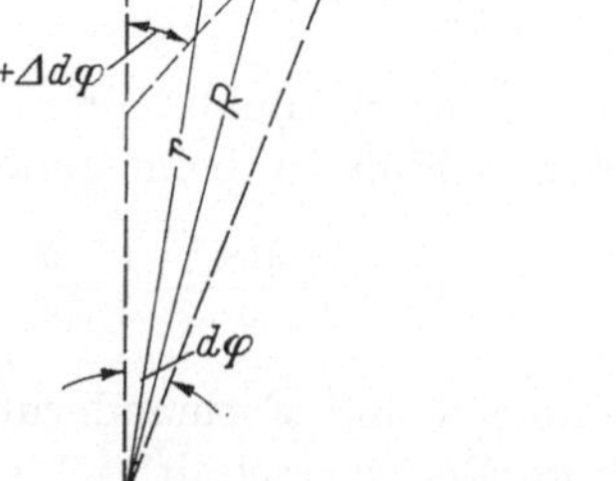

Abb. 12

Für den gekrümmten Balken ist bei ebenbleibendem Querschnitt die Längenänderung ebenfalls proportional z, die Anfangslänge jedoch proportional $r - z$ oder die Dehnung

$$\varepsilon = c \frac{z}{r - z} = \frac{\Delta\, d\varphi}{d\varphi} \frac{z}{r - z} \tag{27}$$

Unter Vernachlässigung der radialen Faserpressung ist

$$\sigma = \frac{E\, z\, \Delta\, d\varphi}{(r - z)\, d\varphi}$$

d. h. Spannungsverteilung über die Querschnittshöhe nach einem *hyperbolischen Gesetz* bei *Verschiebung* der *Nullinie* gegenüber der *Schwerlinie* zum *Krümmungsmittelpunkt hin* um den Betrag u. $\Delta\, d\varphi$ und r bestimmen sich aus den statischen Gleichungen:

$$\int \sigma\, dF = \frac{E\, \Delta\, d\varphi}{d\varphi} \int \frac{z\, dF}{r - z} = 0$$

und

$$\int \sigma\, z\, dF = \frac{E\, \Delta\, d\varphi}{d\varphi} \int \frac{z^2\, dF}{r - z} = M$$

woraus folgt:

$$\int \frac{z\, dF}{r - z} = 0$$

und

$$\int \frac{z^2\, dF}{r - z} = F\, u = F(R - r) = F\, \gamma \tag{28}$$

Aus 27 und 28 erhält man

$$\frac{\Delta\, d\varphi}{d\varphi} = \frac{M}{E\, F\, u}$$

und es wird:

$$\sigma = \frac{M\, z}{F\, u\, (r - z)} \tag{29}$$

Es läßt sich weiterhin aus der Skizze ableiten:

$$\sigma_a = \frac{M\, z_a}{F\, u\, (r + z_a)}; \qquad \sigma_i = - \frac{M\, z_i}{F\, u\, (r - z_i)}$$

$$\varepsilon_a = \frac{\sigma_a}{E} = \frac{M\, z_a}{E\, u\, F\, (r + z_a)}; \qquad \varepsilon_i = \frac{M\, z_i}{E\, u\, F\, (r - z_i)}$$

$$d\varphi = \frac{M\, d\, s}{E\, r\, u\, F}; \qquad r\, u\, F = \frac{M\, d\, s}{E\, d\psi} = J^* \tag{30}$$

denn dieser Wert entspricht sinngemäß dem J des geraden Balkens oder: Der Steifigkeit $E.\ J$ entspricht beim gekrümmten Träger der Wert

$$E\, r\, u\, F = E\, J^* \tag{31}$$

Die Steifigkeit wurde aus den Spannungen gewonnen, wobei die ermittelten Spannungen auf der Annahme beruhen, daß zwischen den Längsfasern die Pressung in radialer Richtung vernachlässigt werden darf, was jedoch besonders für zusammengesetzte Querschnitte mit dünnwandigen Gurten unrichtig ist (Abschn. 2.3, S. 37).

Eine andere, von GRASHOF [*1*] abgeleitete Methode beruht darauf, Nullinienradius r und das Trägheitsmoment J^* vom Schwerlinienradius R ausgehend zu berechnen.

Setzt man

$$\int \frac{z\,dF}{R-z} = m\,F$$

so ist

$$m = \frac{1}{F}\int \frac{z\,dF}{R-z} \tag{32}$$

Hierin bedeutet m einen nur vom Querschnitt und der Krümmung abhängigen Zahlenwert, BANTLINscher Querschnittsfaktor genannt. Die Außermittigkeit Schwerlinie — Nullinie ergibt sich nach TIMOSHENKO zu

$$R - r = u = R\,\frac{m}{1+m} \tag{33}$$

GRASHOF [*1*], BANTLIN [*4*], ROETSCHER [*52*], PITTNER [*76*] u. a. haben die Werte von m für verschiedene Querschnitte errechnet, z. B. *Rechteck*: $h = 2e$ in Richtung von z gemessen; mit

$$\frac{e}{R} = \frac{h}{2R} = \varphi$$

wird

$$m = -1 + \frac{1}{2\varphi}\ln\frac{1+\varphi}{1-\varphi} = \frac{\varphi^2}{3} + \frac{\varphi^4}{5} + \frac{\varphi^6}{7} + \cdots$$

z. B. für $R/h = 2$: $m = 0{,}0286$

für $R/h = 1$: $m = 0{,}0986$

Kreis, Ellipse: Kreishalbmesser e. Ellipse, Halbachse in der Stabebene $=$ e; mit $\mathrm{e}/R = \varphi$ wird

$$m = \frac{\varphi^2}{4} + \frac{\varphi^4}{8} + \frac{5\varphi^6}{64} + \cdots$$

Dreieck, gleichschenkliges: Höhe h.

$$\mathrm{e_i} = \frac{h}{3};\ \frac{\mathrm{e_i}}{R} = \frac{h}{3R} = \varphi$$

$$m = -1 + \frac{2}{3\varphi}\left[\left(0{,}67 + \frac{0{,}33}{\varphi}\right)\ln\left(\frac{1+2\varphi}{1-\varphi}\right) - 1\right]$$

Zusammengesetzter Querschnitt, etwa von nachstehender Form:

Gesamtquerschnitt $F = F_1 + F_2 + F_3$. Das Integral zur Berechnung von m wird aus den Teilquerschnitten ermittelt.

$$m = \frac{1}{F} \int \frac{z_1\, dF}{R - z_1}$$

$$\int \frac{z_1\, dF}{R - z_1} = K_1 + K_2 + K_3$$

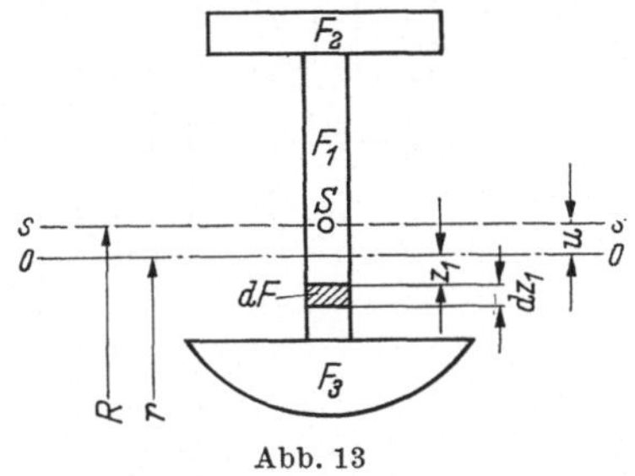

Abb. 13

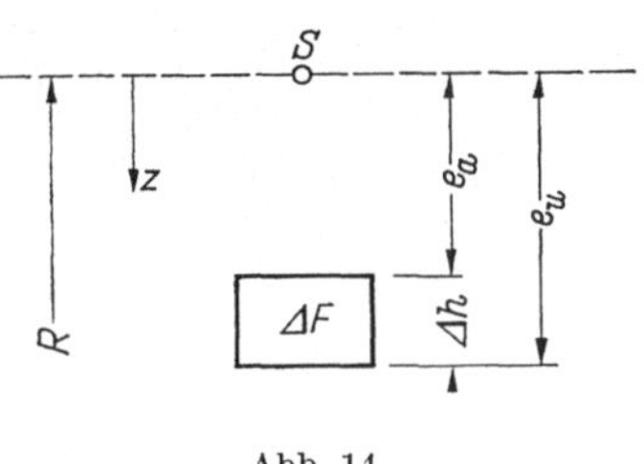

Abb. 14

Rechteckiger Teilquerschnitt:

$$K_0 = \Delta F\left(\frac{R}{\Delta h} \ln \frac{R - e_0}{R - e_u} - 1\right) \tag{34}$$

analog K_1 und K_2.

Parabelförmiger Teilquerschnitt:

$$K_3 = \Delta F_3\left[3\,\frac{R}{f}\left(1 - \sqrt{\frac{R - h_i}{f}} \arctan \sqrt{\frac{f}{R - h_i}}\right) - 1\right] \tag{35}$$

Für Gesamtquerschnitt:

$$m = \frac{K_1 + K_2 + K_3}{F_1 + F_2 + F_3}; \qquad r = R - R\,\frac{m}{1 + m}$$

$$J^* = F\,r\,u = F\left(R - \frac{R\,m}{1 + m}\right)\frac{R\,m}{1 + m}$$

$$= F\left(\frac{R^2\,m}{1 + m} - \frac{R^2\,m^2}{(1 + m)^2}\right) = m\,F\,R^2\left(\frac{1 + m - m^2}{(1 + m)^2}\right)$$

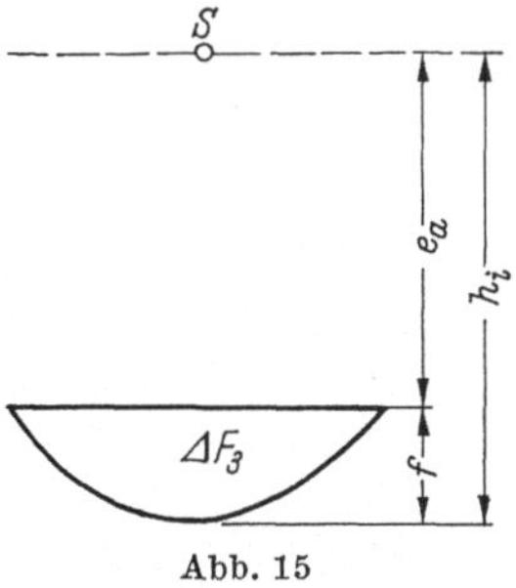

Abb. 15

Für nachstehenden Querschnitt wird nach Abschn. 2.3, S. 38, die Wirkung der Radialspannungen durch Reduktion der Gurtbreiten auf b_1, b_3, b_4 berücksichtigt. Für diesen abgeminderten Versteifungsträger-Querschnitt läßt sich die Schwerlinie in üblicher Weise aus den statischen Flächenmomenten ermitteln. Nullinienradius r kann nach [*29*] für Stahlprofile, die sich aus Rechteckteilen zusammensetzen, direkt bestimmt werden. Es ist

$$r = \frac{F}{b_1 \ln\frac{r_{01}}{r_{12}} + b_2 \ln\frac{r_{12}}{r_{23}} + \cdots} \tag{36}$$

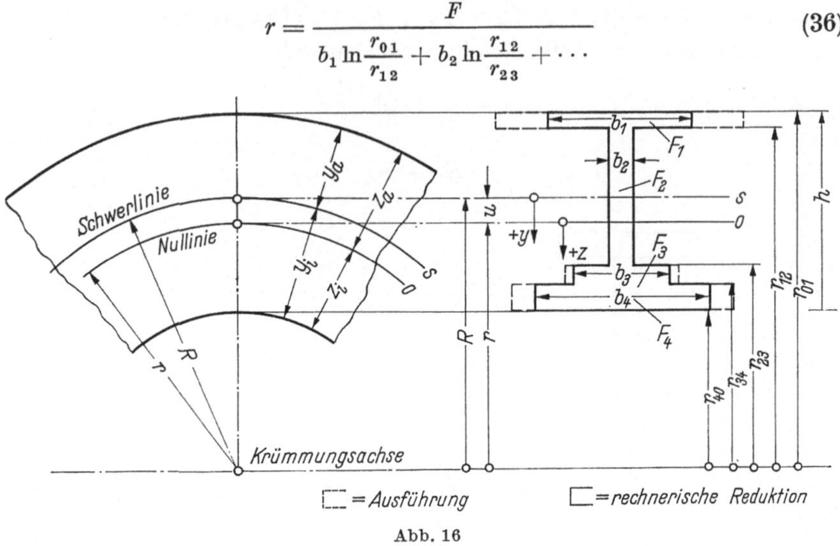

Abb. 16

Damit erhält man für die Exzentrizität u:

$$u = R - r \tag{37}$$

und die Nullinie ist festgelegt. Infolge der vielen Differenzenbildungen ist das Ergebnis jedoch oft ungenau. Eine genauere Bestimmung von u ergibt sich aus der Formel:

$$u = R\,\frac{m}{1 + m} \tag{38}$$

wobei m der zuvor erläuterte Bantlinsche Querschnittsfaktor ist.

2.13 Querkraftwirkung

$Q = \frac{dM}{dx}$. Schubspannungen und Schubverformung sind abhängig von Schubkraft und Querschnittsform, wobei das Spannungsmaximum in der Biegenullachse auftritt.

In genügender Entfernung vom Lastangriffspunkt ergeben sich beim geraden Träger die Schubspannungen für den Rechteckquerschnitt im Abstand z von der Nullinie zu:

$$\tau = \frac{Q}{bJ}\int_z^{0,5h} z\,dF = \frac{Q\,S_{(z)}}{bJ} \tag{39}$$

wobei $J = J$ Gesamtquerschnitt und $S_{(z)}$ = statisches Moment aller Querschnittsteile unterhalb der im Abstand z verlaufenden Parallelen zur Nullinie.

Rechteckquerschnitt:

$$\tau_{\max} = \frac{3Q}{2bh} \tag{40}$$

Gl. (39) kann näherungsweise auch zur Schubspannungsermittlung andersgeformter Querschnitte benutzt werden, wenn man allgemein in Gl. (40)

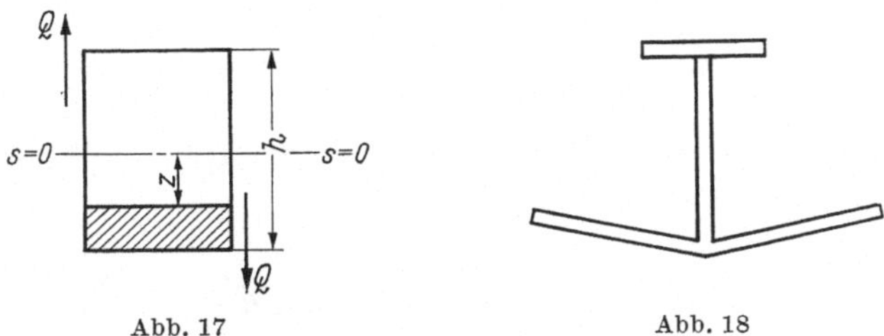

Abb. 17 Abb. 18

den Wert 3/2 für Rechtecke durch den Faktor $\varkappa$ ersetzt, somit unter der meist zulässigen Vernachlässigung ungleichmäßiger Spannungsverteilung über die Querschnittsbreite

$$\tau_{\max} = \frac{\varkappa Q}{F} \tag{41}$$

So berechnet sich z. B. für I 60 der Formwert $\varkappa = 2{,}4$.

Für den bei Hosenrohren sich oft ergebenden obenstehenden Querschnitt ist je nach Flanschbreite und -winkel $\varkappa = 2{,}1$ bis $2{,}8$.

Die Kenntnis des $\varkappa$-Wertes ist für die Berechnung der Schubverformung kurzer hoher Träger wichtig.

Die Größe der i. a. parabolisch über den Querschnitt verteilten Schubspannungen ist beim Rechteckquerschnitt:

$$\tau = \frac{3}{2}\,\frac{Q}{F}\left(1 - \left(\frac{2z}{h}\right)^2\right) \tag{42}$$

Kreisquerschnitt:

$$\tau = \frac{4}{3}\,\frac{Q}{F}\left(1 - \frac{z^2}{r^2}\right) \tag{43}$$

Formänderungsarbeit

$$A_Q = dx \int \frac{\tau^2}{2G}\, dF = \varkappa\, \frac{Q^2}{2GF}\, dx \tag{44}$$

Bei nicht zu starker Krümmung wird für die Berechnung von $\tau_{(z)}$ Formel 41 mit erträglichem Fehler angewandt. R. Kappus [32] leitet jedoch eine relativ einfache Formel für stark gekrümmte Träger ab. Für $\tau = 0$ in den Randfasern $z = z_i$ und $z = z_a$ wird danach

$$\tau_{(z)} = \frac{Q}{mF}\,\frac{S_{(z)}}{b_{(z)}(R - z)^2} \tag{45}$$

Darin entspricht $m\,F\,(R - z)^2$ dem Trägheitsmoment J in Formel (30). Die Schubspannungen sind so über den Querschnitt verteilt, daß eine durch den Krümmungsmittelpunkt gehende Parallele zur τ-Achse, d. h. $z = r$ die Asymptote zur Kurve $\tau_{(z)}$ darstellt.

Rechteckquerschnitt:

$$\tau_{(z)} = \frac{Q}{2m\,b\,h}\,\frac{\frac{h^2}{4} - z^2}{(R - z)^2}$$

Mit

$$m = \frac{R}{h}\ln\frac{1 + 2h/R}{1 - 2h/R} = \frac{1}{3}\left(\frac{h}{2R}\right)^2 + \frac{1}{5}\left(\frac{h}{2R}\right)^4 + \frac{1}{7}\left(\frac{h}{2R}\right)^6 \ldots$$

wird

$$\tau_{\max} = \frac{Q}{2m\,b\,h}\,\frac{(h/2R)^2}{1 - (h/2R)^2} \tag{46}$$

Bei $h = R$, d. h. $R_a = 3R_i$, $m = 0{,}0986$ wird $\tau_{\max} = 1{,}690\,\frac{Q}{b\,h}$.

Die größte Schubspannung ist hier ziemlich stark von der Querschnittsmitte zum Krümmungsmittelpunkt hin verschoben und etwa 13% größer als im Fall eines geraden Stabes vom gleichen Querschnitt.

2.14 Vergleichsspannungen

Einachsige Beanspruchungen erlauben eine unmittelbare Beurteilung der Tragfähigkeit, während bei mehrachsiger Beanspruchung erst die Vergleichsspannung zeigt, wie weit die statische Last gesteigert werden darf, ohne das Fließen oder den Bruch zu erreichen. Der Quotient aus der Fließspannung σ_F und der Vergleichsspannung σ_V gibt den Sicherheitsgrad ν an. Die Vergleichsspannung des Stahles ergibt sich aus der Gestaltänderungsarbeit.

Neben der Gestaltänderungsarbeit (als Fließbedingung) wird auch die größte Hauptspannung (als Bruchbedingung) als Maß für die Beanspruchungshöhe bestimmt, z. B. für die Ermittlung der Vergleichsspannung in Schweißnähten. Diese Vergleichsspannungen werden den zulässigen Schweißspannungen gegenübergestellt, wobei nach den „Richtlinien" [*34*] Ziffer 4.3 bei Erfüllung der dort angegebenen Bedingungen die Schweißspannungen (Längs- und Schubspannungen) das 0,9fache der zulässigen Werkstoffspannungen erreichen dürfen. Vergleichsspannungsformeln s. [*29*].

2.2 Einfluß der Querschnittsform

Schon die vornehmlich für die Aufnahme von Biegemomenten gewalzten normalen Profile zeigen in ihrer Querschnittsverteilung, daß die Maximalspannungen bei geraden Trägern an den Rändern auftreten und daß der Biegewiderstand und die Steifigkeit um so größer werden, je höher der Träger ist und je weiter die Querschnittsteile von der Schwerachse entfernt sind (STEINERscher Satz). Bei Symmetrieprofilen sind die obere und untere Spannung gleich groß.

Die Steifigkeitsformel $E\,r\,u\,F$ macht deutlich, daß beim krummen Balken der Krümmungsradius der Nullinie r und der Abstand Nullinie—Schwerlinie u entscheidende Größen sind. Ferner ist die Längsspannung hyperbolisch über die Querschnittshöhe verteilt derart, daß zur Randfaser mit dem kleineren Krümmungsradius die größere Spannung gehört. Letztere kann selbst bei symmetrischen Profilen (z. B. Rechteckquerschnitt) doppelt so groß sein wie die Spannung am gegenüberliegenden, schwächer gekrümmten Rand. Die Gesetzmäßigkeiten sollen näher in ihrer Auswirkung auf die Querschnittswahl untersucht werden.

2.21 Konstante Trägerhöhe

Es wurden 5 Querschnitte unterschiedlicher Form, aber gleicher Steghöhe $h = 200$ cm und gleichen Gesamtflächeninhalts $F = 400$ cm² bei verschiedenen Krümmungsverhältnissen berechnet, gegenübergestellt

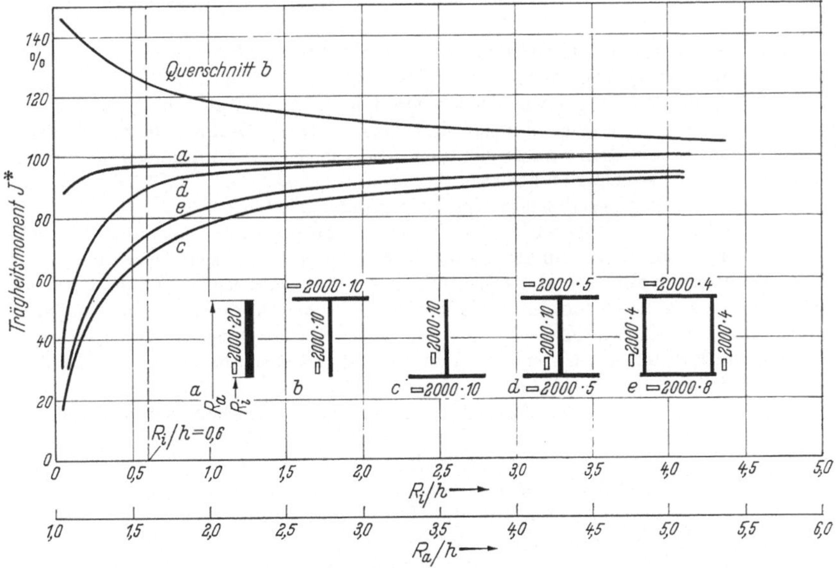

Abb. 19

Einfluß von Querschnittsform und Krümmungsradius auf das Trägheitsmoment $J^* = r\,u\,F$

und mit den geraden Trägern gleicher Form verglichen. Die graphische Darstellung von Trägheitsmoment, Widerstandsmoment und Randspannungen (die ohne Berücksichtigung der Flanschverformungen errechnet wurden) macht folgende Ergebnisse deutlich:

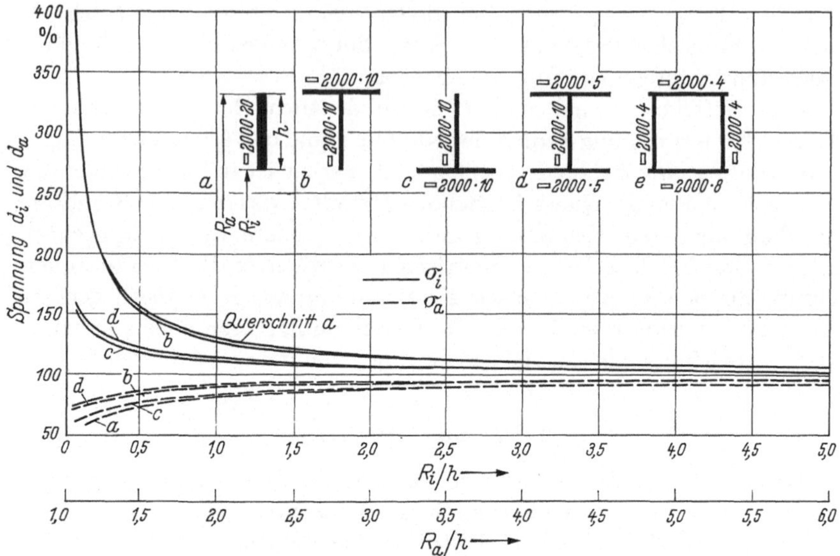

Abb. 20. Einfluß von Querschnittsform und Krümmungsradius auf die Biegespannungen σ

1. Wird der Krümmungsradius kleiner, so wird die Trägersteifigkeit kleiner, die Spannung am Querschnittsinnenrand größer, am Außenrand kleiner.

2. Beim geraden Träger wächst das Trägheitsmoment mit dem statischen Moment der Summe aller Querschnittsteile bezogen auf die Nullinie, beim gebogenen Träger dagegen mit dem entsprechenden Abstand vom Krümmungsmittelpunkt. Liegt der Hauptquerschnittsanteil am Außenrand, so ist $r \; u \; F = J^* > J_{\text{gerader Träger}}$ (Querschnitt b), liegt er dagegen am Innenrand, so ist $J^* < J_{\text{gerader Träger}}$.

3. Die unter 2. dargelegten Feststellungen gelten noch in erhöhtem Maße, wenn die durch Radialkräfte bedingte Flanschverformung berücksichtigt wird.

4. Während Nullinie und Schwerlinie querschnittsabhängig sind und nur bei stetigen Querschnitten funktionsmäßig erfaßt werden können, ist R_i bei Nahtversteifungen eindeutig durch die Krümmung der Nahtellipse gegeben. Daher ist es auch im Hinblick auf die spätere Berechnung des Gesamtsystems zweckmäßig, das Verhältnis R_i/h einzuführen.

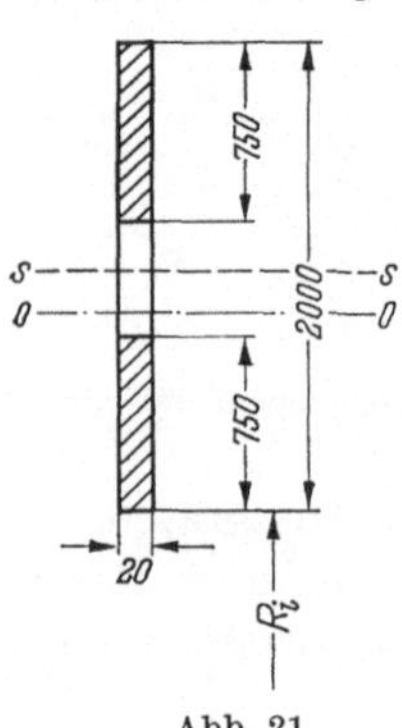

Abb. 21

5. Vom Horizontalschnitt ausgehend, nimmt für den Zwickelträger von Hosenrohren das Verhältnis R_i/h zu, etwa von $0{,}6 < R_i/h < 10$. Für $R_i/h > 3$ ist es zulässig, das Trägheitsmoment wie für einen geraden Träger zu ermitteln, für die Spannungen gilt das jedoch erst für $R_i/h > 10$.

6. Einfluß von Aussparungen auf die Steifigkeit. Für nebenstehenden Querschnitt hat ΔJ beim *geraden Träger* die Größe $\Delta J = \sim 2\%$ von J, beim *gekrümmten Träger* dagegen je nach der Größe von R_i:

$$\max \Delta J^* = \sim 15\% \text{ von } J$$

Es darf deshalb bei der Bestimmung der Formänderungen usw. nicht mit J^* gerechnet werden, sondern es ist der Wert $J_n^* = J^* - \Delta J^*$ einzusetzen.

7. Bei Zwickelträgern beträgt das Verhältnis Trägerhöhe: Achsenlänge etwa 1 : 4. Der Träger wäre demnach als Scheibe zu berechnen, was bei der elliptischen Randbegrenzung zu einem erheblichen Rechenaufwand führen würde [*20*]. Bleibt man bei der Trägerauffassung, so ist in jedem Fall die Formänderung infolge Querkraft zu berücksichtigen, die recht erheblich werden kann. Außerdem hat auch R. Sonntag [*48*] in einem anderen Zusammenhang schon früher darauf hingewiesen, daß für die Spannungsverteilung in einem Querschnitt die Krümmung des Innenrandes von einem unverhältnismäßig viel stärkeren Einfluß ist als die Krümmung des Außenrandes.

Zusammenfassend kann bezüglich der Trägerausbildung gesagt werden: *Große Steifigkeit* durch *starken Außenflansch, günstige Spannungsverteilung* durch *starken Innenflansch*! Demnach stellen der Rechteck- und I-Querschnitt bezüglich Steifigkeit und Spannungsverteilung günstige Profile dar. Es wurde aber schon darauf hingewiesen, daß wegen der Relativverformung zwischen Rohr und Träger im Hosenrohr meist eine große Steifigkeit gar nicht erwünscht ist.

2.22 Veränderliche Trägerhöhe

Bei der Berechnung von gekrümmten Trägern veränderlicher Querschnittshöhe ist es mit einem maximalen Fehler bis zu 5% zulässig, unter Zugrundelegung von R_i alle Querschnittsfasern auf konzentrischen Kreisen liegend anzunehmen. Für die Randspannungen könnten die verschiedenen Tangentenneigungen φ_i und φ_a des betreffenden Querschnitts und die verschiedenen Spannungsrichtungen durch den „Korrekturwinkel“ berücksichtigt werden $(\varphi_i - \varphi_a)$. F. Wansleben [*105*] hat jedoch eine Methode entwickelt, die für Träger mit stetiger, nicht zu großer Veränderlichkeit der Querschnittshöhe mit den Ergebnissen nach der exakten Scheibentheorie übereinstimmt. Wansleben nimmt an, daß die Querschnittsfläche kreiszylindrisch gekrümmt ist. Die Tangenten an die Fasern im Schnitt $o—u$ schneiden sich dann alle im Punkt K, da die Tatsache, daß alle Geraden, die auf der Kurve senkrecht stehen, durch einen Punkt, den Kreismittelpunkt K, gehen müssen, ein Charakteristikum des Kreises darstellt. Kennt man die Trägerbegrenzungen, so kann man daran die Tangenten zeichnen. Dieses Verfahren muß versuchsweise so lange wiederholt werden, bis der Kreisbogen auch durch die beiden Punkte o und u geht, in denen die Tangenten gezeichnet sind (Abb. 23).

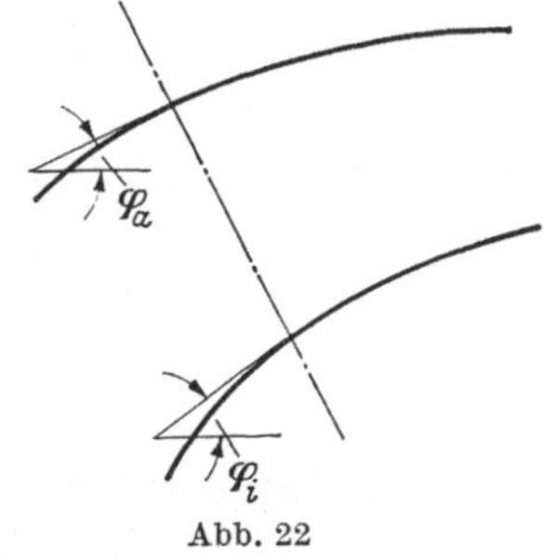

Abb. 22

Da die Normalspannungen in Faserrichtung verlaufen, müssen sie alle ebenfalls durch den Punkt K gehen und vereinigen sich dort zu einer

Kraft S. S und die tangential an die Querschnittsfläche im Punkt m (Mittellinie) gerichtete Kraft Q müssen der äußeren Kraftresultierenden R das Gleichgewicht halten. Die Schnittkräfte infolge R ergeben sich dann

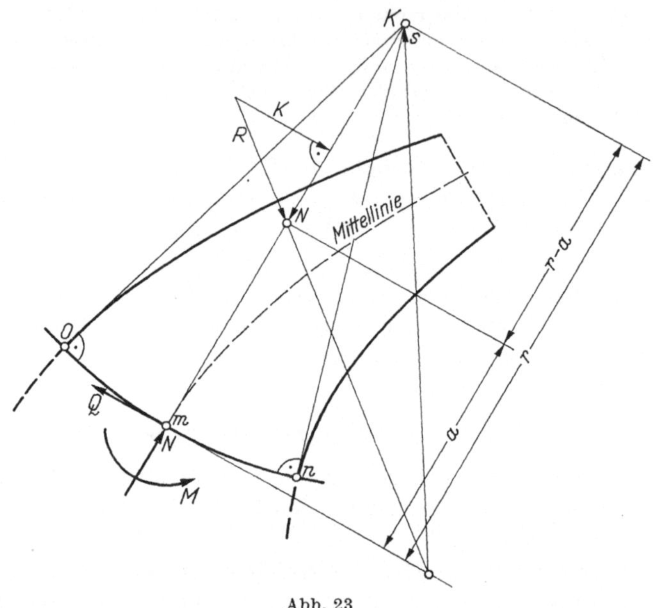

Abb. 23

folgendermaßen: R muß im Schnittpunkt mit der Linie m—K in die Komponenten N und K zerlegt werden. N ist unmittelbar die Normalkraft, während sich Querkraft und das Moment aus den folgenden Formeln ergeben:

$$Q = K \frac{r - a}{r} \tag{47}$$

$$M = K a \tag{48}$$

Im vorliegenden Fall belasten die Größen S_x, S_y und M — entgegengesetzt als äußere Kräfte angesetzt — den in der Abbildung dargestellten Trägerteil. Dabei muß stets berücksichtigt werden, daß die Querschnittsrandpunkte o und u (besonders u, auf den ja S_x, S_y und M bezogen werden müssen) gegenüber dem Schnittkraftbezugspunkt m (Mittellinie) verschoben liegen.

Man bildet zuerst die Größen:

$$N = S_x \cos\psi + S_y \sin\psi; \qquad Q' = S_x \sin\psi - S_y \cos\psi$$

Dabei ist N schon die Formel für die Schnittkraft N_0 (wie beim Träger mit konstanter Höhe). Der Kraftangriffspunkt wird jetzt in den Punkt 1

auf der Linie $m - K$ verschoben; hier ergeben sich folgende äquivalente Größen:
Normalkraft N (hier ist ersichtlich, daß die Schnittkraft N_0, entgegengesetzt im Punkt m angesetzt, gleich der Kraft N sein muß);
Querkraftkomponente Q'; Moment $\overline{M} + N \cdot \mathrm{e}$.

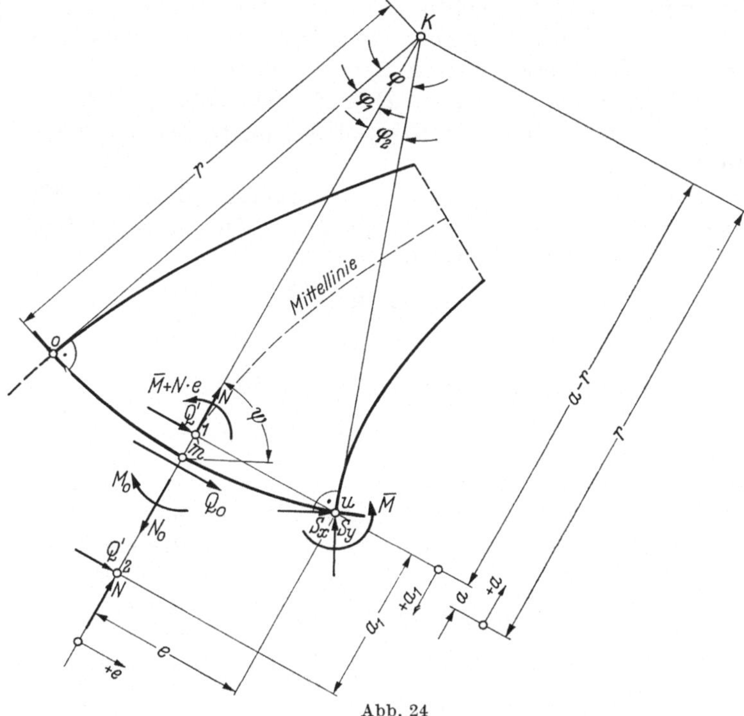

Abb. 24

Um das Moment zum Verschwinden zu bringen, verlagert man den Kraftangriffspunkt noch einmal in den Punkt 2. Hier hat man nur noch die Kräfte Q' und N. Die Exzentrizität a_1 erhält man aus:

$$a_1 = \frac{\overline{M} + N\,\mathrm{e}}{Q'} \tag{49}$$

Dann ergeben sich die gesuchten Größen (Schnittgrößen im Punkt m) zu:

$$N_0 = S_x \cos\psi + S_y \sin\psi \tag{50}$$

$$Q_0 = -Q' \frac{a_1 - a + r}{r} = -Q'\left(1 + \frac{a_1}{r} - \frac{a}{r}\right)$$
$$= \frac{1}{r}(r + a_1 - a)\,(-S_x \sin\psi + S_y \cos\psi) \tag{51}$$

$$M_0 = Q'(a_1 - a) = \overline{M} + N\,\mathrm{e} - Q'\,a$$
$$= \overline{M} + S_x\,\mathrm{e}\cos\psi + S_y\,\mathrm{e}\sin\psi - a(S_x \sin\psi - S_y \cos\psi) \tag{52}$$

Die Größen e und ψ sind hier in der Abbildung festgelegt. e ist stets der Abstand $m-u$, gemessen auf einer Geraden senkrecht zur Achse $m-K$ und ψ der Winkel zwischen der Achse $m-K$ und der Horizontalen.

Man sieht, daß für $r = \infty$ sich wieder die Schnittkraftkomponenten für den ebenen Schnitt ergeben. Die Normalkraft N_0 ändert sich gegenüber dem ebenen Schnitt nicht, wohl aber das Biegemoment und die Querkraft. Dabei müssen jedoch stets die Vorzeichen der Werte a, a_1 und e berücksichtigt werden (s. Abb. 24). Deshalb ist auch keine allgemeine Aussage darüber zu treffen, ob M_0 und Q_0 anwachsen oder kleiner werden.

Der bei Versteifungsträgern von Hosenrohren auftretende Winkel φ_1 oder φ_2 (Winkel zwischen der Tangente an den Trägerrand und der Linie $m-K$) hat etwa die Größe:

$$\underline{\varphi_1(\varphi_2) \leqq 15^\circ}$$

Damit ergibt sich überschlagsweise der Wert a zu:

$$a = r\,(1 - \cos\varphi_1(\varphi_2)) \leqq \underline{\max a = r}(1 - \cos 15^\circ)$$
$$\approx r(1 - 0{,}966) = \underline{0{,}034\, r}$$

Ähnliche Überschlagsrechnungen werden auch für andere Größen durchgeführt, um die Größenordnungen gegeneinander abschätzen zu können, die ja die Grundlage für eventuelle Vernachlässigungen bilden. So erhält man für e:

$$\mathrm{e} = r \sin\varphi_1(\varphi_2) \leqq \underline{\max \mathrm{e} = r} \sin 15^\circ = \underline{0{,}259\, r}$$

Der größte Stich zwischen der Sehne $o-u$ und dem Kreisbogen $o-u$ beträgt:

$$s' = r\,(1 - \cos\varphi/2) \geqq a$$

und die Sehnenlänge o und u läßt sich darstellen als:

$$s = 2\, r \sin\varphi/2$$

Damit ergibt sich ein Verhältnis

$$\frac{s'}{s} = \frac{1 - \cos\varphi/2}{2 \sin\varphi/2} = \frac{1}{2} \tan\frac{\varphi}{4} \approx \frac{1}{8}\varphi$$

und

$$s' = \frac{1}{8}\varphi\, s$$

Für $\varphi = 30^\circ$ erhält man die maximalen Werte

$$\underline{\max s'} = \max a = r\,(1 - \cos 15^\circ) = \underline{0{,}034\, r}$$
$$\underline{\max s} = 2\, r \sin 15^\circ = 2 \cdot 0{,}259\, r = \underline{0{,}518\, r}$$
$$\underline{\max s'} = \tfrac{1}{8} \cdot 30^\circ\, s = \underline{0{,}0655}\, s_{\max}$$

Die Differenz zwischen Kreisbogenlänge $0-u$ und Sehnenlänge $o-u$ ist

$$\Delta l = r(\varphi - 2\sin\varphi/2) \approx r\,\varphi\left(1 - \frac{16}{16+\varphi^2}\right) \tag{53}$$

und in Abhängigkeit von s:

$$\frac{\Delta l}{s} = \frac{\varphi - 2\sin\varphi/2}{2\sin\varphi/2} = \frac{\varphi}{2\sin\varphi/2} - 1$$

$$= \frac{\varphi(1+\tan^2\varphi/4)}{4\tan\varphi/4} - 1 \approx 1 + \frac{\varphi^2}{16} - 1 = \frac{\varphi^2}{16}$$

$$\Delta l = \frac{\varphi^2}{16}\,s \tag{54}$$

Maximalwerte für $\varphi = 30°$:

$$\underline{\max \Delta l} = 0{,}524\,r(1 - 0{,}984) = \underline{0{,}0084\,r}$$

$$\underline{\max \Delta l} = \frac{0{,}524^2}{16}\,s_{\max} = \underline{0{,}017\,s_{\max}}$$

Man sieht, daß a, s' und vor allem Δl sehr klein gegenüber r und klein gegenüber s und e sind. Deshalb kann man näherungsweise a zu Null setzen und befindet sich solange auf der sicheren Seite, wie das Vorzeichen von $Q'\,a$ mit dem von $(M + N\,\mathrm{e})$ übereinstimmt und $\frac{a_1}{r} < 1 - \frac{a}{r}$ bzw. $a_1 < r - a$ ist. Jedoch dürfte sich diese Vereinfachung nur für den Bereich empfehlen, wo $N \geqq Q'$ ist, da sonst M_0 gegenüber dem wirklichen Wert zu stark anwachsen und die Dimensionierung unwirtschaftlich würde.

Es muß für den Einzelfall entschieden werden, ob die Näherung oder gar ein ebener Querschnitt möglich sind oder nicht, man muß sich jedoch auch darüber klar sein, daß der gekrümmte Querschnitt einen wesentlichen Mehraufwand an Rechnung ergibt und den Schwierigkeitsgrad der weiteren Rechnung stark erhöht. Rechnet man mit gekrümmten Querschnitten, so greift man am besten neben e und ψ auch a aus einer maßstäblichen Zeichnung ab.

2.3 Querschnitte mit horizontalen Flanschen

2.31 Spannungen aus Flanschverformung

Wie aus Abschn. 2.5 (S. 56) ersichtlich, sind I-, T- und II-Querschnitte für Versteifungsträger von Hosenrohren häufig. Schon von H. Bleich [*50*] wurde auf die Bedeutung der Gurtverformungen bei T- und I-Querschnitten hingewiesen. Die von O. Steinhardt [*4*] systematisch durchgeführten Versuche bestätigen, daß infolge der Krümmung in den einzelnen Fasern radial gerichtete „Abtriebkräfte“ vorhanden sind, die in der Querschnittsebene Verschiebungen gleicher Größenordnung hervorrufen wie die Dehnungen senkrecht zum Querschnitt infolge der Momente und Längskräfte. Da die Flansche durch diese Querschnittsverformung eine ungleichmäßige Spannungsverteilung aufweisen, sind sie auf kleinere, sog. voll mittragende Breiten l' so zu reduzieren, daß bei nun gleichmäßiger (gedachter) Spannungsverteilung die Gesamtspannungsfläche erhalten bleibt. O. STEINHARDT [4] gibt, von der Theorie des Balkens auf elastischer Bettung ausgehend, die genaue Größe des Reduktionsfaktors ν an und bestimmt außerdem unter Benutzung des Verfahrens von RITZ [42] näherungsweise den Reduktionsfaktor der Längsspannungen σ_t im I- bzw. T-Querschnitt zu

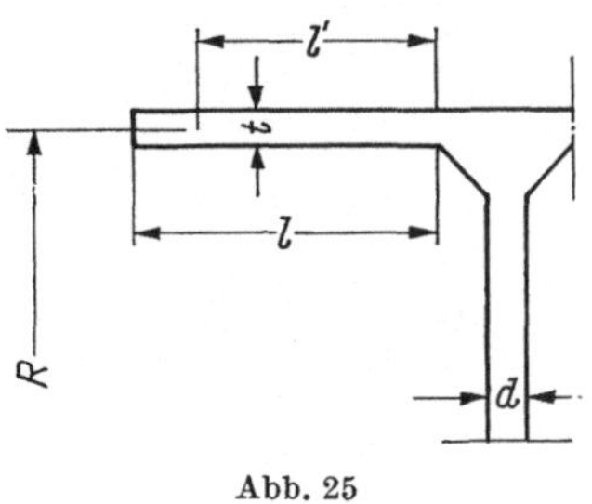

Abb. 25

$$\nu = \frac{1}{\alpha} - \frac{1}{2\pi\,\alpha} \tag{55}$$

wenn $0{,}65 < \alpha < \infty$, wenn $\alpha < 0{,}65$, so ist

$$\nu = 1{,}0$$

Dabei ist

$$\alpha = 1{,}316 \frac{l}{\sqrt{t\,R}} \tag{56}$$

und

$$l' = \nu\, l$$

Gerade bei den bei Rohrverzweigungen üblichen Trägern hat man es in der Hand, den Außenflansch so auszubilden, daß $\alpha \leqq 0{,}65$ und $\nu = 1{,}0$ ist, während der Innenflansch meist ganz oder teilweise von der Rohrschale gebildet wird. Für II-Profile ist

$$\nu = 1 - \frac{0{,}81\,\alpha^4}{\alpha^4 + 1{,}52} \tag{57}$$

Die Querschnittsverformung bewirkt nicht nur eine Verminderung der mittragenden Breite im Verhältnis ν, sondern es ergeben sich auch Biegespannungen σ_B in Querrichtung, die mittels Querbiegefaktor μ aus den Längsspannungen ermittelt werden können

$$\mu = 1{,}73 - (1{,}73 - 1{,}08\alpha)^3 \quad \text{für} \quad 0{,}65 < \alpha < 1{,}6 \tag{58}$$

$$\mu = 1{,}73, \quad \text{wenn} \quad \alpha > 1{,}6$$

Demnach ist für

$$\alpha = 0{,}65 : \mu \approx 0{,}7$$

σ_B und σ_t haben dabei stets verschiedene Vorzeichen.

Aus der so ermittelten Quer-Biegespannung ergibt sich infolge Querkontraktion (die Gurte sind in Trägerlängsrichtung durch die feste

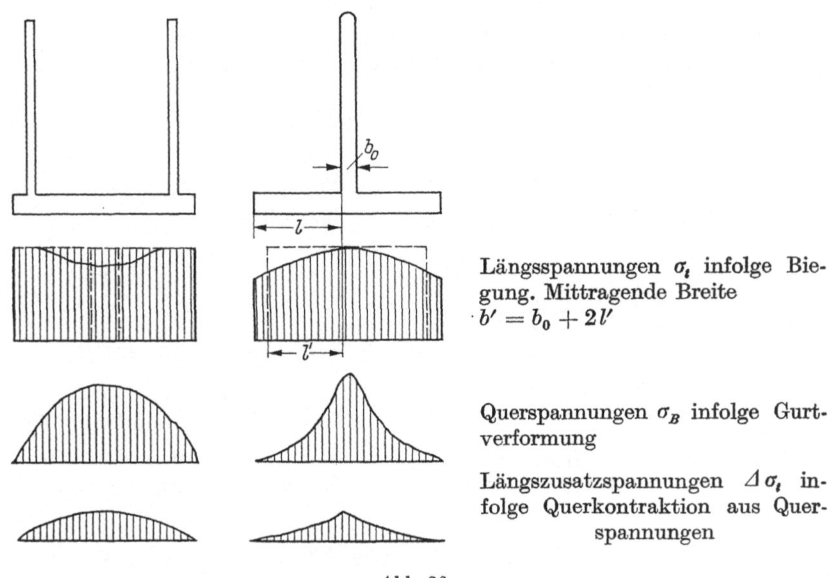

Abb. 26

Verbindung mit den Stegen und Rohrschalen in starkem Maße an einer Dehnung behindert) wieder eine Längsspannung $\Delta\sigma_t$, die den Spannungen σ_t zu überlagern sind (Abb. 26).

Für die Vorzeichen der Quer- und Längszusatzspannungen gilt für ⊤-, ⊥-, I-Profile: Außenkante Außengurt und Innenkante Innengurt haben für die Quer- und Längszusatzspannungen stets dasselbe Vorzeichen wie für die sie erzeugenden Längsspannungen. Für Innenkante Außengurt und Außenkante Innengurt sind die Vorzeichen der erzeugenden Spannungen stets entgegengesetzt den erzeugten.

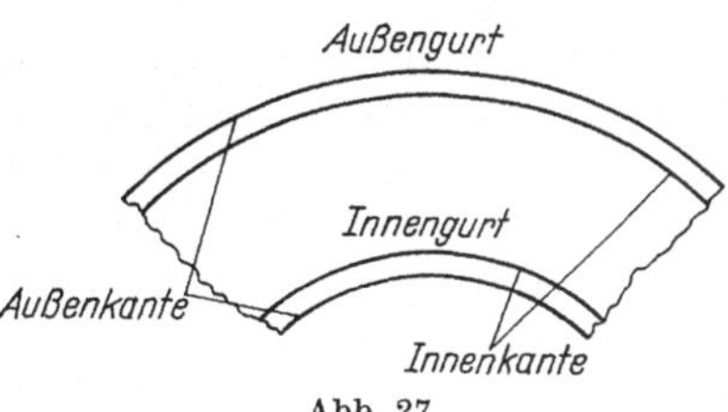

Abb. 27

Für ⊤⊤-, ⊥⊥-, II-Profile: Hier ergeben sich für die Innenkante Außengurt und die Außenkante Innengurt stets dieselben Vorzeichen für erzeugte und erzeugende Spannungen. Für die anderen Kanten sind die Vorzeichen der erzeugenden Spannungen stets entgegengesetzt zu den erzeugten gerichtet.

⊥-*Profil:* Ermittlung der Flanschabmessungen bei

$$\alpha = 0{,}65 \ (\nu = 1{,}0)$$

$$\alpha = 1{,}316 \frac{l}{\sqrt{t\,R}}$$

Bei vorgegebenem R enthält die Gleichung noch zwei Variable. Wird über die Flanschdicke t verfügt, so ist

$$l = \frac{0{,}65}{1{,}316} \sqrt{t\,R} = 0{,}494 \sqrt{R}\,\sqrt{t} = \xi \sqrt{t} \qquad (59)$$

R	$\sqrt{R}$	ξ	η
10	3,167	1,57	0,4100
20	4,472	2,21	0,2050
50	7,071	3,50	0,0820
100	10,00	4,94	0,0410
200	14,14	7,00	0,0205
400	20,00	9,89	0,0102
600	24,49	12,12	0,0068
800	28,28	14,00	0,0051
1000	31,67	15,68	0,0041
2000	44,72	22,09	0,0020

Wird die Kraglänge l gewählt, so ist

$$\frac{1{,}316\,l}{0{,}65\sqrt{R}} = \sqrt{t}$$
$$t = \frac{4{,}10\,l^2}{R} = \eta\, l^2 \qquad (60)$$

In der Tabelle sind die Werte ξ und η für verschiedene Radien zusammengestellt:

Beispiel: $t = 30$ mm gewählt, Stegdicke $d = 20$ mm geschätzt. Soll $\nu = 1{,}0$ sein, d. h. der Gurtquerschnitt auf ganzer Breite $b = d + 2l$ voll mittragen, dann darf sein bei

$R = 100$ cm: $b = d + 2\,\xi \sqrt{t} = 2{,}0 + 2 \cdot 4{,}94 \cdot \sqrt{3{,}0} = 19{,}1$ cm

$R = 400$ cm: $b = 2{,}0 + 2 \cdot 9{,}89 \cdot \sqrt{3{,}0} = 36{,}3$ cm

Es ist also relativ einfach, durch geschickte Querschnittswahl die sonst notwendige Abminderung zu umgehen, die zudem noch von erheblichen Quer-Biegespannungen und Längs-Zusatzbeanspruchungen begleitet ist.

2.32 Flansche mit Zwischenaussteifungen

Die Wirkungen von radialen Aussteifungen der Innen- und Außenflansche sind von der gekrümmten Rahmenecke her bekannt [*6*]. Der ohne Aussteifungen durch den Faktor μ berücksichtigte „Quertransport der Abtriebkräfte" wird jetzt in einen Längstransport von Aussteifung zu Aussteifung umgewandelt. Eine Übersicht, inwieweit sich die Normalspannungen des Innengurtes infolge dessen Verwölbung zwischen den Aussteifungen von den Rändern her abbauen, kann man sich verschaffen an Hand der Beziehung

$$\sigma_{tx} = \sigma_0 - \frac{E\,w_x}{R} \tag{61}$$

Der Quotient $E \cdot w_x/R$ gibt die Spannungsabminderung an einer beliebigen Stelle in Querrichtung des Flansches an gegenüber der Spannung σ_0 (mit $w_x = 0$) unterhalb des Steges. Betrachtet man den Randstreifen in einer Breite von 1 cm und denkt sich ihn in Querrichtung vom übrigen Flansch losgelöst, so lassen sich bei Zugrundelegung eines Durchlaufstreifens auf sehr vielen Stützen (Aussteifungen) die Durchbiegungen w_x infolge der Abtriebkräfte und damit der Wert $E \cdot w_x/R$ näherungsweise ermitteln.

Beispiel: Krümmungsradius des Innenflansches $R = 100$ cm

Innenflanschdicke $t = 40$ mm, Flanschbreite $b = 60$ cm, mittlere Flansch-Längsspannung $\sigma_t = \sigma_0 = 1200$ kg/cm², Abstand der Aussteifungen $l = 30$ cm.

Dann wird die radiale Belastung des 1 cm breiten Flanschstreifens

$$p = t \cdot \sigma_0/R = 4 \cdot 1200/100 = 48 \text{ kg/cm}$$

Streifenlänge $J = 4^3/12 = 5{,}33$ cm⁴

$$E\,w_x/R \quad \text{(im Endfeld)} \quad \approx \frac{E}{R}\,\frac{p\,l^4}{185\,E\,J} = \frac{48 \cdot 30^4}{100 \cdot 185 \cdot 5{,}33} = 382 \text{ kg/cm}^2$$

σ_t Rand $= 1200 - 392 = 808$ kg/cm²

Die Belastung des Innenflansches durch die Abtriebkräfte bewirkt zusätzliche Längsbiegespannungen $\Delta\sigma_t$ im Flansch, die z. B. über den Aussteifungen bei

$$W = 4^2/6 = 2{,}67 \text{ cm}^3 \quad \text{und} \quad M \approx 48 \cdot 30^2/12 = 3600 \text{ cm/kg}$$

betragen können.

$$\Delta\sigma_t = 3600/2{,}67 = 1345 \text{ kg/cm}^2$$

Damit wird die Gesamt-Längsspannung

$$\sigma_t = 808 + 1345 = 2153 \text{ kg/cm}^2$$

Während bei Rahmenecken durch eng angeordnete Aussteifungen die Zusatzspannungen gering gehalten werden können, ist das bei Versteifungsträgern meist konstruktiv nicht möglich oder nicht erwünscht (viele zusätzliche Schweißstellen lokale Einspannwirkungen usw.), so daß die im vorigen Abschnitt angegebene *Lösung:* Keine Aussteifung und schmälere, dafür dickere Flansche unter Verwendung dickenunempfindlicher Werkstoffe bzw. Flanschauflösung in mehrere Lamellen geboten erscheint.

2.33 Weitere Zusatzspannungen

Außer Schweißspannungen treten vor allem Beanspruchungen durch den unmittelbaren Wasserdruck p auf den Innengurt auf. Ordnet man bei Kastenprofilen Querschotte an, dann stellt der Gurt eine allseitig aufliegende Platte dar, während bei I-Profilen die Gurtplatte in der Mitte eingespannt ist. Bei Kastenquerschnitten soll man Stegabstand = Schottabstand wählen, was zu quadratischen Platten führt. Da die

Gurtplatte meist wesentlich dicker als die Steg- oder Schottwand ist, kann die Platteneinspannung vernachlässigt werden. Für die quadratische Platte der Seitenlänge a ergibt sich nach Huber [*20*] näherungsweise das Mittenmoment zu

$$M = p\,a^2/24 \tag{62}$$

Die Durchlaufwirkung kann wie im Abschnitt 2.32 berücksichtigt werden.

2.4 Träger mit geneigten Innenflanschen

Während bei Trägern mit horizontalen Flanschen zwar die Spannungsverteilung über die Querschnittsbreite ungleichmäßig ist, aber bei dem geringen Anteil der Flanschdicke an der Trägerhöhe praktisch der Spannungsunterschied an der Flanschober- und -unterseite kaum ins Gewicht fällt, liegen bei geneigten Flanschen diese in dem Querschnittsbereich, über den die hyperbolische Spannungsverteilung stark ins Gewicht fällt. Schon in Abschn. 2.2 (S. 31) wurde gezeigt, daß für die Spannungsverteilung über gekrümmten Trägern andere Prinzipien gelten als bei geraden Trägern. Da zudem die Versteifungsträger an Hosenrohren derartige Querschnittsformen haben, wird eine genauere Betrachtung notwendig.

2.41 Gerader Träger

Trägheitsmoment J, Widerstandsmoment W und Biegespannungen σ werden für einen ⊥-Träger konstanten Querschnitts F ermittelt, wenn die Neigungswinkel α der Flansche die Werte $0^0 < \alpha^0 < 90°$ durchlaufen:

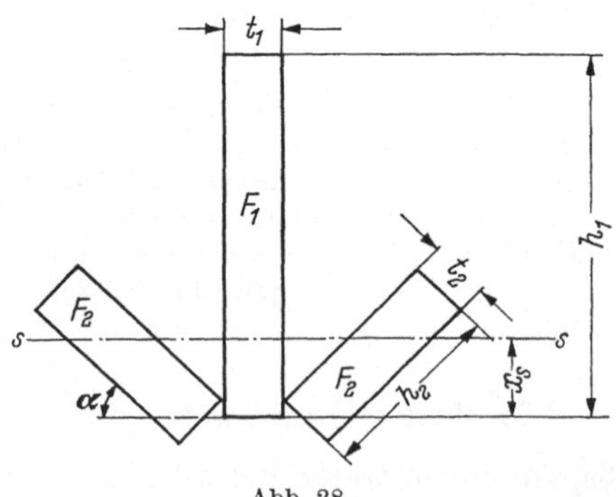

Abb. 28

Schwerlinie: $x_s = \dfrac{\Sigma x F}{\Sigma F} = \dfrac{F_1 \dfrac{h_1}{2} + 2 F_2 \dfrac{h_2}{2} \sin\alpha}{F_1 + F_2} = \dfrac{\dfrac{h_1}{2}\left[1 + \dfrac{2F_2}{F_1}\,\dfrac{h_2 \sin\alpha}{h_1}\right]}{1 + \dfrac{2F_2}{F_1}}$

Trägheitsmoment $J_g = J_{\text{gerade}}$

$$J_g = J_1 + 2\min J_2 + 2(\max J_2 - \min J_2)\cdot\sin^2\alpha + \\ + \frac{2F_2 h_1^2}{4\left(1+\frac{2F_2}{F_1}\right)}\,\frac{(1-h_2\sin\alpha)^2}{h_1} \\ = J_1 + 2\min J_2 + \frac{F_2 h_1^2}{2\left(1+\frac{2F_2}{F_1}\right)} - \frac{F_2 h_1 h_2}{1+\frac{2F_2}{F_1}}\sin\alpha + \\ + \frac{F_2 h_2^2}{2}\left[\frac{1+\frac{t_2^2}{h_2}}{3} + \frac{1}{1+\frac{2F_2}{F_1}}\right]\sin^2\alpha$$

Beispiel: Einfluß der Flanschneigung bei gerader Trägerachse

$t_1 = t_2 = 20$ mm; $h_1 = 1000$ mm; $h_2 = 500$ mm

α	J_g	$x_s = h_u$	h_o	W_g^u	W_g^o
0°	416733	25,00	75,00	16028	5556
10°	376459	27,17	72,83	13373	5169
20°	343406	29,28	70,72	11364	4856
30°	317758	31,25	68,75	9893	4622
40°	299047	33,04	66,96	8845	4466
50°	286311	34,58	65,42	8129	4377
60°	278300	35,83	64,17	7660	4337
70°	273732	36,75	63,25	7380	4328
80°	271491	37,31	62,69	7244	4331
90°	270833	37,50	62,50	7222.	4333

2.42 Gekrümmter Träger ohne Flanschverformung

Er wird zunächst ohne Berücksichtigung der Flanschverformung infolge von Radialkräften behandelt. Dabei ist die Lage von Steg (F_1) und Flanschen ($2\,F_2$) zueinander zu beachten.

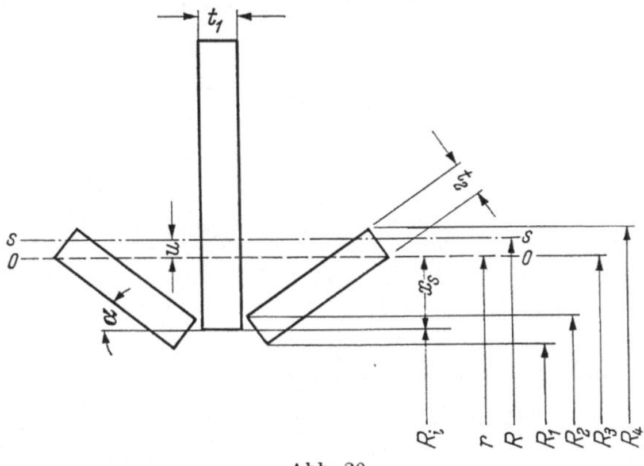

Abb. 29

Querschnittsform 1:

$$x_s = \frac{h_1}{2}\,\frac{1 + \dfrac{2F_2}{F_1}\,\dfrac{h_2 \sin\alpha}{h_1}}{1 + \dfrac{2F_2}{F_1}} \tag{63}$$

$$R_1 = R_i - t_2 \frac{\cos\alpha}{2}$$

$$R_2 = R_i + t_2 \frac{\cos\alpha}{2}$$

$$R_3 = R_1 + h_2 \sin\alpha$$

$$R_4 = R_2 + h_2 \sin\alpha$$

$$R = R_i + x_s$$

$$r = \frac{F_1 + 2F_2}{t_1 \ln \dfrac{R_i + h_1}{R_i} + 2\,\dfrac{R_1 \ln R_1 - R_2 \ln R_2 \ln R_3 + R_4 \ln R_4}{\sin\alpha\cos\alpha}} \tag{64}$$

Querschnittsform 2:

Folgende Formeln gelten für

$$\frac{t_2}{h_2} \leqq \sin\alpha\cos\alpha$$

$$F = h_1 t_1 + 2h_2 t_2 - t_2^2 \tan\alpha$$

$$x_s = \frac{h_1 t_1}{2} + h_2^2 t_2 \sin\alpha - t_2^3 \sin\alpha\left(1 + \frac{1}{\cos^2\alpha}\right) \tag{65}$$

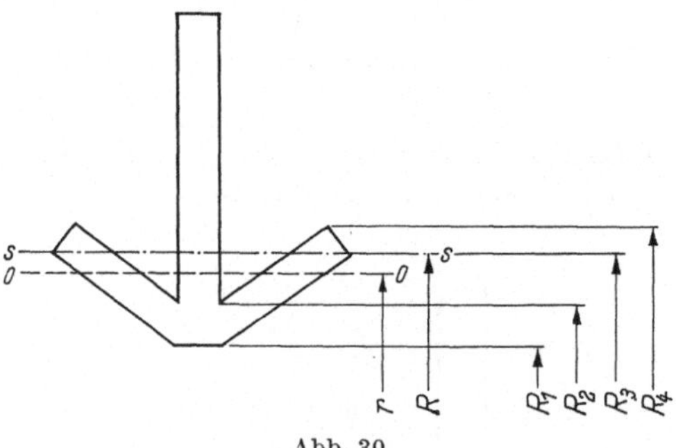

Abb. 30

$$r = \frac{h_1 t_1 + 2h_2 t_2 - t_2^2 \tan\alpha}{t_1 \ln \dfrac{R_1 + t_1}{R_1} + \dfrac{2}{\sin\alpha}(R_1 \ln R_1 - R_2 \ln R_2)\cos\alpha - (R_3 \ln R_3 - R_4 \ln R_4)\dfrac{1}{\cos\alpha}} \tag{66}$$

Zahlenbeispiel zu Querschnittsform 1. Abmessungen wie beim geraden Träger, S. 40, d. h.

$$t_1 = t_2 = 2{,}0 \text{ cm}, \qquad h_1 = 100 \text{ cm}, \qquad h_2 = 50 \text{ cm}, \qquad R = 100 \text{ cm}$$

α^0	r	u	$r\,u\,F = J'_k$	W^u_k	W^o_k
	cm	cm	cm^4	cm^3	cm^3
0	91,71304	8,28696	304009	13848	7050
10	92,53797	7,46203	276208	10363	6505
20	93,12353	6,87647	256144	8225	6126
30	93,52087	6,47913	242374	6862	5881
40	93,75125	6,24875	234331	6005	5760
50	93,85838	6,14162	230577	5473	5730
60	93,88922	6,11075	229495	5151	5750
70	93,87578	6,12422	229966	4977	5793
80	93,85992	6,14008	230523	4899	5820
90	93,84891	6,15109	230909	4905	5824

In der folgenden Abb. 31 sind die Trägheits- und Widerstandsmomente vergleichbar graphisch aufgetragen. In dieser graphischen Darstellung in Abhängigkeit vom Winkel α bedeuten

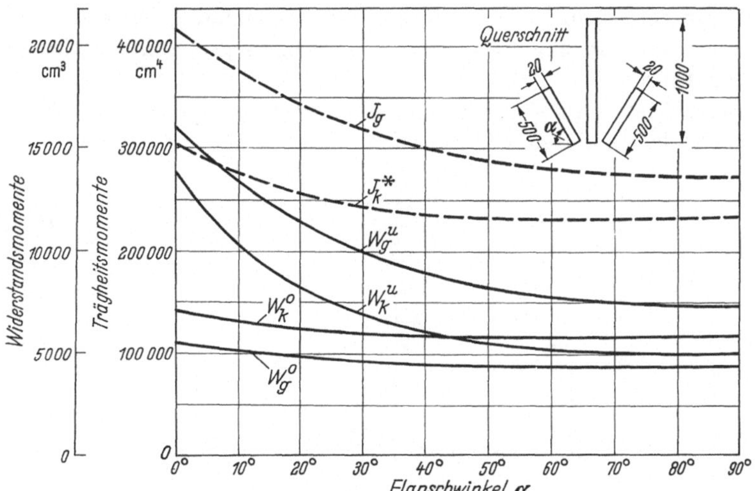

Abb. 31. Querschnittsmomente J und W in Abhängigkeit vom Flanschwinkel α

J_g Trägheitsmoment des geraden Trägers,
J'_k Trägheitsmoment des gekrümmten Trägers,
W^o_g und W^u_g Widerstandsmomente des geraden Trägers,
W^u_k und W^o_k Widerstandsmomente des gekrümmten Trägers.

Es zeigt sich, daß mit wachsendem α, d. h. mit steigender Annäherung an den Rechteckquerschnitt, der Unterschied zwischen J_g und J_k sowie zwischen W^o_g und W^o_k abnimmt, zwischen W^u_g und W^u_k dagegen zunimmt. Auch früher wurde schon gezeigt, daß die Empfindlichkeit gegen Veränderungen des Querschnitts wesentlich die Querschnittfasern betrifft, die dem Krümmungsmittelpunkt am nächsten liegen.

2.43 Gekrümmter Träger bei Flanschverformung

2.431 Ableitung der Differentialgleichung des Problems. Für den Fall, daß der Trägerflansch rechtwinklig zum Steg angeordnet ist, hat O. STEINHARDT [4] ein Berechnungsverfahren angegeben, das die ungleichmäßige Spannungsverteilung infolge der Querschnittsverformung berücksichtigt (s. S. 38).

Bei dem hier vorliegenden Problem sind außerdem noch die Längsspannungen und damit auch die radialen „Abtriebkräfte“ über der Flanschbreite proportional $\frac{z}{r+z}$, d. h. nach einer hyperbolischen Funktion veränderlich.

Ohne Berücksichtigung der Flanschverformung ergäbe sich die Spannungsverteilung

$$\sigma'_{tz} = \frac{M\,(z_i - z)}{F\,u\,(R_i + z)} \tag{67}$$

Aus Symmetriegründen genügt es, die Untersuchung des Verformungseinflusses für nur eine auskragende, im Steg eingespannte Flanschhälfte durchzuführen.

Betrachtet man ein Element des unter dem Winkel α gegen die Horizontale geneigten Flansches von der Länge $ds = r \cdot d\varphi$ und der

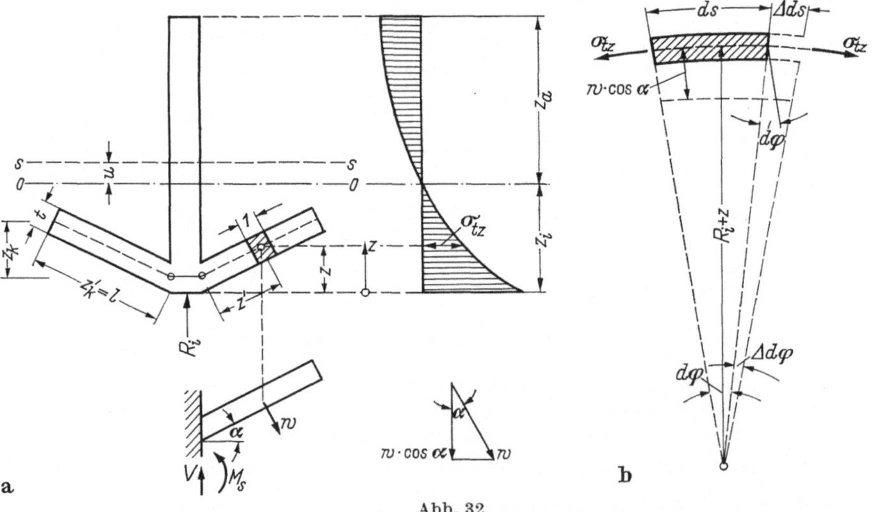

Abb. 32

Breite 1, so sind die Dehnungen in Richtung des gekrümmten Flansches an der Stelle z:

$$\varepsilon_{tz} = \frac{\Delta ds - w\,\cos\alpha\;d\varphi}{(R_i + z)\,d\varphi} = \varepsilon'_{tz} - \frac{w\,\cos\alpha}{R_i + z} \tag{68}$$

Im Abstand $R_i + z$ vom Krümmungsmittelpunkt bzw. z' vom Steg ist die Spannung in Längsrichtung

$$\sigma_{tz} = \sigma'_{tz} - \frac{E\, w \cos\alpha}{R_i + z} \tag{69}$$

Infolge der Längsspannung σ_{tz} wirkt auf einen Flanschstreifen von der Breite $(R_i + z)\, d\varphi$ eine zum Krümmungsmittelpunkt hin gerichtete Kraft

$$p_z = \sigma_{tz} \frac{t}{R_i + z}$$

Senkrecht zum Flansch ist dann

$$p'_z = p_z \cos\alpha = \frac{t \cos\alpha}{R_i + z} \left(\sigma'_{tz} - \frac{E\, w \cos\alpha}{R_i + z}\right)$$

$$= \frac{t \cos\alpha}{(R_i + z)^2} \left(\frac{M\,(z_i - z)}{F\, u} - E\, w \cos\alpha\right)$$

Dabei ist angenommen, daß die Radialspannungen für die Flanschdicke t konstant sind, eine Voraussetzung, die für die üblichen Trägerausführungen zulässig ist.

In Analogie zur Differentialgleichung der Biegelinie des breiten, elastisch gebetteten Balkens, die lautet:

$$E\, J \frac{m^2}{m^2 - 1} \frac{d^4 w}{d z'^4} = p_{z'}, \quad \text{wobei} \quad z' = \frac{z}{\sin\alpha}$$

kann man schreiben:

$$E\, J' \frac{d^4 w}{d z'^4} = \frac{t \cos\alpha}{(R_i + z' \sin\alpha)^2} \left[\frac{M\,(z_i - z' \sin\alpha)}{F\, u} - E\, w \cos\alpha\right]$$

$$\frac{d^4 w}{d z'^4} + \frac{t \cos^2\alpha}{J'\,(R_i + z' \sin\alpha)^2}\, w = \frac{M\,(z_i - z' \sin\alpha)\, t \cos\alpha}{F\, u\, E\, J'\, R_i + z' \sin\alpha)^2} \tag{70}$$

2.432 Die Lösung der Differentialgleichung $w = f_{(z')}$. Die Lösung der *inhomogenen* Differentialgleichung kann unmittelbar angegeben werden zu

$$w = \frac{M\,(z_i - z' \sin\alpha)}{F\, u\, E \cos\alpha} \tag{71}$$

Führt man ein:

$$\varepsilon = \frac{t}{J'} \cot^2\alpha; \qquad \varrho = \frac{R_i + z}{\sin\alpha}$$

so lautet die *homogene* Differentialgleichung

$$\frac{d^4 w}{d z'^4} + \frac{\varepsilon}{(\varrho + z')^2}\, w = 0 \tag{72}$$

Da $w = f_{(z')}$, führt die Lösung dieser Differentialgleichung auf *Besselsche Funktionen*, und zwar kommen hier die von HANKEL eingeführten Funktionen 3. Art in Frage [*8*].

Die Bedeutung der HANKELschen Funktionen für die Anwendung liegt vor allem darin, daß unter den Zylinderfunktionen sie allein für unendliches komplexes Argument verschwinden.

Die Lösung lautet:

$$w = C_1 \,\mathrm{i}\, H_2^{(1)}\left(2\sqrt{\mathrm{i}(\varrho + z')}\sqrt[4]{\varepsilon}\right) + C_2 \,\mathrm{i}\, H_2^{(2)}\left(2\sqrt{\mathrm{i}(\varrho + z')}\sqrt[4]{\varepsilon}\right) \tag{73}$$

$$+ C_3 \,\mathrm{i}\, H_2^{(1)}\left(2\mathrm{i}\sqrt{\mathrm{i}(\varrho + z')}\sqrt{\varepsilon}\right) + C_4 \,\mathrm{i}\, H_2^{(2)}\left(2\mathrm{i}\sqrt{\mathrm{i}(\varrho + z')}\sqrt[4]{\varepsilon}\right)$$

Dabei ist

$$H_2^{(1)} = J_2 + \mathrm{i}\, N_2$$

$$H_2^{(2)} = J_2 - \mathrm{i}\, N_2$$

Zur Abkürzung wird gesetzt:

$$2\sqrt{\varrho + z'}\sqrt[4]{\varepsilon} = x,$$

dann ist:

$$w = C_1 \,\mathrm{i}\, H_2^{(1)}(x\sqrt{\mathrm{i}}) + C_2 \,\mathrm{i}\, H_2^{(2)}(x\sqrt{\mathrm{i}})$$

$$+ C_3 \,\mathrm{i}\, H_2^{(1)}(\mathrm{i}\sqrt{\mathrm{i}}\, x) + C_4 \,\mathrm{i}\, H_2^{(2)}(\mathrm{i}\sqrt{\mathrm{i}}\, x)$$

Da die HANKELschen Funktionen $H_n^{(1)}$ nur für $n = 0$ und 1, und zwar meist als $\mathrm{i}\, H_1$, $\mathrm{i}\, H_0 \ldots$ tabuliert sind, wurde folgende Reduktion vorgenommen:

$$H_{2(t)}^{(v)} = \frac{2}{t} H_1^{(v)} - H_0^{(v)} \qquad v = (1, 2,)$$

Somit wird:

$$w = C_1 \,\mathrm{i}\left[\frac{2}{\sqrt{\mathrm{i}}\, x} H_1^{(1)}(x\sqrt{\mathrm{i}}) - H_0^{(1)}(x\sqrt{\mathrm{i}})\right]$$

$$+ C_2 \,\mathrm{i}\left[\frac{2}{\sqrt{\mathrm{i}}\, x} H_1^{(2)}(x\sqrt{\mathrm{i}}) - H_0^{(2)}(x\sqrt{\mathrm{i}})\right]$$

$$+ C_3 \,\mathrm{i}\left[\frac{2}{\mathrm{i}\sqrt{\mathrm{i}}\, x} H_1^{(1)}(\mathrm{i}\, x\sqrt{\mathrm{i}}) - H_0^{(1)}(\mathrm{i}\sqrt{\mathrm{i}}\, x)\right]$$

$$+ C_4 \,\mathrm{i}\left[\frac{2}{\mathrm{i}\sqrt{\mathrm{i}}\, x} H_1^{(2)}(\mathrm{i}\, x\sqrt{\mathrm{i}}) - H_0^{(2)}(\mathrm{i}\sqrt{\mathrm{i}}\, x)\right]$$

Zur Bestimmung der Konstanten C_1, C_2, C_3, C_4, werden noch die Ableitungen w', w'', w''' benötigt.

Es ist:

$$(H_{2(t)}^{(v)})' = \frac{d H_{2(t)}^{(v)}}{dt} = \frac{2}{t}(H_1^{(v)})' - \frac{2}{t^2} H_1^{(v)} - (H_0^{(v)})'$$

Ferner ist:

$$(H_1^{(v)})' = H_0^{(v)} - \frac{1}{t} H_1^{(v)}$$

$$(H_0^{(v)})' = - H_1^{(v)}$$

Also:

$$(H_{2(t)}^{(v)})' = \left(1 - \frac{4}{t^2}\right) H_1^{(v)} + \frac{2}{t} H_0^{(v)}$$

und

$$w'_{(x)} = C_1 \, \mathrm{i} \sqrt{\mathrm{i}} \left[\left(1 + \frac{4\,\mathrm{i}}{x^2}\right) H_1^{(1)}(x\sqrt{\mathrm{i}}) + \frac{2}{x\sqrt{\mathrm{i}}} H_0^{(1)}(x\sqrt{\mathrm{i}})\right]$$

$$+ C_2 \, \mathrm{i} \sqrt{\mathrm{i}} \left[\left(1 + \frac{4\,\mathrm{i}}{x^2}\right) H_1^{(2)}(x\sqrt{\mathrm{i}}) + \frac{2}{x\sqrt{\mathrm{i}}} H_0^{(2)}(x\sqrt{\mathrm{i}})\right]$$

$$- C_3 \sqrt{\mathrm{i}} \left[\left(1 - \frac{4\,\mathrm{i}}{x^2}\right) H_{(1)}^{1}(\mathrm{i}\sqrt{\mathrm{i}}\,x) - \frac{2\,\mathrm{i}}{x\sqrt{\mathrm{i}}} H_0^{(1)}(\mathrm{i}\,x\sqrt{\mathrm{i}})\right]$$

$$- C_4 \sqrt{\mathrm{i}} \left[\left(1 - \frac{4\,\mathrm{i}}{x^2}\right) H_1^{(2)}(\mathrm{i}\sqrt{\mathrm{i}}\,x) - \frac{2\,\mathrm{i}}{x\sqrt{\mathrm{i}}} H_0^{(2)}(\mathrm{i}\,x\sqrt{\mathrm{i}})\right]$$

Weiter ist:

$$\frac{d}{dx}\left[\left(1 + \frac{4\,\mathrm{i}}{x^2}\right) H_1^{(v)}(x\sqrt{\mathrm{i}}) + \frac{2}{x\sqrt{\mathrm{i}}} H_0^{(v)}(x\sqrt{\mathrm{i}})\right]$$

$$= \left(1 + \frac{6\,\mathrm{i}\sqrt{\mathrm{i}}}{x^2}\right) H_0^{(v)}(x\sqrt{\mathrm{i}}) - \left(\frac{12\,\mathrm{i}}{x^3} + \frac{3}{x}\right) H_1^{(v)}(x\sqrt{\mathrm{i}})$$

und

$$\frac{d}{dx}\left[\left(1 - \frac{4\,\mathrm{i}}{x^2}\right) H_1^{(v)}(\mathrm{i}\sqrt{\mathrm{i}}\,x) - \frac{2}{x\sqrt{\mathrm{i}}} H_0^{(v)}(\mathrm{i}\sqrt{\mathrm{i}}\,x)\right]$$

$$= \left(1 + \frac{6\sqrt{\mathrm{i}}}{x^2}\right) H_0^{(v)}(\mathrm{i}\sqrt{\mathrm{i}}\,x) + \left(\frac{12\,\mathrm{i}}{x^3} - \frac{3}{x}\right) H_1^{(v)}(\mathrm{i}\sqrt{\mathrm{i}}\,x)$$

Somit wird

$$w''_{(x)} = C_1 \, \mathrm{i} \sqrt{\mathrm{i}} \left[\left(1 + \frac{6\,\mathrm{i}\sqrt{\mathrm{i}}}{x^2}\right) H_0^{(1)}(x\sqrt{\mathrm{i}}) - \left(\frac{12\,\mathrm{i}}{x^3} + \frac{3}{x}\right) H_1^{(1)}(x\sqrt{\mathrm{i}})\right]$$

$$+ C_2 \, \mathrm{i} \sqrt{\mathrm{i}} \left[\left(1 + \frac{6\,\mathrm{i}\sqrt{\mathrm{i}}}{x^2}\right) H_0^{(2)}(x\sqrt{\mathrm{i}}) - \left(\frac{12\,\mathrm{i}}{x^3} + \frac{3}{x}\right) H_1^{(2)}(x\sqrt{\mathrm{i}})\right]$$

$$- C_3 \sqrt{\mathrm{i}} \left[\left(1 + \frac{6\sqrt{\mathrm{i}}}{x^2}\right) H_0^{(1)}(\mathrm{i}\sqrt{\mathrm{i}}\,x) + \left(\frac{12\,\mathrm{i}}{x^3} - \frac{3}{x}\right) H_1^{(1)}(\mathrm{i}\sqrt{\mathrm{i}}\,x)\right]$$

$$- C_4 \sqrt{\mathrm{i}} \left[\left(1 + \frac{6\sqrt{\mathrm{i}}}{x^2}\right) H_0^{(2)}(\mathrm{i}\sqrt{\mathrm{i}}\,x) + \left(\frac{12\,\mathrm{i}}{x^3} - \frac{3}{x}\right) H_1^{(2)}(\mathrm{i}\sqrt{\mathrm{i}}\,x)\right]$$

Schließlich ist

$$\frac{d}{dx}\left[\left(1+\frac{6\,i\sqrt{i}}{x^2}\right)H_0^{(v)}(x\sqrt{i})-\left(\frac{12\,i}{x^3}+\frac{3}{x}\right)H_1^{(v)}(x\sqrt{i})\right]$$
$$=\left(\frac{48\,i}{x^4}+\frac{12}{x^2}-\sqrt{i}\right)H_1^{(v)}(x\sqrt{i})-\left(\frac{24\,i\sqrt{i}}{x^3}+\frac{3\sqrt{i}}{x}\right)H_0^{(v)}$$

und

$$\frac{d}{dx}\left[\left(1+\frac{6\sqrt{i}}{x^2}\right)H_0^{(v)}(i\sqrt{i}\,x)+\left(\frac{12\,i}{x^3}-\frac{3}{x}\right)H_1^{(v)}(i\sqrt{i}\,x)\right]$$
$$=-\left(\frac{48\,i}{x^4}+\frac{12}{x^2}-i\sqrt{i}\right)H_1^{(v)}(x\,i\sqrt{i})-\left(\frac{24\sqrt{i}}{x^3}+\frac{3\,i\sqrt{i}}{x}\right)H_0^{(v)}(i\sqrt{i}\,x)$$

Somit wird

$$\begin{aligned}
w'''(x) = {} & C_1\, i\sqrt{i}\left[\left(\frac{48\,i}{x^4}+\frac{12}{x^2}-\sqrt{i}\right)H_1^{(1)}(x\sqrt{i})\right.\\
& \qquad \left.-\left(\frac{24\,i\sqrt{i}}{x^3}+\frac{3\sqrt{i}}{x}\right)H_0^{(1)}(x\sqrt{i})\right]\\
& + C_2\, i\sqrt{i}\left[\left(\frac{48\,i}{x^4}+\frac{12}{x^2}-\sqrt{i}\right)H_1^{(2)}(x\sqrt{i})\right.\\
& \qquad \left.-\left(\frac{24\,i\sqrt{i}}{x^3}+\frac{3\sqrt{i}}{x}\right)H_0^{(2)}(x\sqrt{i})\right]\\
& + C_3\sqrt{i}\left[\left(\frac{48\,i}{x^4}+\frac{12}{x^2}-i\sqrt{i}\right)H_1^{(1)}(i\sqrt{i}\,x)\right.\\
& \qquad \left.+\left(\frac{24\sqrt{i}}{x^3}+\frac{i\,3\sqrt{i}}{x}\right)H_0^{(1)}(i\sqrt{i}\,x)\right]\\
& + C_4\sqrt{i}\left[\left(\frac{48\,i}{x^4}+\frac{12}{x^2}-i\sqrt{i}\right)H_1^{(2)}(i\sqrt{i}\,x)\right.\\
& \qquad \left.+\left(\frac{24\sqrt{i}}{x^3}+\frac{3\,i\sqrt{i}}{x}\right)H_0^{(2)}(i\sqrt{i}\,x)\right]
\end{aligned}$$

$H_p^{(1)}\,(\sqrt{i}\,x)$ ist konjugiert komplex zu $H_p^{(2)}\,(-\,i\sqrt{i}\,x)$.

Die weitere Behandlung soll mit dem Tafelwerk von JAHNKE-EMDE [*8*] geschehen. Dazu ist es notwendig, $H_0^{(v)}$ und $H_1^{(v)}$ durch die dort tabulierten Werte auszudrücken:

1. $H_0^{(1)}(\sqrt{i}\,x) = U_{0(x)} = i\,V_{0(x)}$
2. $H_0^{(2)}(\sqrt{i}\,x) = 2\,\Re e\,J_0(\sqrt{i}\,x) - U_{0(x)} + i\,[2\,\Im m\,J_0(\sqrt{i}\,x) - V_{0(x)}]$

   $U_{0(x)} = \Re e\,H_0^{(1)}(\sqrt{i}\,x);\qquad V_{0(x)} = \Im m\,H_0^{(1)}(\sqrt{i}\,x)$
3. $H_0^{(1)}(i\sqrt{i}\,x) = --U_{0(x)} + V_{0(x)}$
4. $H_0^{(2)}(i\sqrt{i}\,x) = -\,2\,\Re e\,J_0(\sqrt{i}\,x) + U_{d(x)} + i\,[2\,\Im m\,J_0(\sqrt{i}\,x) - V_{0(x)}]$

5. $\sqrt{i}\, H_1^{(1)}(\sqrt{i}\, x) = U_{1(x)} + i\, V_{1(x)}$

$U_{1(x)} = \Re e\, [\sqrt{i}\, H_1^{(1)}(\sqrt{i}\, x)]$

$V_{1(x)} = \Im m\, [\sqrt{i}\, H_1^{(1)}(\sqrt{i}\, x)]$

6. $i \sqrt{i}\, H_1^{(1)}(i \sqrt{i}\, x) = U_{1(x)} - i\, V_{1(x)}$

7. $\sqrt{i}\, H_1^{(2)}(\sqrt{i}\, x) = 2\, \Re e\, [\sqrt{i}\, J_1(\sqrt{i}\, x)] - U_{1(x)}$

$\qquad + i \{2\, \Im m\, [\sqrt{i}\, J_1(\sqrt{i}\, x)] - V_{1(x)}\}$

8. $i \sqrt{i}\, H_1^{(2)}(i \sqrt{i}\, x) = 2\, \Re e\, [\sqrt{i}\, J_1(\sqrt{i}\, x)] - U_{1(x)}$

$\qquad - i \{2\, \Im m\, [\sqrt{i}\, J_1(\sqrt{i}\, x)] - V_{1(x)}\}$

Die 10 Summanden auf der rechten Seite der 8 H-Werte sind dann vorgenanntem Tafelwerk zu entnehmen, wobei die x-Werte sich bestimmen bei vorgegebenen r, α, t, aus der Gleichung

$$x = 2 \sqrt{\frac{r}{\sin\alpha} + Z'} \sqrt[4]{\frac{t}{J'} \cot^2\alpha} = \frac{3{,}63}{\sin\alpha} \sqrt{\frac{r \cos\alpha}{t}} \tag{74}$$

wenn

$$J' = \frac{t^3}{12\left(1 - \frac{1}{m^2}\right)}$$

Zur Bestimmung der Konstanten sind für Z' die Randpunkte des Flansches einzusetzen, d. h.

$$Z' = 0 \rightarrow r = r_0 \rightarrow x_1$$

$$Z' = Z'_k \rightarrow r = r_k \rightarrow x_2$$

Die Werte an der Stelle x_1 werden in die Formeln $w_{(x_1)} = 0$ und $w'_{(x_1)} = 0$ und diejenigen von x_2 in die Formeln $w''_{(x_2)} = 0$ und $w'''_{(x_2)} = 0$ eingesetzt, wodurch man vier lineare Gleichungen für die Konstanten C_1, C_2, C_3, C_4 erhält, deren Lösung vier komplexe Zahlen ergibt, die in die Gleichung für $w_{(x)}$ eingesetzt werden müssen. Als Probe muß sich dann für das Argument x_1 $w_{(x)} = 0$ ergeben. Zudem heben sich, wenn man in $w_{(x)}$ die tabulierten Werte einsetzt, alle imaginären Größen heraus und es bleibt eine reelle Funktion für $w_{(x)}$ übrig, die den Randbedingungen und der Differentialgleichung genügt.

Man kann natürlich auch gleich ganz allgemein C_1 bis C_4 bestimmen, doch soll im folgenden der erste Weg gewählt werden.

Beispiel

Gewählt $x_1 = 5{,}1$; $x_2 = 7{,}3$

Berechnung von C_1, C_2, C_3, C_4. Für die 4 Gleichungen werden mittels der Tabellen in JAHNKE-EMDE [*8*], S. 247—254, die angegebenen Funktionswerte von $H_0^{(v)}$ und $H_1^{(v)}$ errechnet. Nach mehreren vereinfachenden Umformungen ergeben sich folgende Bestimmungsgleichungen:

$$w = 0 = (0{,}005815 + 0{,}010969\mathrm{i})\,C_1 + (3{,}635844 + 9{,}364018\mathrm{i})\,C_2$$
$$+ (0{,}006745 - 0{,}003103\mathrm{i})\,C_3 + (-2{,}259844 - 17{,}065928\mathrm{i})\,C_4$$
$$- \frac{(Z_i - Z' \sin\alpha)\,M}{\cos\alpha\,E\,u\,F}$$

$$w' = 0 = (-0{,}012311 - 0{,}005486\mathrm{i})\,C_1 + (8{,}394179 + 3{,}844833\mathrm{i})\,C_2$$
$$+ (0{,}007385 + 0{,}000032\mathrm{i})\,C_3 + (-8{,}933787 + 14{,}209453\mathrm{i})\,C_4$$
$$+ \frac{\mathrm{tg}\,\alpha\,M}{E\,u\,F}$$

$$w'' = 0 = (0{,}001412 + 0{,}000916\mathrm{i})\,C_1 + (-46{,}736872 - 20{,}693316\mathrm{i})\,C_2$$
$$+ (-0{,}001690 + 0{,}000662\mathrm{i})\,C_3 + (58{,}468629 - 20{,}183729\mathrm{i})\,C_4$$

$$w''' = 0 = (-0{,}001669 + 0{,}000155\mathrm{i})\,C_1 + (-43{,}998560 + 18{,}251286\mathrm{i})\,C_2$$
$$+ (0{,}000966 + 0{,}002099\mathrm{i})\,C_3 + (53{,}653564 - 7{,}561375\mathrm{i})\,C_4$$

Die Auflösung dieser vierreihigen Matrix ergibt:

$$C_1 = \left[\frac{Z_i - Z' \sin\alpha}{\cos\alpha}(40{,}278172 - 23{,}677780\,i) + \tan\alpha\,(28{,}280456 - 38{,}319214\,i)\right]\frac{M}{E\,u\,F}$$

$$C_2 = \left[\frac{Z_i - Z' \sin\alpha}{\cos\alpha}(-0{,}000484 + 0{,}001918\,i) + \tan\alpha\,(+0{,}002823 - 0{,}00530\,i)\right]\frac{M}{E\,u\,F}$$

$$C_3 = \left[\frac{Z_i - Z' \sin\alpha}{\cos\alpha}(85{,}683622 - 6{,}106907\,i) + \tan\alpha\,(-68{,}849317 - 43{,}509784\,i)\right]\frac{M}{E\,u\,F}$$

$$C_4 = \left[\frac{Z_i - Z' \sin\alpha}{\cos\alpha}(0{,}000224 - 0{,}001916\,i) + \tan\alpha\,(0{,}001213 - 0{,}001819\,i)\right]\frac{M}{E\,u\,F}$$

Probe: Die C-Werte in die w-Gleichung bzw. ihre Ableitungen eingesetzt, ergab jeweils den Wert Null.

Genaue Bestimmung der Spannungsfläche 2. Ordnung und des voll mittragenden Querschnittes

Für nachstehendes Profil wurden zunächst die Durchbiegungen senkrecht zur Flanschschwerlinie ermittelt. Um die Biegelinienordinaten zu erhalten, wurden die Zahlenwerte der angegebenen Funktionen für die Argumente $x = 5{,}1$; $5{,}5$; $6{,}0$; $6{,}5$; $7{,}3$ bestimmt und in die komplexe Gleichung für $w_{(x)}$ eingesetzt.

Nach längerer Zwischenrechnung ergaben sich aus den Flanschbiegespannungen σ'_{tz} die aufgetragenen $\frac{E\,u\,F}{M}$-fachen w-Ordinaten:

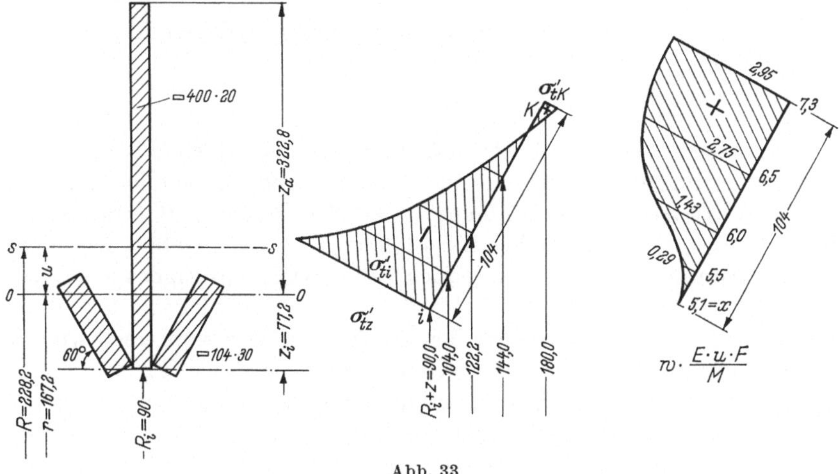

Abb. 33

Den aus der Radialbelastung resultierenden Durchbiegungen entsprechen nach Gl. (69) Biegelängsspannungen

$$\Delta\sigma_{tz} = \frac{E\,w\cos\alpha}{R_i + z}$$

Daher soll die unter Berücksichtigung der Flanschverformung sich ergebende Beanspruchung $\sigma_{tz} = \sigma'_{tz} - \Delta\,\sigma_{tz}$ als Spannung 2. Ordnung bezeichnet werden.

Argument	$x = 5{,}1$	5,5	6,0	6,5	7,3
Krümmungsradius	$R_i + z = 9{,}0$	10,40	12,22	14,40	18,0
$\Delta\,\sigma_{tz} = \frac{E\,w\cos\alpha}{R_i + z}$	0	0,02	0,08	0,14	0,09

wobei

$$\frac{M}{E\,u\,F} = \frac{1000}{2{,}1\cdot 10^6\cdot 6{,}10\cdot 142{,}28} = 0{,}547\cdot 10^{-6}$$

und

$$\cos\alpha = 0{,}500$$

Der voll mitwirkend gedachte Flanschquerschnitt F ergibt sich aus folgender Überlegung: Die Spannungsfläche $S' = \int\limits_{z'_k}^{z'_k} \sigma_{tz}\, dz'$ ist die resultierende Flanschkraft 1. Ordnung, während die Spannungsresultierende 2. Ordnung die Größe hat:

$$S = \int\limits_{z'_i}^{z'_k} \left(\sigma'_{tz} - \frac{E\, w \cos\alpha}{R_i + z}\right) dz' \tag{75}$$

Der Abminderungsfaktor ν ist somit gegeben durch den Quotienten $\nu = \frac{S}{S'}$ und die durch Verminderung des ursprünglichen Flanschquerschnittes F' auf F zu

$$F = \nu\, F' \tag{76}$$

Bei diesem Beispiel ist wegen des großen Flanschwinkels ($\alpha = 60°$) und der geringen Flanschbreite die Abminderung unerheblich, nämlich $S' = -449{,}0$ kg; $S = -447{,}6$ kg; $\nu = 0{,}997$. Für $\alpha = 0°$ würde sich für denselben Querschnitt bei $R_i = 9{,}0$ cm $\nu = 0{,}37$ ergeben. Derartige starke Krümmungen kommen jedoch bei Versteifungsträgern des Großrohrleitungsbaues nicht vor. Es ist die Feststellung wichtig, daß es unrichtig ist, von der „mittragenden Breite" in dem vom rechtwinklig angeschlossenen Flansch her bekannten Sinne zu sprechen. Im Abschn. 2,2 wurde gezeigt, wie sehr Trägersteifigkeit und Spannungsverteilung von der Lage der betreffenden Querschnittsfaser zum Krümmungsmittelpunkt abhängig sind. Beim Horizontalflansch ist dieser Abstand praktisch konstant, die Abminderung kann an der Flanschbreite erfolgen. Beim schiefwinklig angeschlossenen Flansch erscheint es dagegen richtiger, die Abminderung an der Flanschdicke t vorzunehmen.

Es wurden weiterhin für die Winkel $\alpha = +60°$ bis $\alpha = -20°$, d. i. der bei Hosenrohren vorkommende Bereich, bei verschiedenen Verhältnissen t/R_i mittels Hankelscher Funktionen die w_x- und ν-Werte ermittelt, wobei sich umfangreiche Rechenarbeit auch dadurch ergab, daß die Werte der Teilfunktionen nur bis zu dem Argument $x = 10{,}0$ tabuliert sind, die in der Praxis üblichen Abmessungen jedoch zu Argumenten $x = 30$ bis $x = 200$ führen.

2.433 Näherungsweise Bestimmung des „voll mittragenden Querschnitts". Die genaue Lösung mit ihrem umfangreichen Rechenaufwand macht für die Praxis einen einfacheren Weg notwendig, wie ihn auch Steinhardt [*4*] für Horizontalflansche beschritten hat.

Entscheidend für die Spannungsverteilung über die Flansche ist die radiale Verschiebung $w \cos\alpha = f_{(z')}$. Man hat bei der Behandlung elastizitätstheoretischer Probleme diese oft relativ einfachen Lösungen zuführen können, wenn man sie als Grenzwertprobleme auffaßte. So ist es hier zweckmäßig, das „Prinzip vom Mimimum der Formänderungsarbeit" mit der Nebenbedingung zu koppeln, daß die Summe der inneren Arbeiten gleich der der äußeren Arbeiten sein muß. LAGRANGE vereinigt diese beiden Forderungen in der Form

$$A = A_i - 2A_a = \text{Extremum}$$

Bei dieser Gleichung setzt schon die näherungsweise Auflösung des Problems ein, zweckmäßig nach der von RAYLEIGH-RITZ entwickelten Methode: Man approximiert die gesuchte Lösung durch einen Polynomansatz von der Form

$$w_m = a_1 f_1 + a_2 f_2 + \cdots + a_n f_n$$

wobei die Polynome den Randbedingungen genügen und die Vorzahlen $a_1, a_2 \ldots a_n$ so bestimmt werden müssen, daß die Formänderungsarbeit A einen Extremwert aufweist. Man erhält somit für jede Näherungsfunktion w_n ein System gewöhnlicher, unhomogener, linearer Gleichungen, deren Determinante Null wird. Ihre Auflösungen liefern die Koeffizienten $a_1 \ldots a_n$. Die Schnelligkeit der Annäherung wird dadurch bestimmt, wie günstig man die Funktionen f_i gewählt hat. Im vorliegenden Fall handelt es sich nur um die Ermittlung der Durchbiegung w bzw. $w \cos\alpha$, die höheren Ableitungen werden nicht verwendet; man erhält deshalb schon bei einfachen Ansätzen brauchbare Werte. Der Ansatz

$$w \cos\alpha = a\,x^2 + b\,x^3 + c\,x^4$$

führt nach kurzer Zwischenrechnung zur Bestimmung der Koeffizienten und erlaubt die Ermittlung des Abminderungsfaktors aus den Spannungsflächen 1. und 2. Ordnung wie bei der genauen Lösung. So läßt sich schließlich ν als Funktion angeben zu

$$\nu = \frac{F}{F'} = 1 - \frac{2\,\varphi^4 \cos^2\alpha}{10 + 0{,}9\,\pi\,\varphi^4}\,. \tag{77}$$

Darin bedeuten

α Flanschwinkel mit der Horizontalen

R Krümmungsradius des Flanschansatzes

$$\varphi = \frac{1{,}316 \cdot l}{\sqrt{t\,R}}\,; \quad l = \text{Flansch-Kraglänge} \tag{78}$$

Der Vergleich mit den exakten Werten zeigt eine gute Übereinstimmung. Für Flanschneigungen von $\pm 5°$ können auch die Formeln von STEINHARDT (s. S. 38) in plausibler Übereinstimmung verwendet werden.

2.434 Die Differentialgleichung bei Längskraft. Die auf S. 23 angegebene Gleichung

$$\sigma'_{tz} = \frac{N\,r}{F\,(r \pm z)} \tag{79}$$

berücksichtigt nicht die Spannungsverteilung infolge der Flanschverformung. Überträgt man jedoch die unter 2.43 für Biegung abgeleiteten Beziehungen unter Benutzung der dort verwendeten Skizzen und Bezeichnungen sinngemäß auf die stets mit dem Moment auftretende Normalkraft, so lautet die Ausgangsgleichung:

$$\sigma_{tz} = \frac{N}{F}\,\frac{R_i + z_i}{R_i + z} - \frac{E\,w\cos\alpha}{R_i + z} \tag{80}$$

Radialkraft senkrecht zum Flansch:

$$p'_z = p_z\cos\alpha = \frac{t\cos\alpha}{(R_i + z)^2}\left[\frac{N\,(R_i + z_i)}{F} - E\,\cos\alpha\right]$$

Da $z = z'\sin\alpha$ lautet in Analogie zu 2.43 die Differentialgleichung:

$$\frac{d^4 w}{d\,z'^4} + \frac{t\cos^2\alpha}{J'\,(R_i + z'\sin\alpha)^2}\,w = \frac{N\,(R_i + z_i)\,t\cos\alpha}{F\,E\,J'\,(R_i + z'\sin\alpha)^2}$$

Die Lösung der *inhomogenen* Differentialgleichung lautet:

$$w = \frac{N\,(r + z_i)}{E\,F\cos\alpha}$$

Die *homogene* Differentialgleichung hat die Form

$$\frac{d^4 w}{d\,z'^4} + \frac{t\cos^2\alpha}{J'\,(R_i + z'\sin\alpha)^2}\,w = 0 \tag{81}$$

und ist identisch mit der Gleichung bei Biegung, so daß die Auswertung der Lösung zu den analogen Spannungsverhältnissen und derselben „mittragenden Dicke" führt.

2.5 Versteifungsträgerquerschnitte

Es werden eine Reihe von ausgeführten Hufeisen- und Ringträgerquerschnitten wiedergegeben, bei denen auf verschiedenen Wegen versucht wird, ihrer Aufgabe als elastische Verstärkung der Nahtverschneidungslinien gerecht zu werden. Ihre Beurteilung ist möglich, wenn man die in den vorhergehenden Abschnitten dargelegten Anregungen und Erkenntnisse anwendet, wie Werkstoff- und Herstellungsfragen, hydraulische Formgebung und konstruktive Zweckmäßigkeit, sinnvolle Zuordnung der Konstruktionselemente, Einfluß der Querschnittsform auf die Steifigkeit, auf die Spannungsverteilung und auf die Haupt- sowie

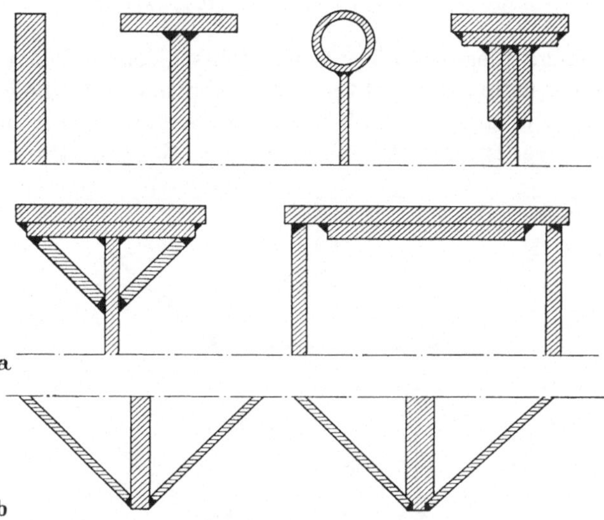

Abb. 34a u. b. Versteifungsträgergurte. a) Außengurte; b) einteilige Hufeisen-Innengurte

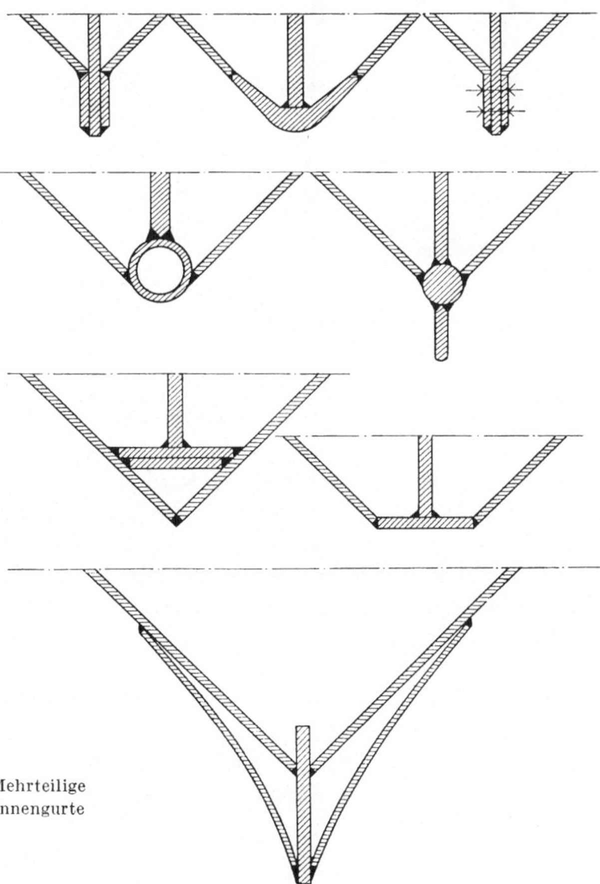

Abb. 35. Mehrteilige Hufeisen-Innengurte

Zusatzspannung. Biegeeinfluß auf die Rohrschalen und ihre Tragmitwirkung. Man erkennt, daß nicht alle Querschnittsformen die vielseitigen Forderungen erfüllen bzw. erfüllen können. Art der Baustelle und der Montage, des Werkstoffes, der Kapazität der Herstellerfirma sowie die

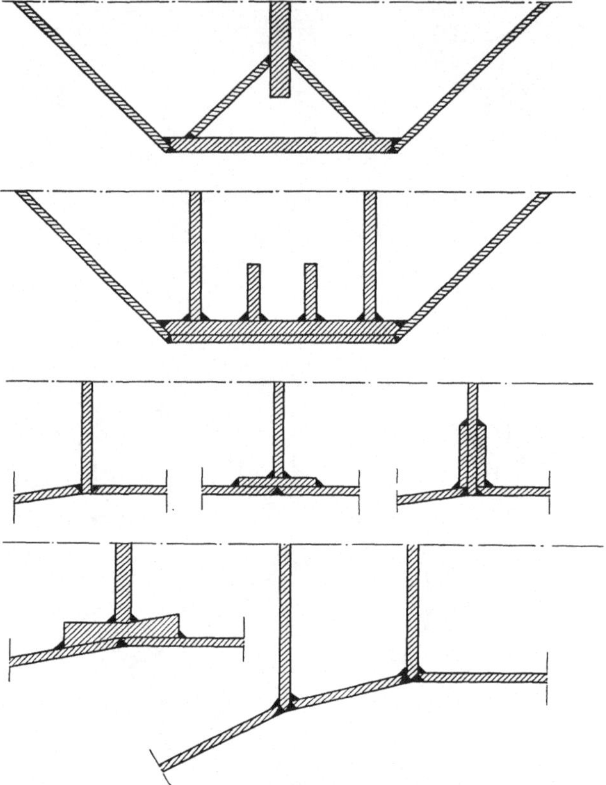

Abb. 36 Hufeisen- und Ringträger-Innengurte

statischen und dynamischen Verhältnisse werden auch künftig verschiedenartige Versteifungsträgerquerschnitte bedingen. Vorschläge mit Material- und Schweißnahtkonzentrationen, mit plötzlichen Übergängen, mit Kerbwirkungen, mit unnötiger Beeinflussung der Nahtzonen, mit schlechter Zugänglichkeit der Nähte bei der Herstellung, sollte man von vorne herein verwerfen.

Teilweise hat man die Rohrnähte außerhalb des Biegebereichs der Versteifungsträger gelegt. Der Vergrößerung der Torsionssteifigkeit durch seitliche Aussteifungen steht häufig der Nachteil gegenüber, daß die Steifen mit der Membranschale verschweißt sind und somit neue lokale, mehrachsig beanspruchte Störzonen erzeugen.

Ausgehend von der Erfahrung, daß die beste Schweißkonstruktion die ist, an der am wenigsten geschweißt wird, verzichtet man manchmal auf ein Verschweißen der Bügel im Gebiet hoher Spannungen (Kerbwirkung) mit den Rohrschalen, was aber gleichzeitig einen Verzicht auf deren mit tragende Wirkung bedeutet.

Häufig umgeht man die unmittelbare geschweißte, genietete oder geschraubte Verbindung Hufeisen- mit Ringträger in diesem 3achsigen

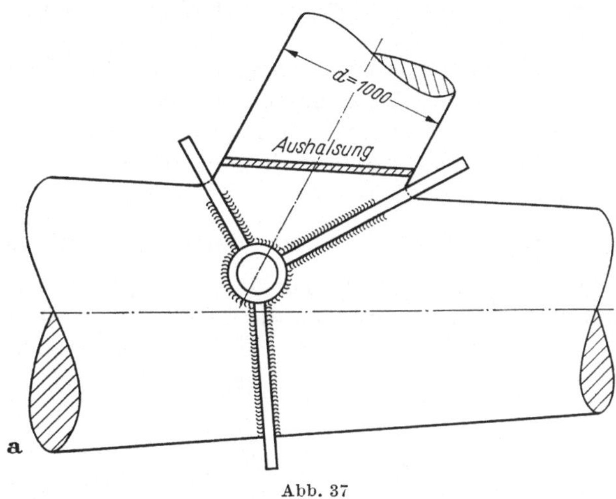

Abb. 37

Spannungsbereich dadurch, daß man ein Rohrstück zwischenschaltet. Für den Fall, daß man einen Zuganker vorgesehen hat, erlaubt das Rohr auch seinen relativ einfachen Anschluß.

Alle Versuche, einen beanspruchungsgerechten Versteifungsträger zu entwerfen, müssen davon ausgehen, die Verformungsfähigkeit der Konstruktion zu erhalten, damit gegebenenfalls ihre plastischen Reserven wirksam werden können.

3. Gekrümmter Träger mit Rohrschalen

Membran und Biegeträger wirken im Verzweigungspunkt zusammen bzw. beeinflussen sich gegenseitig. Dabei stören die Randbelastungen den Membranspannungszustand empfindlich, so daß die Berechnung im Störbereich nur unter Anwendung der Biegetheorie der Rotationsschalen erlaubt ist. — Entlang den Durchdringungskurven ist der Gleichgewichts- und Spannungszustand der Rohre gestört. — Jeder unter Innendruck stehende, von der Kreisform abweichende Querschnitt hat die Tendenz zur

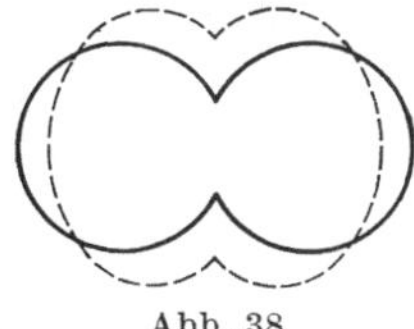

Abb. 38

Kreisform zu gelangen, d. h., es treten erhebliche Verformungen auf. Aufgabe der Nahtverstärkungen ist es, Spannungen und Verformungen in zulässigen Grenzen zu halten. Ideal wären Verstärkungen, die auf die Rest-Rohrschalen so wirken, wie wenn ein voller, ungestörter Kreisquerschnitt vorhanden wäre. Ein starres Rippensystem wird die anlaufenden Enden der Rohrschalen an ihrem Verformungsbestreben hindern und dadurch dem Rohrspannungszustand erhebliche Biegeeinflüsse überlagern. Bei einem sehr weichen Rippensystem wird die Verformung im umgekehrten Sinne erfolgen.

SCHILLER [*22*] faßt die Konstruktionsrichtlinien für die Verstärkungssysteme so zusammen: Bei richtig gewählter Steifheit müssen sie in der Lage sein, die ihnen zugewiesenen Kräfte mit dem für die übrigen Konstruktionselemente geltenden Sicherheitsgrad aufzunehmen.

3.1 Biegesteife Zylinderschale unter rotationssymmetrischer Last

In den meridionalen Seitenflächen des herausgeschnittenen Rohrstreifens sind aus Symmetriegründen die Schubkräfte = 0, so daß nur die tangential gerichteten, auf die Dicke t und die Länge „Eins" bezogenen Kräfte N_T übrigbleiben.

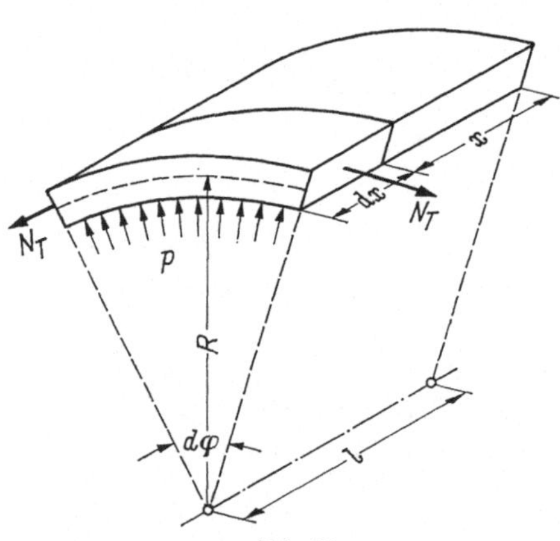

Abb. 39

Für zwei gegenüberliegende Seitenflächenelemente der Länge dx resultiert aus N_T die Radialkraft $N_R = 2\,N_T \times \times\, dx \sin \frac{d\varphi}{2} = \approx N_T\, dx\, d\varphi$, die für den Rohrstreifen die Rolle einer elastischen Stützkraft infolge der Randbelastungen $Q\,R\,d\varphi$ und $M_0\,R\,d\varphi$ spielt. Nach dem HOOKEschen Gesetz besteht zwischen Ringspannung σ_T und radialer Aufweitung $\Delta\,R = y_0$ die Beziehung:

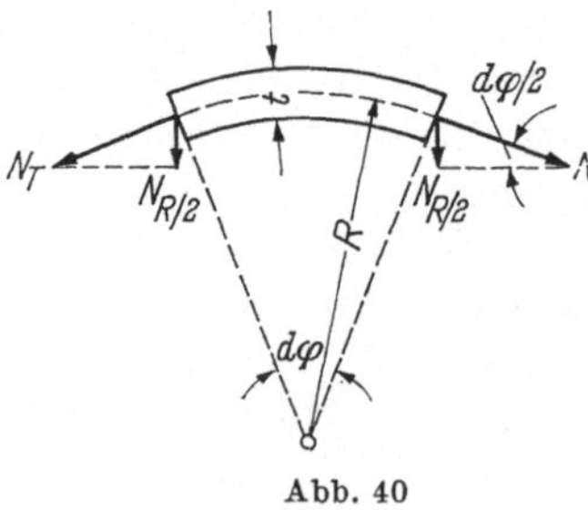

Abb. 40

$$\sigma_T = E\,\varepsilon_R = E\,\frac{2\pi\,(R + \Delta R) - 2\pi\,R}{2R\pi} = \frac{E\,y_0}{R} \tag{82}$$

$$N_T = t\,\sigma_T = \frac{E\,t\,y_0}{R} \tag{83}$$

$$N_R = N_T\,d\varphi = \frac{E\,t\,y_0}{R}\,d\varphi \tag{84}$$

$$0 \leq y \leq \Delta R$$

Die auf die Längeneinheit in x-Richtung und die Breiteneinheit in der φ-Richtung bezogene elastische Stützkraft ist also

$$q = \frac{N_R}{R\,d\varphi} = \frac{N_T\,d\varphi}{R\,d\varphi} = \frac{E\,t\,y}{R^2} \tag{85}$$

Im Gegensatz zum elastisch gebetteten Balken ist mit Rücksicht auf die Querkontraktion $E' = E/(1-\mu^2)$ einzuführen, wobei $\mu = 1/m$. Mit $J = t^3/12$ und lediglicher Randbelastung des Zylinders, d. h. $p = 0$, wird aus der Differentialgleichung des elastisch gebetteten Balkens: $E\,J\,y^{IV} = p - \lambda\,y$ die Differentialgleichung der radialsymmetrisch am Rande belasteten Kreiszylinderschale

$$y^{\mathrm{IV}} = \frac{-\lambda\,y}{E'\,J} = -\frac{(1-\mu^2)\,12\,E\,t\,y}{E\,t^3\,R^2} = -\frac{12\,(1-\mu^2)}{t^2\,R^2}\,y$$

Mit

$$\frac{3\,(1-\mu^2)}{t^2\,R^2} = \omega^4 \quad \text{oder} \quad \omega = \frac{1{,}285}{\sqrt{t\,R}}$$

wird daraus

$$y^{\mathrm{IV}} + 4\,\omega^4\,y = 0 \tag{86}$$

Das allgemeine Integral lautet nach Hayashi [2]

$$y = A_1 \cosh\omega\,x \cos\omega\,x + B_1 \cosh\omega\,x \sin\omega\,x + \\ + C_1 \sinh\omega\,x \cos\omega\,x + D_1 \sinh\omega\,x \sin\omega\,x \tag{87}$$

oder nach Schultz-Grunow [11]

$$y = e^{-\omega x}\,(A \cos\omega\,x + B \sin\omega\,x) + e^{+\omega x}\,(C \cos\omega\,x + D \sin\omega\,x)$$

3.2 Starrer Versteifungsring auf Zylinderschalen

Die Durchbiegungsgleichung besteht aus 2 Teilen, einem mit x zunehmendem und einem mit x abnehmendem. Da die Durchbiegung y vom Ring weg erfahrungsgemäß nur abnehmen kann, die Rohrschalen beiderseits des Ringes praktisch unendlich lang sind, so sind die beiden Ränder $x = 0$ und $x = l$ und damit die Teillösungen voneinander unbeeinflußt.

Es gilt somit für die Gleichung der Biegelinie:

$$y = e^{-\omega x}(A \cos\omega\,x + B \sin\omega\,x)$$

Die Größe der Integrationskonstanten A und B bestimmt sich aus folgenden Bedingungen:

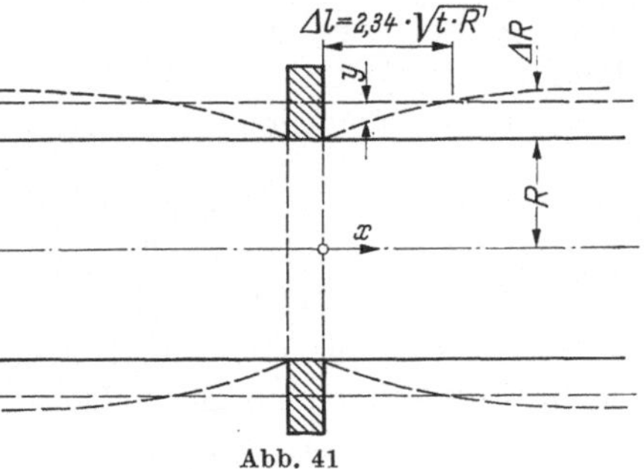

Abb. 41

1. Bei $x = 0$ verhindert der Ring die Membranaufweitung des Rohres um ΔR; der Ring macht ΔR als Durchbiegung y_0 rückgängig.

Es gilt

$$\Delta R = y_0 = \frac{p R^2}{E t} \left(1 - \frac{\mu}{2}\right) = e^{-\omega x} (A \cos\omega x + B \sin\omega x) \tag{88}$$

daraus folgt $A = y_0$.

2. Aus Symmetriegründen folgt $y' = 0$ bei $x = 0$ und

$$B = A = y_0$$

Durch Differentation finden sich folgende Gleichungen:

Biegelinie:

$$y = \Delta R\, e^{-\omega x} (\cos\omega x + \sin\omega x) \tag{89}$$

Neigung der Biegelinie:

$$y' = \tan\varphi = -\Delta R\, 2\omega\, e^{-\omega x} \sin\omega x \tag{90}$$

1/E J-fache Momentenlinie:

$$y'' = \frac{M}{E J} = \Delta R\, 2\omega^2\, e^{-\omega x} (\sinh\omega x - \cosh\omega x) \tag{91}$$

1/*E J-fache Querkraftlinie*:

$$y''' = \Delta R\, 4\omega^3\, e^{-\omega x} \cos\omega x \tag{92}$$

Berechnung der Null- und Extremstellen

Biegelinie. Die 1. Nullstelle der Biegelinie folgt aus

$$\cos\omega x + \sin\omega x = 0$$

$$1 + \tan\omega x = 0$$

$$\tan\omega x = -1$$

$$\omega x = \operatorname{arc\,tan}(-1) = \frac{3\pi}{4}$$

Damit ist die Länge Δl des Randgebietes, das dem Biegeeinfluß unterliegt, gefunden zu $\Delta l = 3\pi/4\omega$. Die Breite der gestörten Radzone ist lediglich abhängig von ω, d. h. von t und R und unabhängig vom Innendruck p. Bei den hier betrachteten Rohrschalen der Länge l ist der Wert $\beta = \omega l \geqq 3$.

Weil die Ungleichheit $\beta > 3$ für $\mu = 0{,}3$ gleichbedeutend ist mit

$$\frac{l}{\sqrt{t - R}} > \sqrt[4]{\frac{27}{1 - \mu^2}} = 2{,}34 \tag{93}$$

so bedeutet dies, daß bei jedem Zylinder, dessen Länge $> 2{,}34 \sqrt{t R}$ ist, die Randbelastung sich nur über eine Breite $\Delta l = 2{,}34 \sqrt{t R}$ bemerkbar macht, und daß der übrige Teil des Zylinders (praktisch) verzerrungsfrei und damit auch biegespannungsfrei ist.

Der Biegebereich über die 1. Nullstelle hinaus ist vernachlässigt mit folgender Begründung:

Die Extremstellen der Funktion $y = K_1 (\sin\omega\, x \cos\omega\, x)$ ergeben sich aus $y' = -K_2\, 2\omega \sin\omega\, x = 0$

$$\sin\omega\, x = 0 \quad \text{für} \quad \omega\, x = 0, \quad \pi, \quad 2\pi \ldots n\,\pi$$

$$\omega\, x = n\,\pi \quad x = \frac{n\,\pi}{\omega}$$

An den Extremstellen hat y folgende Werte:

$$x = \frac{n\,\pi}{\omega} \rightarrow y_n = \mathrm{e}^{-n\pi} (\cos n\,\pi \sin n\,\pi) = \mathrm{e}^{-n\pi} \cos n\,\pi$$

$$x = \frac{(n+1)\,\pi}{\omega} \rightarrow y_{n+1} = \mathrm{e}^{-(n+1)\,\pi} \cos (n+1)\,\pi$$

Verhältnis zweier benachbarter Extremstellen:

$$\frac{y_{n+1}}{y_n} = \frac{\mathrm{e}^{-n\pi}\,\mathrm{e}^{-\pi} \cos n\pi\, \cos\pi}{\mathrm{e}^{-n\pi} \cos n\,\pi} = \frac{1}{\mathrm{e}^{\pi}} = \frac{1}{23{,}14} = 0{,}043 \qquad (94)$$

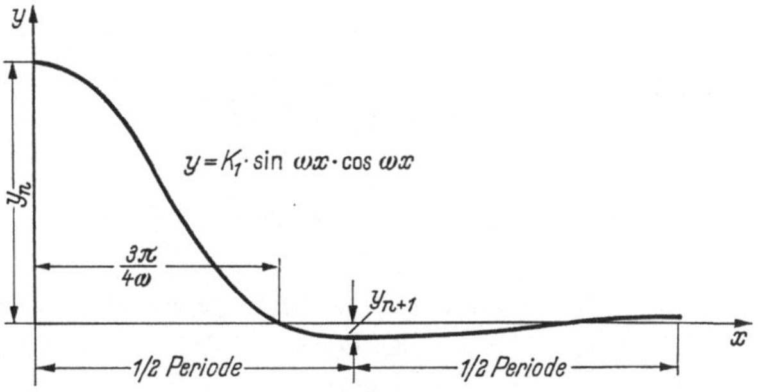

Abb. 42

Nach Ablauf einer halben Periode ist die Amplitude nur noch 4,3% des Ausgangswertes, nach einer Periode nur noch

$$\frac{1}{\mathrm{e}^{2\pi}} = \frac{1}{535{,}5} = 0{,}00187 \qquad (95)$$

d. h. 0,187% des Ausgangswertes.

Die Dämpfung = Abklingen der Randstörung ist derart groß, daß es genügt, für die Ermittlung der Formänderungen den Bereich $0 < x < (3\pi/4\omega)$ zu berücksichtigen.

Breite der biegebeanspruchten Randzone Δl in Abhängigkeit von R:

t/R	$\Delta l = 2{,}34 \sqrt{t\,R}$
0,005	0,164 R
0,01	0,234 R
0,02	0,332 R
0,03	0,405 R
0,05	0,525 R

Momente und Spannungen der Rohrschale: Wie bei der Biegelinie, folgt aus $y'' = K_3 (\sin\omega x - \cos\omega x)$ die Nullstelle $\omega x = \operatorname{arc\,tan} 1 = \pi/4$. Das Verhältnis zweier benachbarter Extremstellen hat die Größe $y''_{n+1}/y''_n = 1/e^{0,5\pi} = 0{,}20788$, wobei die Periode nur halb so groß ist wie bei der Biegelinie.

Biezeno-Grammel [*17*] geben auf Seite 518 Formeln an, die die unmittelbare Berechnung der äußeren Biegemomente und Querkräfte q je Längeneinheit des Umfangs aus der Biegelinie erlauben:

$$y = \frac{6(1-\mu^2)}{E\,t^3\,\omega^2}\,e^{-\omega x}\left[(\cos\omega x - \sin\omega x)\,M - \frac{\cos\omega x}{\omega}\,\frac{q}{2}\right] \tag{96}$$

$$y' = \frac{6(1-\mu^2)}{E\,t^3\,\omega}\,e^{-\omega x}\left[-2\cos\omega x\,M + (\cos\omega x + \sin\omega x)\,\frac{q}{2\omega}\right] \tag{97}$$

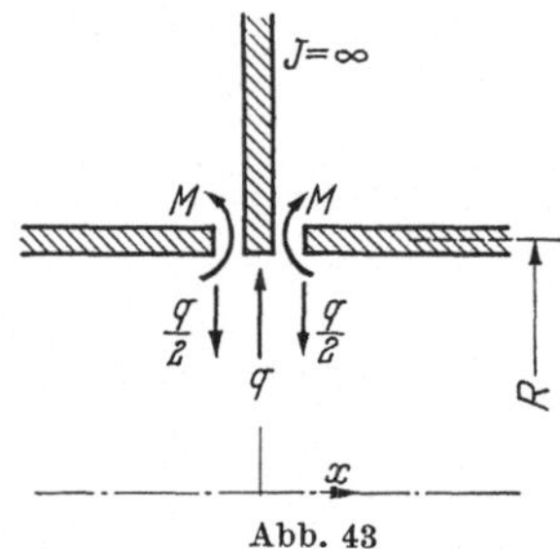

Abb. 43

Für $x = 0$ ist $y' = 0$, somit

$$M = +\frac{q}{4\omega} \quad \text{bzw.} \quad q = 4\omega M$$

Die gesamte Formänderung des Zylinders ist

$$y_z = \Delta R - y = \frac{p R^2}{E t}\left(1 - \frac{\mu}{2}\right) - y$$

die bei unendlich großer Ringsteifigkeit an der Stelle $x = 0$ ebenfalls Null wird. Daraus folgt:

$$p R^2\left(1 - \frac{\mu}{2}\right) - \frac{6(1-\mu^2)}{t^2\,\omega^2}\,(1-2)\,M = 0 \tag{98}$$

$$\omega^2 = \sqrt{\frac{3(1-\mu^2)}{t R}}$$

$$M = +\frac{1}{6}\sqrt{\frac{3}{1-\mu^2}}\,t\,p\,R\left(1 - \frac{\mu}{2}\right)$$

Für $\mu = 0{,}3$:

$$M = +0{,}2571\,p\,R\,t$$

$$q = 4\,\frac{\sqrt[4]{3(1-\mu^2)}}{t R}\,\frac{1}{6}\sqrt{\frac{3}{1-\mu^2}}\,p\,R\,t\left(1 - \frac{\mu}{2}\right)$$

$$q = +1{,}3216\,p\sqrt{R t} \tag{99}$$

Die Biegespannung σ_B im Rohrmantel hat die Größe

$$\sigma_B = \pm\frac{6M}{t^2} = \pm 1{,}5426\,\frac{R}{t}\,p \tag{100}$$

3.3 Elastischer Versteifungsring auf Zylinderschalen

Nachstehende Betrachtungen berücksichtigen die Formänderungen des Versteifungsringes, für den ein T-Querschnitt angenommen wird. Der Rechteckquerschnitt muß sich dann als Sonderfall ergeben.

Der Versteifungsträgersteg stellt eine ringförmige Scheibe mit dem Innendurchmesser $2R$ und dem Außendurchmesser $2R_a$ dar, sein Außengurt einen Zylinder mit dem Radius R_a, der aber so kurz ist, daß die Querbiegung in Rohrachsrichtung vernachlässigt werden kann.

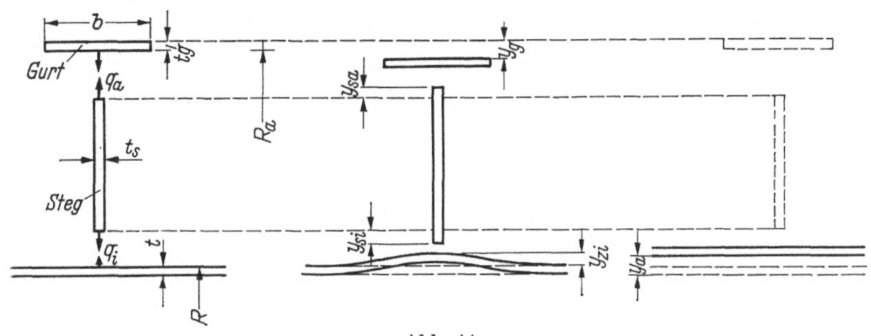

Abb. 44

y_{zi}, y_{si}, y_{sa}, y_g = elastische Formänderungen infolge von q_i und q_a.
$y_0 = \varDelta R$ = Zylinderaufweitung unter Innendruck p.
Die fünf verschiedenen y-Werte lassen sich wie folgt ausdrücken:

$$\text{a)}\quad E\,y_0 = \frac{R^2 p}{t}\left(1 - \frac{\mu}{2}\right) \tag{101}$$

Aus der angegebenen Formel für y folgt bei $x = 0$, wenn man M durch q_i ausdrückt:

$$\text{b)}\quad E\,y_{zi} = \sqrt[4]{\frac{3(1-\mu^2)}{2}}\sqrt{\left(\frac{R}{t}\right)^3}\,q_i = 0{,}6425\,\frac{R}{t}\sqrt{\frac{R}{t}}\,q_i \tag{102}$$

Nach Foeppl [7], S. 154—155, ergibt sich für die Stegscheibe, wenn man $p_1 = \frac{q_i}{t_s}$ und $p_2 = \frac{q_a}{t_s}$ setzt:

$$\text{c)}\quad E\,y_{si} = \frac{q_i R}{t_s}\left(\frac{R_a^2 + R^2}{R_a^2 - R^2} + \mu\right) - \frac{2 q_a R}{t_s}\,\frac{R_a^2}{R_a^2 - R^2} \tag{103}$$

$$\text{d)}\quad E\,y_{sa} = \frac{-2 q_i R^2}{t_s R_a}\left(\frac{R_a^2}{R_a^2 - R^2}\right) + \frac{q_a R_a}{t_s}\left(\frac{R_a^2 + R^2}{R_a^2 - R^2} - \mu\right) \tag{104}$$

Für den Außengurt mit den Abmessungen b und t_g ist nach Formel 101

$$\text{e)}\quad E\,y_g = \frac{R_a^2}{t_g\,b}\,q_a$$

Somit sind sämtliche Formänderungen auf q und p bezogen. q_i und q_a lassen sich aus den Elastizitätsgleichungen ermitteln.

		Substitution
1. $y_0 \pm y_{zi} \pm y_{si} = 0$	$\frac{t_s}{R}$	$\frac{R_a^2 + R^2}{R_a^2 - R^2} = A_1$
2. $y_{sa} + y_g = 0$	$\frac{t_s}{R_a}$	$\frac{R_a^2}{R_a^2 - R^2} = A_2$

$$1. \quad \frac{t_s}{t} R\, p\, 0{,}85 + \left[0{,}6425 \frac{t_s}{t} \sqrt{\frac{R}{t}} + (A_1 + \mu)\right] q_i - 2 A_2 q_a = 0$$

$$2. \quad -2 \frac{R^2}{R_a^2} A_2 q_i + \left[\frac{R_a t_s}{t_g b} + (A_1 - \mu)\right] q_a = 0$$

Führt man ein:

$$\frac{R_a t_s}{t_g b} + (A_1 - \mu) = B_1$$

$$0{,}6425 \frac{t_s}{t} \sqrt{\frac{R}{t}} + (A_1 + \mu) - 4 \frac{R^2}{R_a^2} \frac{A_2^2}{B_1} = B_2$$

so ergibt sich

$$q_i = -\frac{t_s}{t} \frac{0{,}85}{B_2} R\, p$$

$$q_a = 2 \frac{R^2}{R_a^2} \frac{A_2}{B_1} q_i$$

Beanspruchung der Rohrschale infolge Innendruck p:

$$M_{\max} = -\frac{1}{4} \frac{q_i}{\omega}$$

$$\sigma_B = \pm \frac{6M}{t^2} = \pm \frac{3}{2 \cdot 1{,}285} \sqrt{\frac{R}{t}} \frac{q_i}{t} = \pm 1{,}167 \frac{q_i}{t} \sqrt{\frac{R}{t}}$$

Die Ringspannung σ_T an dieser Stelle ist:

$$\sigma_T = -\frac{y_{si}}{y_0} \frac{R}{t} p \quad \text{oder} \quad \sigma_T = \left(1 + \frac{y_{zi}}{y_0}\right) \frac{R\, p}{t}$$

$$\sigma_T = \frac{R\, p}{t} + \frac{1{,}285}{2} \sqrt{\frac{R}{t}} \frac{q_i}{t} = \left(1 - 0{,}5461 \frac{t_s}{t} \sqrt{\frac{R}{t}} \frac{1}{B_2}\right) \frac{R\, p}{t}$$

Beanspruchung des Versteifungsringes infolge Innendruck p:

Steg-Druckspannungen:

Im Anschluß an den Rohrmantel:

$$\sigma_{qi} = \frac{q_i}{t_s}$$

im Anschluß an den Außengurt:

$$\sigma_{qa} = \frac{q_a}{t_s}$$

Tangentialspannungen im Steg:
am Rohrmantel:

$$\sigma_{Ti} = -A_1 \sigma_{qi} + 2A_2 \sigma_{qa} \tag{105}$$

am Außengurt:

$$\sigma_{Ta} = \left(-2A_2 \frac{R^2}{R_a^2} + A_1 \frac{q_a}{q_i}\right)\sigma_{qi} \tag{106}$$

Zugbeanspruchung im Außengurt:

$$\sigma_g = -\frac{R_a}{F} q_a$$

Sonderfälle:

1. Der Fall „Rohrschale mit starrem Versteifungsring" bzw. die unter Abschn. 3.2 (S. 64) angegebenen Formeln ergeben sich aus obigen Gleichungen, wenn man $t_s = \infty$ setzt.

2. Ist kein Außengurt vorhanden (Rechteckquerschnitt), d. h. $q_a = 0$, so wird

$$q_i = -\frac{2p\sqrt{Rt}}{1{,}285 + 2(A_1 + \mu)\frac{t}{t_s}\sqrt{\frac{t}{R}}} \tag{107}$$

Zahlenbeispiel

a) Versteifungsring elastisch.

$R = 376{,}4$ cm; $t = 2{,}8$ cm; $t_s = 1{,}2$ cm; $p = 5{,}2$ kg/cm²

$R_a = 408{,}55$ cm; $b\,t_g = 25 \cdot 1{,}5 = 37{,}5$ cm²

$Rp = 376{,}4 \cdot 5{,}2 = 1958$ kg/cm

$$\frac{R}{R_a} = \frac{376{,}4}{408{,}55} = 0{,}921; \quad \frac{R^2}{R_a^2} = 0{,}848; \quad A_1 = \frac{1{,}848}{0{,}152} = 12{,}16$$

$$A_1 + \mu = 12{,}46; \quad A_1 - \mu = 11{,}86; \quad A_2 = \frac{1}{0{,}152} = 6{,}58; \quad A_2^2 = 43{,}3$$

$$\frac{t_s}{t} = \frac{1{,}2}{2{,}8} = 0{,}4285; \quad \frac{R}{t} = \frac{376{,}4}{2{,}8} = 134{,}4; \quad \sqrt{\frac{R}{t}} = 11{,}59$$

$$\frac{R_a}{b\,t_g} = \frac{408{,}55}{37{,}5} = 10{,}89\ \text{cm}^{-1}; \quad \frac{R_a t_s}{b\,t_g} = \frac{408{,}55 \cdot 1{,}2}{37{,}5} = 13{,}07$$

$$B_1 = 13{,}07 + 11{,}86 = 24{,}93$$

$$(A_1 + \mu) - 4\frac{R^2}{R_a^2}\frac{A_2^2}{B_1} = 12{,}46 - 4 \cdot 0{,}848 \cdot \frac{43{,}3}{24{,}93} = 6{,}57$$

$$B_2 = 0{,}6425 \cdot 0{,}4285 \cdot 11{,}59 + 6{,}57 = 3{,}19 + 6{,}57 = 9{,}76$$

$$q_i = -0{,}4285 \cdot \frac{1958}{9{,}76} = -86\ \text{kg/cm}$$

$$q_a = -2 \cdot 0{,}848 \cdot \frac{6{,}58}{24{,}93} \cdot 86 = -0{,}4478 \cdot 86 = -38{,}5\ \text{kg/cm}$$

$$\sigma_B = \pm \frac{1,5}{1,285} \cdot 11,59 \cdot \frac{86}{2,8} = \pm 416 \text{ kg/cm}^2$$

$$\sigma_T = \pm 6,57 \cdot \frac{86}{1,2} = 471 \text{ kg/cm}^2$$

$$\sigma_{qi} = -\frac{86}{1,2} = -71,7 \text{ kg/cm}^2$$

$$\sigma_{qa} = -\frac{38,5}{1,2} = -32,1 \text{ kg/cm}^2$$

$$\sigma_{Ti} = +(12,16 - 2 \cdot 6,58 \cdot 0,4478) \cdot 71,7 = +449 \text{ kg/cm}^2$$

$$\sigma_{Ta} = (+2 \cdot 6,58 \cdot 0,848 - 12,16 \cdot 0,4478) \cdot 71,7 = +410 \text{ kg/cm}^2$$

$$\sigma_g = 10,89 \cdot 38,5 = +419 \text{ kg/cm}^2$$

b) Versteifungsring starr.

$$\sigma_B = \pm 1,5426 \cdot \frac{R}{t} p = \pm 1,5426 \cdot \frac{376,4}{2,8} \cdot 5,2 = \pm 1078 \text{ kg/cm}^2$$

$$q = 1,3216 \cdot p \sqrt{R t} = 1,3216 \cdot 5,2 \cdot 32,47 = 224 \text{ kg/cm}^2$$

Durch entsprechende Wahl der Ringsteifigkeit läßt sich die Größe der zusätzlichen Biegebeanspruchung der Rohrmembran dirigieren.

3.4 Die unendlich breite Rohrschale als Ringträgergurt

Das für I-Träger mit endlicher Flanschbreite zur Bestimmung der „voll mitwirkenden Breite l'" angegebene Verfahren läßt sich mit Vorteil auch dann anwenden, wenn der Trägergurt durch eine dünne Rohrschale gebildet wird, d. h., die „Gurtbreite" unbegrenzt ist. Aus der Kontinuitätsbedingung für den Übergang Schale-Trägersteg folgt eine Biegebeanspruchung der Schale bei Formänderungen des Trägers.

Sieht man folgende Voraussetzungen als gegeben an: Schalendicke klein gegenüber den übrigen Abmessungen und gleichförmige Verteilung der Radialspannungen über die Schalendicke, gleich große elastische Stützkräfte q für den Rohrstreifen der Breite Δs und der Längeneinheit in x-Richtung sowie Berücksichtigung der behinderten Querdehnung, indem man statt mit J richtig mit

$$\frac{m^2}{m^2 - 1} J$$

rechnet, so ergibt sich die mittragende Rohrschalenbreite aus nebenstehenden Skizzen. Die Breite der gestörten Randzone ist bis zum 1. Nullpunkt der Biegelinie (93) $3/4\pi \sqrt{t R}$, bis zum 2. Nullpunkt

$$7/4 \sqrt{t R} = 5,498 \sqrt{t R}$$

Es ist nun an der Stelle $x = 0$:	$y = 0$	$y' = 0$
An der Stelle $x = 5{,}498\sqrt{t\,R} = l$:	$y'' \approx 0$	$y''' \approx 0$
d. h.	$M \approx 0$	$Q \approx 0$

denn wie der Verlauf von y'' und y''' zeigt, ist ihre „Dämpfung" so stark, daß sie praktisch gleich Null gesetzt werden können. Damit sind aber die gleichen Randbedingungen gegeben wie für den Flansch der Kraglänge $l = 5{,}498\sqrt{t\,R}$.

Setzt man:

$$\frac{E\,t}{R^2} = K; \qquad J' = J\,\frac{m^2}{m^2-1}$$

$$L = \sqrt[4]{\frac{4\,E\,J'}{K}} = \frac{\sqrt{t\,R}}{1{,}285}$$

so wird mit

$$\alpha = \frac{l}{L} = 1{,}285 \times$$

$$\times\ \frac{5{,}498\sqrt{t\,R}}{t\,R} = 7{,}067$$

der Abminderungsfaktor ν, wenn man statt der Lösung

$$\nu = \frac{1}{2\,\alpha}\left[\frac{\sinh 2\,\alpha + \sin 2\,\alpha}{\cosh^2\alpha + \cos^2\alpha}\right] \tag{108}$$

die auf dem Prinzip der kleinsten Formänderungsarbeit beruhende Lösung nach dem Verfahren von Rayleigh-Ritz verwendet:

$$\nu = \frac{1}{\alpha} - \frac{1}{2\,\pi\,\alpha^3} = 0{,}141$$

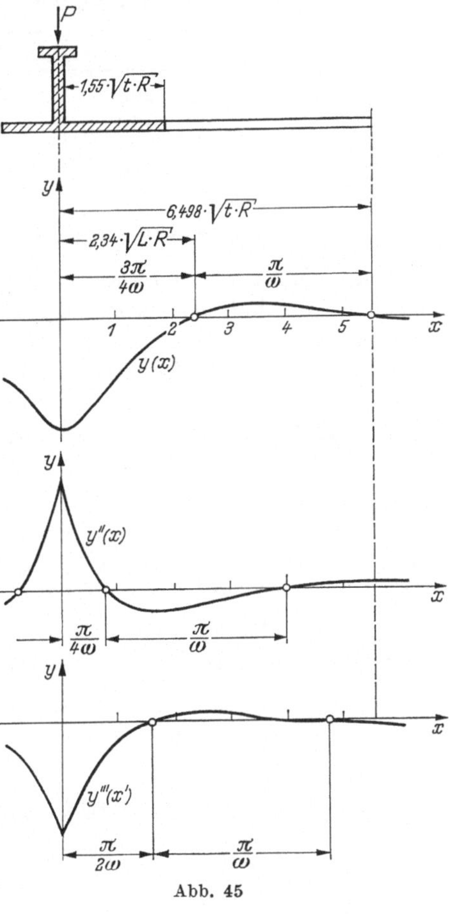

Abb. 45

Der voll als Trägergurt wirkende Rohrquerschnitt hat die Breite

$$l' = b + 2 \cdot 0{,}141 \cdot 5{,}498\sqrt{t\,R} = b + 1{,}55\sqrt{t\,R} \tag{109}$$

wobei b = Trägerstegdicke + Schweißnahtdicken.

Dieser Wert stimmt mit dem von P. J. Bier [*72*], allerdings ohne nähere Erläuterung, angegebenen Wert

$$l' = b + 1{,}56\sqrt{t\,R}$$

recht gut überein.

Setzt man als biegebeanspruchte Zone nur die Breite bis zum 1. Nullpunkt der Biegelinie ein, so wird

$$l' = b + 1{,}49 \sqrt{t\,R}$$

Voll mittragende Breite als Vielfaches der Schalendicke t:

R/t	$l' = b + 1{,}55 \sqrt{t\,R}$
200	$b + 21{,}9 \cdot t$
150	$b + 19{,}0 \cdot t$
100	$b + 15{,}5 \cdot t$
50	$b + 11{,}0 \cdot t$

3.5 Die Kegelschalen als Zwickelträgergurt

Es ist mehrfach in der Literatur gezeigt worden, daß bei einer Zylinderschale das Abklingen einer Biegebeanspruchung in tangentialer etwa wie in axialer Richtung verläuft. Die bei dem rechtwinklig angeschlossenen Flansch unendlicher Breite (s. S. 61) angestellten Untersuchungen zeigten bei mehreren Beispielen, daß, wenn man als mitwirkende Schale den Bereich bis zum 1. Biegelinien-Nullpunkt $l = 2{,}34 \sqrt{t\,R'}$ annimmt, der voll mitwirkende Ersatzquerschnitt nur 3% kleiner ist als bei $l = 5{,}498 \sqrt{t\,R'}$ (2. Nullpunkt).

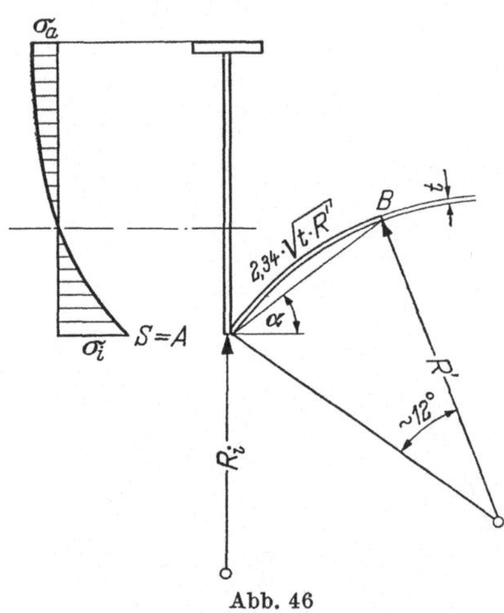

Abb. 46

Der schiefwinklig angeschlossene Teil der Rohrschale von der biegebeeinflußten Länge l hat einen mit der „Flanschbreite“ l variablen Neigungswinkel α; ebenso ändert sich der Krümmungsradius R' der Konusschale entlang des Zwickelträgers. Die Spannungsfunktion längs des unverformten Flansches verläuft hyperbolisch. Wie auf S. 32 gezeigt, ist die Trägersteifigkeit von der Lage der Querschnittsfasern zum Krümmungsmittelpunkt abhängig. Daher ist es auch hier nicht möglich, die Abminderung infolge Radialbelastung durch Reduktion von l auf l', sondern näherungsweise durch Verringerung der Schalendicke von t auf t' zu berücksichtigen. Das Kreisringstück $\overline{AB}$ stellt bei den üblichen Hosenrohrabmessungen etwa 1/30 des zugehörigen Rohrumfangs dar, so daß der Zentriwinkel etwa 12° beträgt. — Bei der Festlegung des Flanschwinkels α würde dieser bei A zu groß, bei B zu klein sein. Deshalb wird für α der Sehnenwinkel als Mittelwert zugrunde gelegt.

Meßergebnisse lassen auf eine etwas größere Steifigkeit schließen als die Berechnung, weil (besonders wenn $\alpha > 30°$) zu der Biegewirkung noch eine „Scheiben-Stützwirkung" tritt, zumal dann eine erhebliche Nahtkraftkomponente in die Richtung der angrenzenden Rohrschale fällt. Gerade bei der Biegebeanspruchung des kreiszylindrischen Rohres ist der Gestalteinfluß erheblich. Die durch die Kreisform ausgelöste Formänderungsbehinderung (Stützwirkung) am theoretischen Ende B des Flansches erhöht den Bereich des linearen Zusammenhanges zwischen Biegekraft und Durchbiegung um etwa 30%, d. h. auch, daß die Biegestreckgrenze wesentlich höher liegt als die Material-Streckgrenze.

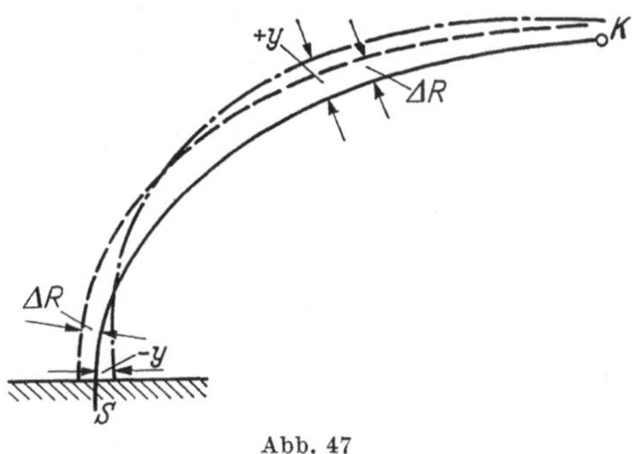

Abb. 47

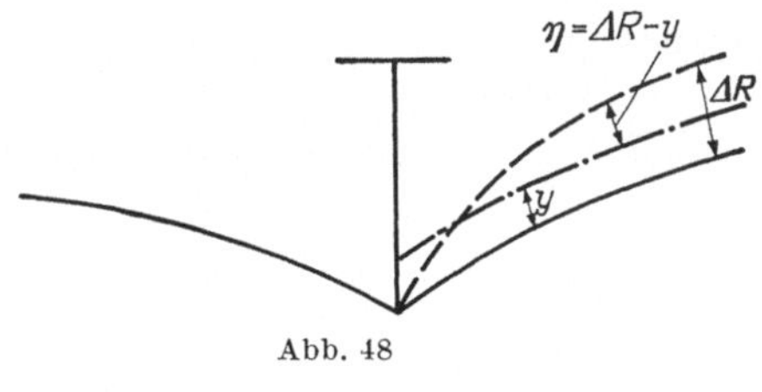

Abb. 48

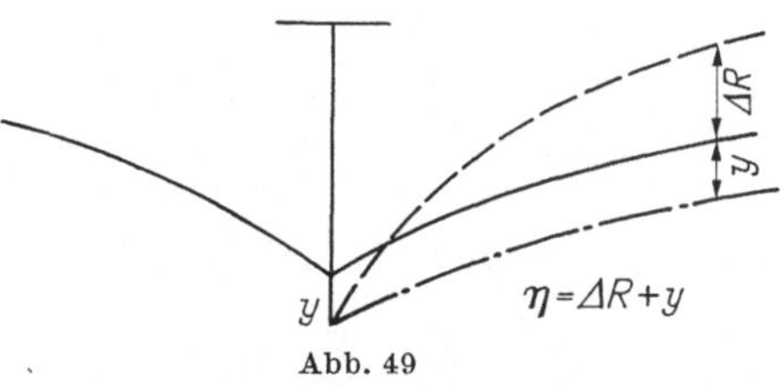

Abb. 49

Während der gekrümmte Träger mit abgewinkelten, unbelasteten Innenflanschen (s. S. 42) nur krümmungsbedingten Flanschverformungen unterworfen wird, hat der Hufeisenbügel mit angrenzenden Rohrschalen in seiner Achse nebenstehende Biegelinie. Der Bügel will sich strecken, woran ihn in S seine Eigensteifigkeit, in K der Ringträger behindert. Die vom Innendruck belastete Rohrschale möchte sich nach außen radial um ΔR (s. S. 20) aufweiten. Daraus folgern sog. Relativverformungen $\eta = \Delta R - y$, d. h., je nach Querschnittslage kann y gleiche Richtung wie ΔR haben, aber größer oder kleiner sein, oder y und ΔR sind, wie in S, verschieden gerichtet.

Der Grenzfall ist gegeben, wenn die Rohraufweitung ΔR und die Bügelverformung y gleich groß und gleichgerichtet sind, weil dann die Relativverformung η und die Biegerandstörung zu Null wird.

Die Größenverhältnisse liegen etwa so, daß an den maximal beanspruchten Versteifungsträgerquerschnitten die rechnerische Durchbiegung y des Hufeisenträgers ohne Berücksichtigung der angrenzenden

Rohrschalen etwa 3- bis 4-mal größer ist als die ΔR-Komponente in Richtung der Durchbiegung y für den Fall des ungestörten Rohres.

Rechnet man aber einen Rohrstreifen der Breite l als zum Hufeisenträger gehörig, wie nachstehend angegeben, so wird y kleiner und von der Größe, wie sie in zahlreichen Versuchen bestätigend gemessen wurde. Daß sich der Sehnenwinkel α durch die Relativverformung η um einige Sekunden ändert, ist bei diesem Näherungswert bedeutungslos, zumal sich infolge der biegeweichen Rohrmembran die Rohrverformung der Gesamtverformung anpaßt. Anzustreben bleibt aber trotzdem der Grenzfall, d. h. gleiche Verformung von Träger und Schale.

Aus der Biegetheorie der Rotationsschalen [*30*] folgt, daß das Dämpfungsverhältnis der Biegelinie unabhängig ist von den Schalenabmessungen (Krümmung, Dicke), d. h. das Verhältnis zweier aufeinanderfolgender Amplituden hat den sehr großen, konstanten, also auch von der Größe der Relativverformung $y = \pm \Delta R$ unabhängigen Wert $e^{2\pi} = 535{,}5$ (s. S. 63) bzw. $e^{\pi} = 23{,}14$. Das bedeutet, daß die Länge $l = 2{,}34 \sqrt{t\,R'}$ des Schalenbereiches ebenfalls von vorgenannten Größen unabhängig ist.

Verfährt man wie bei abgewinkelten Flanschen endlicher Breite (s. S. 55), so wird hier nach Raleigh-Ritz der Abminderungsfaktor

$$\nu = \frac{F}{F'} = 1 - \frac{2\,\psi^4 \cos^2\alpha}{10 + 0{,}9\,\pi\,\psi^2} \tag{110}$$

Darin bedeuten

$$\varphi = \omega\, l = \frac{1{,}285 \cdot 2{,}34 \sqrt{t\,R'}}{\sqrt{t\,R}} = 3{,}01 \sqrt{\frac{R'}{R}} \tag{111}$$

α Flanschwinkel mit der Horizontalen
R Träger-Krümmungsradius am Flanschansatz
R' Radius der flanschbildenden angrenzenden Rohrschalen

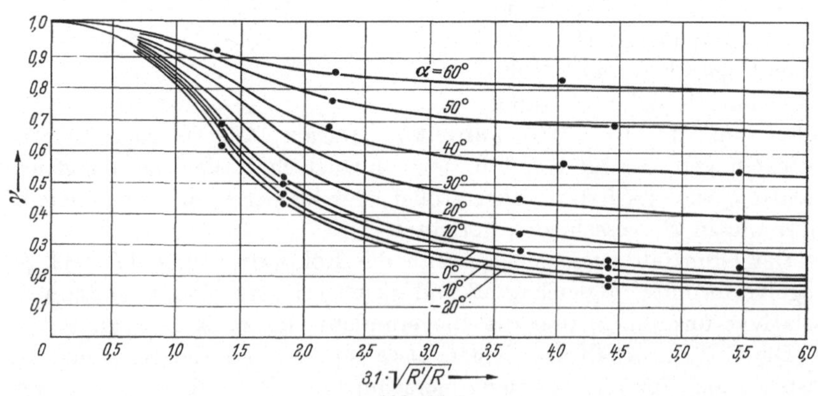

Abb. 50
Graphische Darstellung der Abminderungsfunktion γ, ● Werte mittels Hankelscher Funktion

Mittels der ν-Funktion wurden die ν-Kurven gefunden für die bei Hosenrohren vorkommenden Winkel $-20° < \alpha° < 60°$. Der Vergleich mit einigen exakt aus den HANKELschen Funktionen errechneten Werten zeigt gute Übereinstimmung.

Werkstofftechnisch und festigkeitstheoretisch besonders zu beachten ist der Fall, wo die Rohrschale gleichzeitig Querschnittsteil von zwei gekrümmten Trägern ist. Das gilt besonders für den Anschlußbereich Hufeisenträger-Ringträger. Außer den tangentialen, radialen und axialen Rohrspannungen wirken am Hufeisenträger Schub- und Normalspannungen, Längs- und Querbiegespannungen (radial) und die Zusatzlängsbiegespannung infolge Querbiegung. Dieselben Spannungsarten wirken in dem etwa senkrecht zur Konusverschneidung angeordneten Ringträger. Man kann daher die sog. „Spannungen zweiter Ordnung" nicht ohne weiteres als „Nebenspannungen" abtun, zumal es sich um einen die Streckgrenze erhöhenden, zähigkeitsmindernden, mehrachsigen Spannungszustand handelt. Ein Zahlenbeispiel wird die qualitativen und quantitativen Zusammenhänge erläutern.

IV. Die Berechnung von Rohrverzweigungen

Nicht nur hydraulisch und herstellungstechnisch, sondern auch berechnungs- und bemessungstechnisch stellen die aus Zylinderschalen, Kegeln und „Stützsystem" (Bügel, Ringe, Rippen) bestehenden Hosenrohre recht komplizierte Stahlkonstruktionen dar.

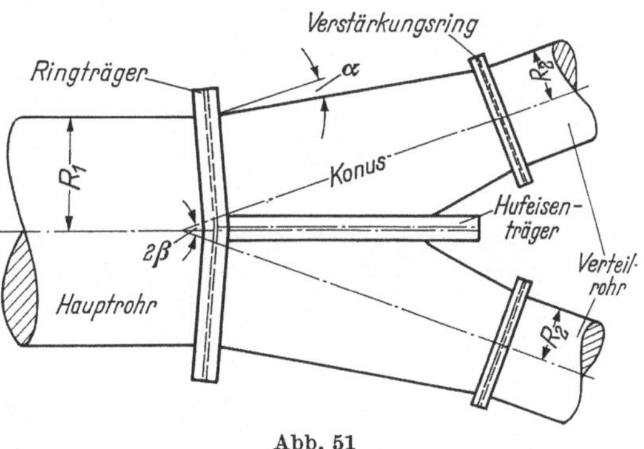

Abb. 51

Die Aufweitung des Hufeisenträgers soll etwa der Rohraufweitung des ungestörten Rohres infolge Innendruck p entsprechen. Daraus bestimmen sich die zu wählenden Steifigkeiten des Hufeisen- und Ringträgers, wobei letzterer noch Nahtkräfte aus der Verschneidung von Konus und Hauptrohr aufzunehmen hat. Von der Möglichkeit, den Ringträger durch einen hydraulisch und konstruktiv wenig günstigen Zuganker zu unterstützen oder zu ersetzen, wird nur selten Gebrauch gemacht. Bei richtiger Wahl des beliebig variierbaren Hufeisen- und Ringträgers kann der dem Membranzustand der Rohrschalen zu superponierende Biegeeinfluß gering gehalten werden.

Bei der Rohrleitungsgesamtanlage unterscheidet man das aufgelöste und das geschlossene System. Ersteres kann infolge eingebauter Dehnungsfugen im geraden Zylinderrohr keine Axialkräfte aufnehmen. Wenn die Wirkung von Leitungskrümmungen u. dgl. unterhalb des Hosenrohres durch konstruktive Maßnahmen ausgeschaltet wird, wirken auf die Rohrschalen des Hosenrohres nur Zugkräfte infolge der Konizität der Abzweige. Diesen Zugkräften kommt aber bei der praktischen konstruktiven Gestaltung von verzweigten Leitungen nur wenig Bedeutung zu, da der Rohrleitungskeil zwischen Hosenrohr und Turbinenverteilleitung durch den vom Hosenrohr aus gesehenen Oberstrom liegenden Fixpunkt und die sich meistens anschließenden Rohrkrümmungen als geschlossene Leitung zu betrachten ist. Dann wird aber das Hosenrohr durch Axialkräfte beansprucht, selbst wenn die Druckrohrleitung als Ganzes aufgelöst ausgebildet wird.

Daher wird später nur das geschlossene System betrachtet, dessen Tangential- und Axialspannungszustand herrühren kann vom Innendruck, von „Zentrigufalwirkungen" des strömenden Wassers, von Temperaturwirkungen bei statisch unbestimmter Lagerung, von Erd- bzw. Gebirgsdruck, von Reibungskräften u. a. m. Die Skizzen geben die Verformung und die Momentenverteilung für die geschlossene Bauweise an.

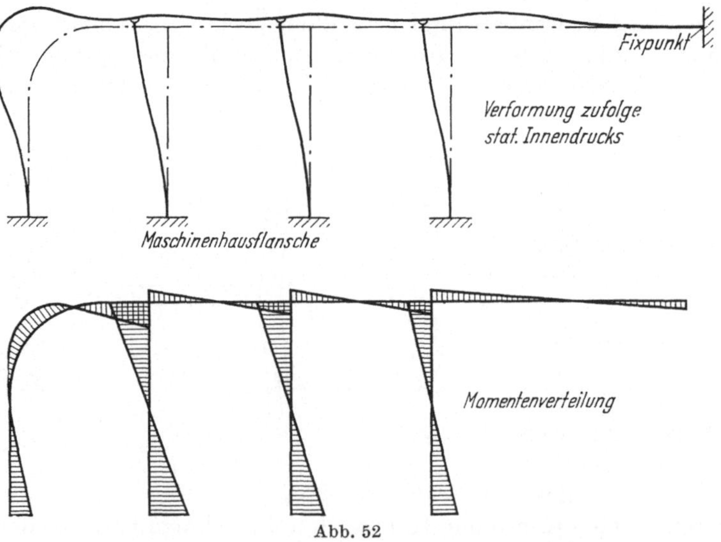

Abb. 52

Damit ist aber die Rohrverzweigung ein Knotenpunkt des Gesamtsystems, der die auf ihn entfallenden Schnittgrößen Q, M, N aufnehmen bzw. übertragen muß. Im Abschn. IV 5, S. 123ff., werden die Auswirkungen eines solchen Systems auf das Hosenrohr untersucht.

1. Geometrie der Rohrverzweigung

1.1 Hosenrohrsysteme

Topographische, hydraulische und betriebliche (Turbinen- bzw. Pumpenanzahl) Gesichtspunkte bestimmen die Art des Verzweigungs-

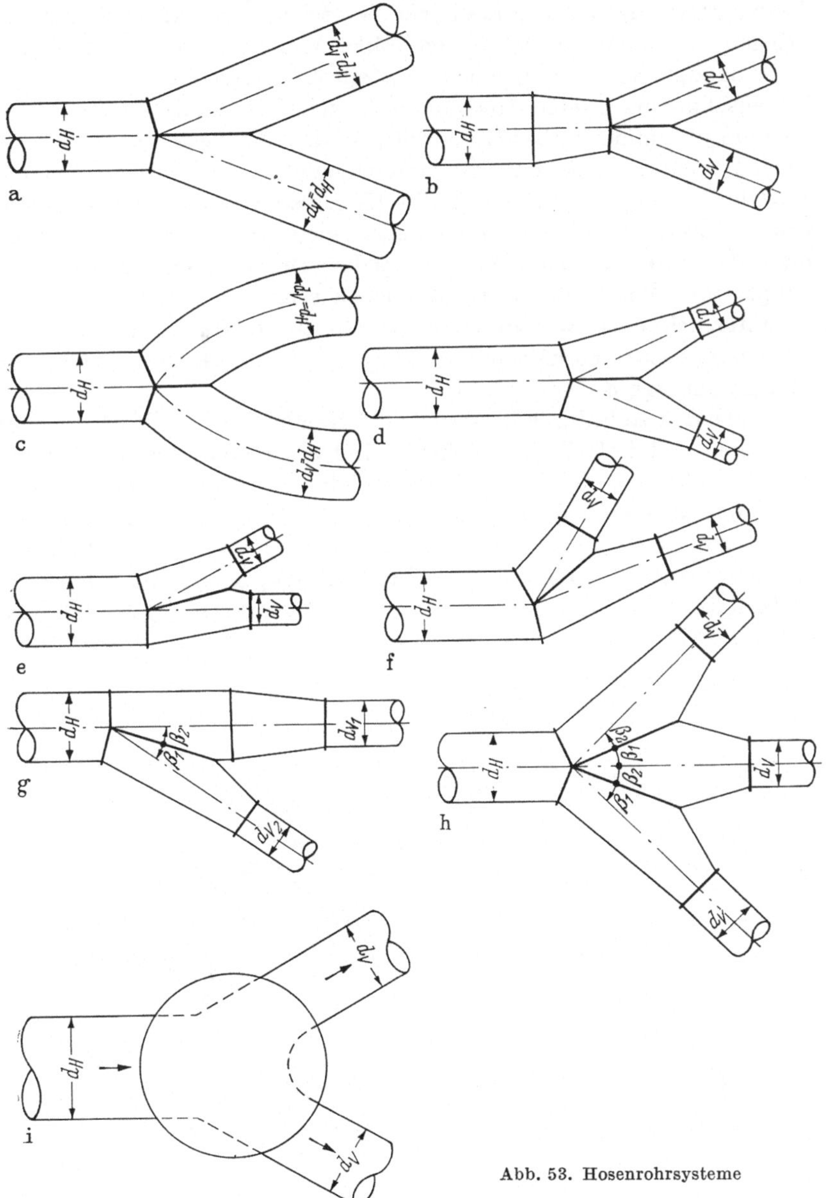

Abb. 53. Hosenrohrsysteme

systems. Von den ausgeführten Lösungen sind die geometrisch häufigsten und interessantesten nachstehend angegeben.

a) ist die Verzweigung des Zylinderrohres in 2 Zylinderrohre gleichen Durchmessers, während b) eine solche mit kleineren Zylinderverteilrohren wiedergibt. c) verlegt die in der Leitung notwendigen Krümmer in die Verzweigung. d) als symmetrische Verscheidung von Zylinder mit 2 Kegeln ist einer der häufigsten Fälle. Während die Hosenrohrform e) die Hauptrohrachse in einem Verteilrohr weiterführt, ist bei f) im Achsenschnittpunkt eine Abwinklung beider Verteilrohre vorgenommen. g) ist ein unsymmetrisches Hosenrohr, bei dem die Verteilrohre verschiedenen Durchmesser haben. Die Dreifachverzweigung h) ist die Fortführung der Lösung d), während die Kugelverzweigung i) mit statisch nicht wirksamen, eingebauten Leitwänden, die Vorteile der Kugel unter Innendruck ausnutzt, die jedes Durchmesserverhältnis von Haupt- und Verteilrohren anzuschließen erlaubt.

Untersuchungen an zwanzig ausgeführten Hosenrohren ergaben ein übliches mittleres Verhältnis von Hauptrohrdurchmesser d_H zu Verteilrohrdurchmesser d_V von 1,5 : 1.

Neben den Rohrdurchmessern sind 2 Kenngrößen für das Berechnen, Herstellen und Betreiben entscheidend: Der Spreizwinkel der Verzweigung $\beta_1 + \beta_2$ und der Konusöffnungswinkel 2α. β bestimmt die Länge des Hufeisenträgers, α die des gesamten Hosenrohres. Der Konusöffnungswinkel 2α schwankt zwischen 4° und 30°, der Spreizwinkel $\beta_1 + \beta_2$ zwischen 40° und 70°, wobei 45° am häufigsten ist. Um Ablösungserscheinungen zu vermeiden, soll man den Konusöffnungswinkel nicht größer als 6° wählen.

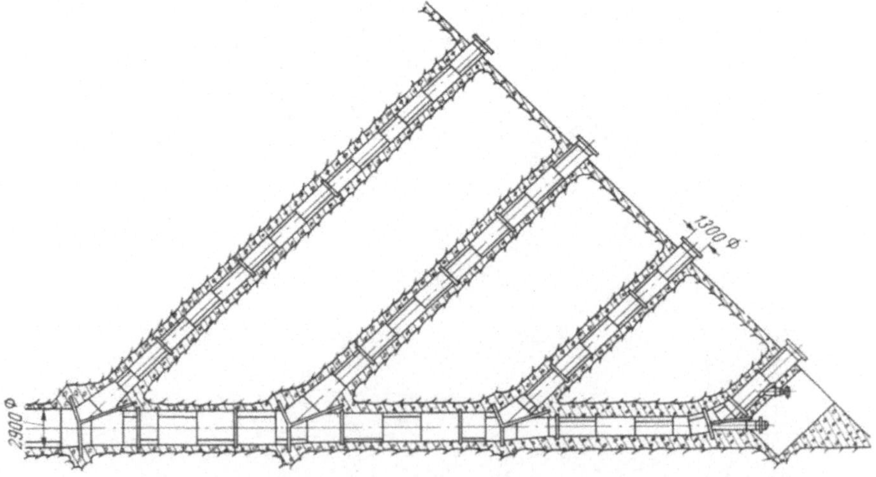

Abb. 54. Beispiel einer Hosenrohranordnung, Verteilleitung Barazar, Spanien [125]

1.2 Die theoretischen Schalenverschneidungen

Die wirklichkeitstreue Bemessung und konstruktive Ausbildung der Verstärkungen und Nahtträger erfordert besondere Genauigkeit. Die zwischen den konischen oder zylindrischen Schalen des zu berechnenden Verzweigungsstückes entstehenden Verschneidungslinien = Nahtlinien sind Teile von Ellipsen. Ihre Kenntnis bildet die Voraussetzung für die Ermittlung der Biegeträger-Schnittgrößen.

Bezeichnen die Indizes H und R den Hufeisen- bzw. Ringträger und a und b die Halbachsen der Ellipsen, so läßt sich die geometrische Aufgabe etwa so ausdrücken:

Gegeben: α, β, R_1, R_2 (Abb. 51)
Gesucht: a_H, b_H, a_R, b_R

Für die Bestimmung der Schalenverschneidungen besteht der rein analytische und der grapho-analytische Weg (s. S. 88).

1.21 Analytische Ermittlung der Nahtellipsen

1.211 Aus der numerischen Exzentrizität. Aus der allgemeinen Ellipsengleichung folgt im Koordinatensystem:

$$\frac{x^2}{a^2} + \frac{y^2}{b^2} = 1 \quad \text{bzw.} \quad y = \pm \frac{b}{a} \sqrt{\pm (a^2 - x^2)} \tag{112}$$

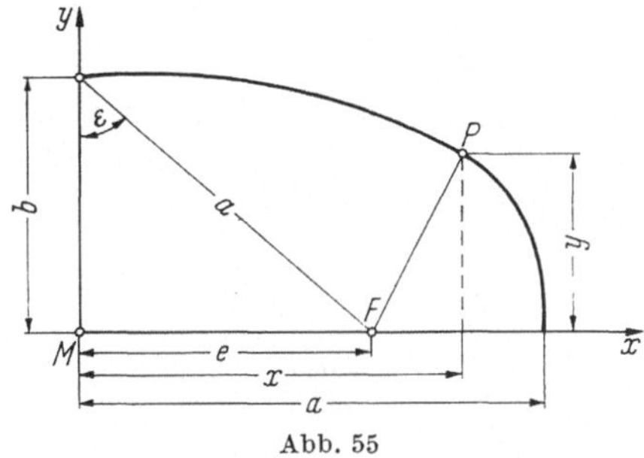

Abb. 55

und die numerische Exzentrizität

$$\frac{\sqrt{a^2 - b^2}}{a} = \frac{e}{a} = \sin\varepsilon$$

Aus der Skizze lassen sich die maßgebenden Verschneidungsgrößen wie folgt ableiten:

Ringträger: Aus der numerischen Exzentrizität der Ellipse

$$\varepsilon_R = \frac{\sqrt{a_R^2 - b_R^2}}{a_R} = \frac{\cos\gamma}{\cos\alpha} \tag{113}$$

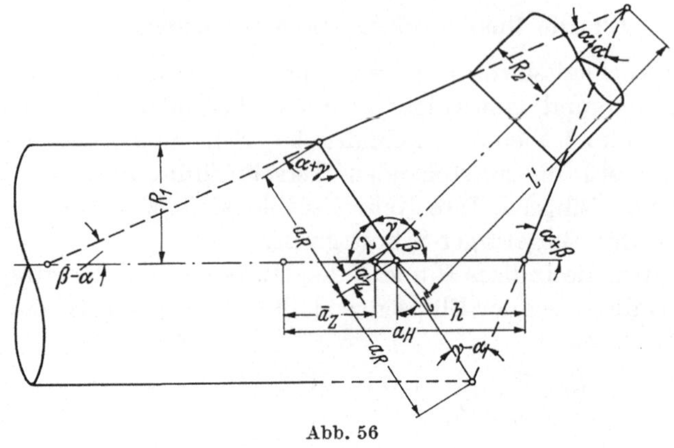

Abb. 56

ergibt sich mit

$$a_R = \frac{R_1}{\sin\lambda}, \quad b_R = R_1, \quad \frac{\sqrt{\frac{R_1^2}{\sin^2\lambda} - R_1^2}}{\frac{R_1}{\sin\lambda}} = \sqrt{1 - \sin^2\lambda} = \cos\lambda = \frac{\cos\gamma}{\cos\alpha}$$

$$\cos\gamma = \cos\lambda\,\cos\alpha$$

$$(\beta - \alpha) + (\alpha + \gamma) + \lambda = \beta + \gamma + \lambda = 180^\circ; \quad \gamma = 180^\circ - \beta - \lambda$$

$$\cos(180^\circ - \lambda - \beta) = \cos\lambda\,\cos\alpha$$

$$-\cos(\lambda + \beta) = \cos\lambda\,\cos\alpha$$

$$-\cos\lambda\,\cos\beta + \sin\lambda\,\sin\beta = \cos\lambda\,\cos\alpha$$

$$\tan\lambda\,\sin\beta - \cos\beta = \cos\alpha$$

$$\tan\lambda = \frac{\cos\alpha + \cos\beta}{\sin\beta} \tag{114}$$

$$\cos\lambda = \frac{1}{\sqrt{1 + \tan^2\lambda}} = \frac{\cos\gamma}{\cos\alpha} \tag{115}$$

$$\cos\gamma = \frac{1}{\sqrt{1 + \tan^2\lambda}}\cos\alpha = \frac{\cos\alpha\,\sin\beta}{\sqrt{1 + \cos^2\alpha + 2\cos\alpha\,\cos\beta}}$$

$$\cos^2\gamma = \frac{\cos^2\alpha\,\sin^2\beta}{\sin^2\beta + (\cos\alpha + \cos\beta)^2}$$

$$1 + \tan^2\gamma = \frac{\sin^2\beta + \cos^2\alpha + \cos^2\beta + 2\cos\alpha\,\cos\beta}{\cos^2\alpha\,\sin^2\beta}$$

$$\tan^2\gamma = \frac{\sin^2\beta + \cos^2\beta + \cos^2\alpha + 2\cos\alpha\,\cos\beta - \cos^2\alpha\,\sin^2\beta}{\cos^2\alpha\,\sin^2\beta}$$

$$\tan^2\gamma = \frac{(1 + \cos\alpha\,\cos\beta)^2}{\cos^2\alpha\,\sin^2\beta}; \qquad \tan\gamma = \frac{1 + \cos\alpha\,\cos\beta}{\cos\alpha\,\sin\beta}$$

$$\frac{l'}{a_R - a_z} = \frac{\sin(180° - \gamma - \alpha)}{\sin\alpha}; \qquad \frac{l'}{a_R + a_z} = \frac{\sin(\gamma - \alpha)}{\sin\alpha}$$

$$l' = \frac{\sin(\gamma + \alpha)}{\sin\alpha}(a_R - a_z) = \frac{\sin(\gamma - \alpha)}{\sin\alpha}(a_R + a_z) \tag{116}$$

$$(\sin\gamma\cos\alpha + \cos\gamma\sin\alpha)(a_R - a_z) = (\sin\gamma\cos\alpha - \cos\gamma\sin\alpha)(a_R + a_z)$$

$$2\cos\gamma\sin\alpha\, a_R = 2\sin\gamma\cos\alpha\, a_z$$

$$a_z = a_R\frac{\tan\alpha}{\tan\gamma} = \frac{R_1}{\sin\lambda}\,\frac{\tan\alpha}{\tan\gamma} \tag{117}$$

Eingesetzt in die allgemeine (Formel) Ellipsengleichung wird:

$$\frac{a_z^2}{R_1^2}\sin^2\lambda + \frac{y_a^2}{R_1^2} = 1 \tag{118}$$

$$a_z^2\sin^2\lambda + y_a^2 = R_1^2$$

$$R_1^2\frac{\tan^2\alpha}{\tan^2\gamma} + y_a^2 = R_1^2$$

$$y_a^2 = R_1^2\left(1 - \frac{\tan^2\alpha}{\tan^2\gamma}\right) \tag{119}$$

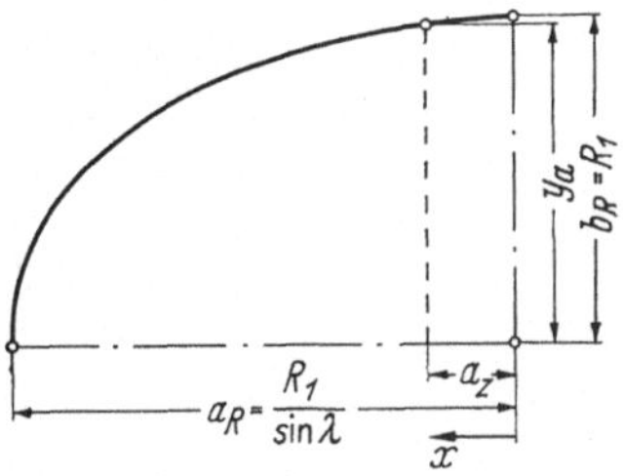

Abb. 57

Damit sind die Koordinaten a_z, y_a des Ellipsenschnittpunktes mit der Konusachse bekannt.

Hufeisenträger

Die Beziehungen lauten:

$$l' = \frac{y_a}{\tan\alpha} \qquad l'^2 = \frac{y_a^2}{\tan^2\alpha} = R_1^2\left(\frac{\cos^2\alpha - \cos^2\gamma}{\sin^2\alpha\sin^2\gamma}\right) = R_1^2\frac{\cos^2\alpha(1 - \cos^2\lambda)}{\sin^2\alpha\sin^2\gamma}$$

$$l' = R_1\frac{\cos\alpha\sin\lambda}{\sin\alpha\sin\gamma}$$

$$l'' = \frac{a_z\sin\lambda}{\sin\beta} = R_1\frac{\tan\alpha}{\tan\gamma\sin\beta} = R_1\frac{\tan\alpha\cos\alpha\sin\beta}{(1 + \cos\alpha\cos\beta)\sin\beta} \tag{120}$$

$$l'' = \frac{\sin\alpha}{1 + \cos\alpha\cos\beta}R_1$$

$$l = l' + l''$$

$$l = R_1\left(\frac{\cos\alpha\sin\lambda}{\sin\alpha\sin\gamma} + \frac{\sin\alpha}{1 + \cos\alpha\cos\beta}\right) \tag{121}$$

$$\frac{l}{\sin(\beta - \alpha)} = \frac{a_H + a_z}{\sin\alpha}; \qquad \frac{l}{\sin(\beta + \alpha)} = \frac{a_H - a_z}{\sin\alpha}$$

$$\frac{l\sin\alpha}{\sin(\beta - \alpha)} - a_H = -\frac{l\sin\alpha}{\sin(\beta + \alpha)} + a_H$$

$$a_H = \frac{1}{2}\, l \sin\alpha \left[\frac{\sin\beta\cos\alpha + \sin\beta\cos\alpha}{(\sin\beta\cos\alpha - \cos\beta\sin\alpha)\,(\sin\beta\cos\alpha + \cos\beta\sin\alpha)}\right]$$

$$a_H = R_1\left[\frac{\cos\alpha\sin\lambda}{\sin\alpha\sin\gamma} + \frac{\sin\alpha}{1+\cos\alpha\cos\beta}\right]\frac{\sin\alpha\cos\alpha\sin\beta}{\sin^2\beta - \sin^2\alpha}$$

$$\sin\lambda = \frac{\cos\alpha + \cos\beta}{\sin\beta}\,\frac{\cos\gamma}{\cos\alpha}$$

$$a_H = R_1\left[\frac{\cos\alpha}{\sin\alpha\sin\gamma}\,\frac{\cos\gamma}{\cos\alpha}\,\frac{\cos\alpha+\cos\beta}{\sin\beta} + \frac{\sin\alpha}{1+\cos\alpha\cos\beta}\right]\frac{\sin\alpha\cos\alpha\sin\beta}{\sin^2\beta - \sin^2\alpha}$$

$$a_H = R_1\,\frac{\cos^2\alpha + \cos\alpha\cos\beta + \sin^2\alpha}{1+\cos\alpha\cos\beta}\left[\frac{\cos\alpha\sin\beta}{\sin^2\beta - \sin^2\alpha}\right]$$

$$a_H = R_1\,\frac{\cos\alpha\sin\beta}{\sin^2\beta - \sin^2\alpha} = \boxed{R_1\,\frac{\cos\alpha\sin\beta}{\cos^2\alpha - \cos^2\beta}} \tag{122}$$

$$\sqrt{a_H^2 - b_H^2} = a_H\,\frac{\cos\beta}{\cos\alpha}$$

$$b_H^2 = a_H^2\left(1 - \frac{\cos^2\beta}{\cos^2\alpha}\right)$$

$$b_H^2 = R_1^2\,\frac{\cos^2\alpha\sin^2\beta\,(\cos^2\alpha - \cos^2\beta)}{(\sin^2\beta - \sin^2\alpha)^2\cos^2\alpha}$$

$$b_H^2 = R_1^2\,\frac{\sin^2\beta\,(\sin^2\beta - \sin^2\alpha)}{(\sin^2\beta - \sin^2\alpha)^2} = R_1^2\,\frac{\sin^2\beta}{\sin^2\beta - \sin^2\alpha}$$

$$b_H = R_1\,\frac{\sin\beta}{\sqrt{\sin^2\beta - \sin^2\alpha}} = \boxed{R_1\,\frac{\sin\beta}{\sqrt{\cos^2\alpha - \cos^2\beta}}} \tag{123}$$

Für die Nahtkraftermittlung wichtig ist die Länge „h" der Abszisse vom Hufeisenscheitel „S" bis zum Schnittpunkt „K" mit dem Ringträger:

$$\frac{x_H^2}{a_H^2} = 1 - \frac{R_1^2}{R_1^2\,\dfrac{\sin^2\beta}{\sin^2\beta - \sin^2\alpha}} = \frac{\sin^2\beta - \sin^2\beta + \sin^2\alpha}{\sin\beta}$$

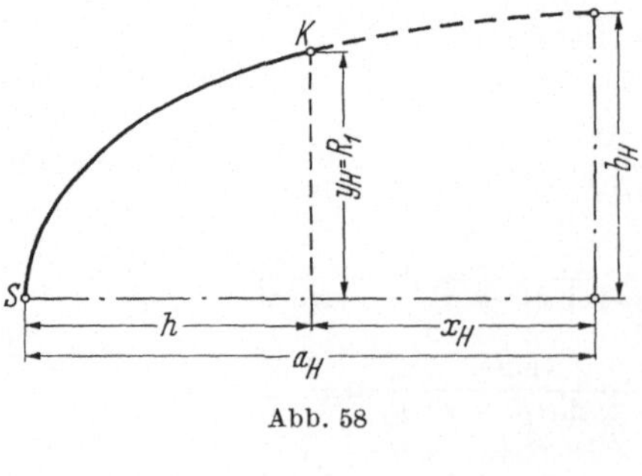

$$\frac{x_H^2}{a_H^2} = \frac{\sin^2\alpha}{\sin^2\beta}$$

$$\frac{x_H}{a_H} = \frac{\sin\alpha}{\sin\beta} = \omega_H$$

$$x_H = a_H\,\frac{\sin\alpha}{\sin\beta} \tag{124}$$

$$\boxed{h = a_H - x_H = a_H\left(1 - \frac{\sin\alpha}{\sin\beta}\right)} \tag{125}$$

Abb. 58

1.3 Die praktischen Schalenverschneidungen

Haben die Versteifungsträger keinen Innenflansch, d. h. bestehen sie nur aus einem Stehblech-Rechteckquerschnitt, dann ist die theoretische Verschneidung der beiden Rohrschalen auch die Nahtkraftlinie S. Häufig ist jedoch ein Innenflansch Ursache für 2 Schnittellipsen durch S_1 und S_2.

a) Im Falle eines symmetrischen Hosenrohres mit horizontalem Flansch konstanter Breite $2\,l$ entstehen zwei deckungsgleiche Ellipsen. Sind die beiden Verteilrohre Zylinder, dann zeigt der horizontale Symmetrieschnitt (durch den Hufeisenscheitel S), daß die theoretische Nahtlinie in Richtung ihrer großen Achse $2a_H$ um den Betrag $l/\tan\beta$ verschoben werden muß. Die 3 Ellipsen durch S, S_1, S_2 sind also kongruent, wenn auch die Projektionslänge $h = \overline{SE} \neq \overline{S_1 E_1} = \overline{S_2 E_2}$ ist.

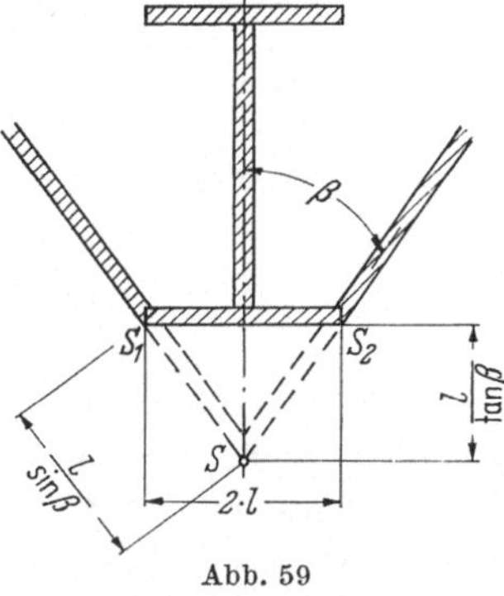

Abb. 59

b) Sind die Verteilrohre Kegel, dann ändern sich die Achsen $2a_H$ und $2b_H$ in $2a_H^*$ und $2b_H^*$, wobei aber die Affinität gilt: $a_H^*/a_H = b_H^*/b_H$ [185].

Auch hier bleiben die tatsächlichen beiden Verschneidungskurven parallel zur theoretischen, d. h., der Winkel β bleibt erhalten. Zwar ändern sich jetzt die beiden Halbachsen a und b, das Ähnlichkeitsgesetz zwischen der tatsächlich auftretenden und der theoretischen Verschneidungsellipse aber bleibt erhalten.

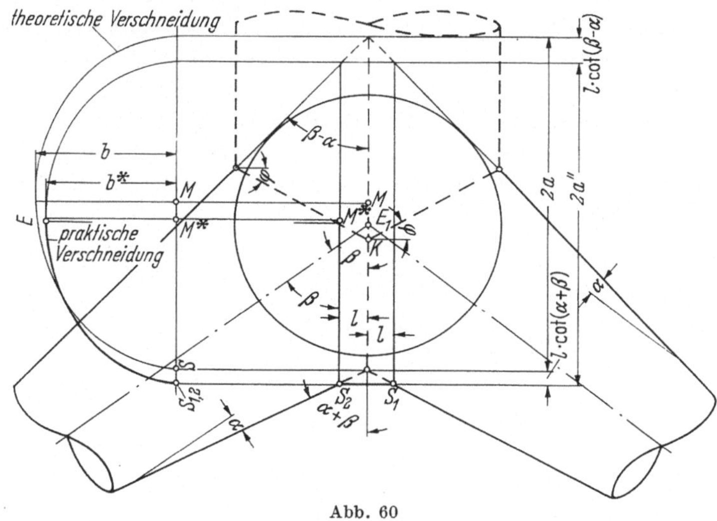

Abb. 60

Reusch findet unter Benutzung der Formeln für die theoretische Verschneidung

$$a_H^* = \cos\alpha \frac{R_1 \sin\beta - l \sin\alpha}{\cos^2\alpha - \cos^2\beta} \tag{126}$$

$$b_H^* = \frac{R \sin\beta - l \sin\alpha}{\sqrt{\cos^2\alpha - \cos^2\beta}} \tag{127}$$

Die Abszisse $\overline{S_1 E_1} = \overline{S_2 E_2} = h^*$ wird dann

$$h^* = h + l \cot(\alpha + \beta) + l \tan\varphi$$

$$h^* = a_H \left(1 - \frac{\sin\alpha}{\sin\beta}\right) + l [\cot(\alpha + \beta) + \tan\varphi]$$

c) Bei unsymmetrischen Hosenrohren gelten die einfachen Beziehungen nicht mehr. Der Innenflansch hat bei nicht zu großer Flanschbreite $2l$ die Möglichkeit des Einpassens, wenn die beiden Randellipsen zwar gleiche Achsen $2a_H^*$, aber verschieden große Achsen $2b_H^*$ besitzen. Dabei steht aber der Flansch — mit Ausnahme der beiden Endpunkte der großen Achse — nicht mehr auf den Schnittebenen senkrecht. Auf eine konstruktiv günstigere Möglichkeit weist noch Reusch (Diplomarbeit 1959, Lehrstuhl Prof. Dr.-Ing. Steinhardt, Karlsruhe [*185*] hin: Ohne den Flansch zu berücksichtigen, berechnet man zunächst β_1, β_2, a_H und b_H für die theoretische Verschneidungsellipse. Dann denkt man sich Konus 1 und 2 senkrecht zur Verschneidungsebene auseinandergezogen um den Betrag $2l$ (gestrichelt dargestelltes System) (Abb. 61).

Zwischen die beiden Kegel kann der Innengurt einfach eingebaut werden, da die beiden Ellipsen in den Schnittebenen zwischen Schale und Gurt untereinander und mit der theoretischen Schnittellipse der beiden Schalen kongruent sind. Um auch mit dem Zylinder ebene Verschneidungskurven zu erhalten, muß der Schnittpuknt der beiden Kegelachsen auch nach dem Verschieben wieder auf der Zylinderachse liegen. Dann können die Teilverschiebungen $x_1 + x_2 = 2l$ aus folgenden Ansätzen berechnet werden:

$$f = \frac{x_1'}{\tan\beta_1} = \frac{x_2'}{\tan\beta_2}$$

$$x_1' = (2l - x_1') \frac{\tan\beta_1}{\tan\beta_2}$$

$$x_1' \left(1 + \frac{\tan\beta_1}{\tan\beta_2}\right) = 2l \frac{\tan\beta_1}{\tan\beta_2}$$

$$x_1' = 2l \frac{\tan\beta_1}{\tan\beta_2} \frac{\tan\beta_2}{\tan\beta_1 + \tan\beta_2} = \frac{2l \tan\beta_1}{\tan\beta_1 + \tan\beta_2}$$

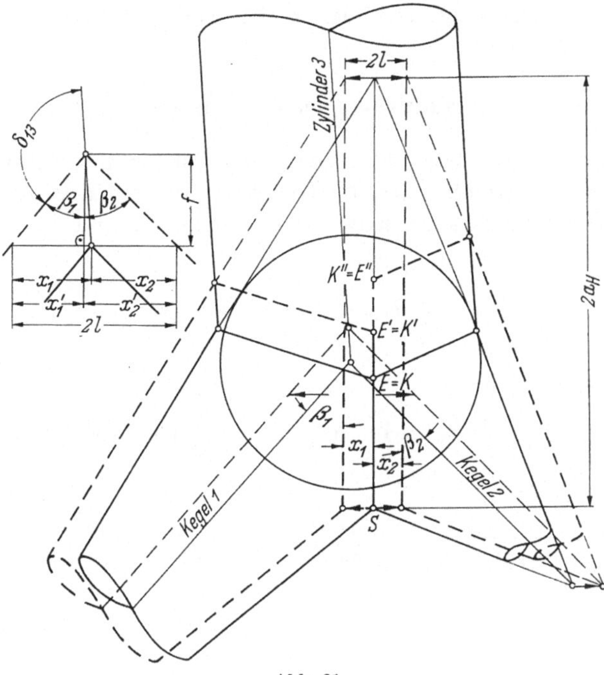

Abb. 61

Entsprechend:

$$x_2' = \frac{2l \tan\beta_2}{\tan\beta_1 + \tan\beta_2}$$

$$f = \frac{2l}{\tan\beta_1 + \tan\beta_2} \tag{128}$$

Daraus ergeben sich die Verschiebungswege x_1 und x_2 zu

$$x_1 = x_1' + f \tan(180° - \delta_{13} - \beta_1) = 2l \frac{\tan\beta_1}{\tan\beta_1 + \tan\beta_2} - 2l \frac{\tan(\delta_{13} + \beta_1)}{\tan\beta_1 + \tan\beta_2}$$

$$x_1 = \frac{2l}{\tan\beta_1 + \tan\beta_2} [\tan\beta_1 - \tan(\delta_{13} + \beta_1)] \tag{129}$$

$$x_2 = \frac{2l}{\tan\beta_1 + \tan\beta_2} [\tan\beta_2 + \tan(\delta_{13} + \beta_1)] \tag{130}$$

Analog können die Verschneidungen bzw. Verschiebungen zwischen den Kegeln und den Zylindern behandelt werden. Diese Methode hat allerdings den Nachteil, daß sich die drei entsprechenden Nahtellipsen nicht mehr im Punkt E, sondern in den beiden Punkten E' und E'' schneiden.

1.4 Ellipsenbogen und -abschnitt

Die wahre Länge s bzw. Δs zu erkennen, ist für die Bestimmung der Schnittgrößen notwendig. Ist die Gleichung einer Kurve $y = f(x)$, so wird ihre Bogenlänge s zwischen den Grenzen x_1 und x_2:

$$s = \int_{x_1}^{x_2} ds = \int_{x_1}^{x_2} dx \sqrt{1 + \left(\frac{dy}{dx}\right)^2}$$

Für die Ellipse

$$\frac{x^2}{a^2} + \frac{y^2}{b^2} = 1 \quad \text{bzw.} \quad y = \frac{b}{a} \sqrt{a^2 - x^2}$$

wird

$$\frac{dy}{dx} = \frac{-bx}{a\sqrt{a^2 - x^2}}; \qquad \left(\frac{ds}{dx}\right)^2 = 1 + \left(\frac{dy}{dx}\right)^2 = \frac{a^4 - e^2 x^2}{a^2 (a^2 - x^2)}$$

wobei

$$e^2 = a^2 - b^2$$

Daraus ergibt sich

$$s = \frac{1}{a} \int_{x_1}^{x_2} \frac{dx \sqrt{a^4 - e^2 x^2}}{\sqrt{a^2 - x^2}} = \frac{1}{a} \int_{x_1}^{x_2} \frac{(a^4 - e^2 x^2\, dx}{\sqrt{(a^2 - x^2)(a^4 e^2 x^2)}} \tag{131}$$

Hierbei handelt es sich um das sog. „elliptische Integral zweiter Gattung", das sich weder durch algebraische noch durch die üblichen transzendenten Funktionen ausdrücken läßt. Entwickelt man die Normalform des elliptischen Integrals $\int\limits_0^x \frac{\sqrt{1 - k^2 x^2}}{\sqrt{1 - x^2}}\, dx$ nach binomischen Reihen, die zwischen 0 und x gleichmäßig konvergent sind, so ergibt sich für $x = 1$ ein Integralwert, den man mit E bezeichnet. Bei obiger Ellipse ist $k = e/a$. Da die zum Integralwert E führenden Reihen nur langsam konvergieren, setzt man vorteilhafter $x = \sin\varphi$; $k = \sin\alpha$; $dx = \cos\varphi\, d\varphi$; $\sqrt{1 - x^2} = \cos\varphi$. Dabei wird φ nicht von der x-Achse, sondern von der y-Achse aus gemessen.

Dann wird

$$\int_0^x \frac{\sqrt{1 - k^2 x^2}}{\sqrt{1 - x^2}}\, dx = \int_0^\varphi \sqrt{1 - \sin^2\alpha \sin^2\varphi}\, d\varphi = E(k, \varphi)$$

Weitere Reihenentwicklungen und Zusammenfassungen von Faktoren führen dann zu einer Lösung. Ist z. B. $a = 10$ m, $b = 6$ m, wird $e = 8$ m und $k = e/a = 0{,}8 = \sin\alpha$; $\alpha = 53{,}2°$.

Tafel für das elliptische Integral $E(k, \varphi)$, wo $k = \sin\alpha$

Grad α	$E(k, 5°)$	$E(k, 10°)$	$E(k, 15°)$	$E(k, 20°)$	$E(k, 25°)$	$E(k, 30°)$	$E(k, 35°)$	$E(k, 40°)$	$E(k, 45°)$
0	0,08727	0,17453	0,26180	0,34907	0,43633	0,52360	0,61087	0,69813	0,78540
5	0,08727	0,17453	0,26178	0,34901	0,43623	0,52243	0,61060	0,69774	0,78486
10	0,08726	0,17451	0,26171	0,34886	0,43593	0,52292	0,60980	0,69658	0,78324
15	0,08726	0,17447	0,26160	0,34860	0,43544	0,52208	0,60850	0,69467	0,78059
20	0,08725	0,17443	0,26145	0,34825	0,43477	0,52094	0,60672	0,69207	0,77607
25	0,08725	0,17438	0,26127	0,34783	0,43394	0,51953	0,60451	0,68884	0,77247
30	0,08724	0,17431	0,26106	0,34733	0,43298	0,51788	0,60194	0,68506	0,76720
35	0,08723	0,17424	0,26083	0,34678	0,43191	0,51605	0,59907	0,68084	0,76128
40	0,08722	0,17417	0,26058	0,34619	0,43076	0,51409	0,59598	0,67628	0,75489
45	0,08721	0,17409	0,26032	0,34558	0,42958	0,51205	0,59276	0,67153	0,74819
50	0,08720	0,17401	0,26006	0,34496	0,42838	0,51000	0,58952	0,66671	0,74137
55	0,08719	0,17394	0,25981	0,34437	0,42722	0,50799	0,58634	0,66197	0,73465
60	0,08718	0,17387	0,25957	0,34381	0,42612	0,50609	0,58332	0,65746	0,72822
65	0,08718	0,17381	0,25936	0,34330	0,42513	0,50437	0,58057	0,65334	0,72232
70	0,08717	0,17375	0,25917	0,34286	0,42426	0,50287	0,57818	0,64974	0,71715
75	0,08716	0,17371	0,25902	0,34250	0,42356	0,50165	0,57622	0,64679	0,71289
80	0,08716	0,17367	0,25891	0,34224	0,42304	0,50074	0,57477	0,64459	0,70972
85	0,08716	0,17365	0,25884	0,34207	0,42273	0,50019	0,57388	0,64324	0,70777
90	0,08716	0,17365	0,25882	0,34202	0,42262	0,50000	0,57358	0,64279	0,70711

Grad α	$E(k, 50°)$	$E(k, 55°)$	$E(k, 60°)$	$E(k, 65°)$	$E(k, 70°)$	$E(k, 75°)$	$E(k, 80°)$	$E(k, 85°)$	$E(k, 90°)$
0	0,87266	0,95993	1,04720	1,13446	1,22173	1,30900	1,39626	1,48353	1,57080
5	0,87194	0,95900	1,04603	1,13304	1,22002	1,30698	1,39393	1,48087	1,56781
10	0,86979	0,95622	1,04255	1,12878	1,21491	1,30097	1,38698	1,47294	1,55889
15	0,86626	0,95166	1,03683	1,12176	1,20650	1,29107	1,37550	1,45985	1,54415
20	0,86142	0,94541	1,02897	1,11213	1,19493	1,27742	1,35968	1,44178	1,52380
25	0,85539	0,93761	1,01915	1,10005	1,18040	1,26026	1,33976	1,41900	1,49811
30	0,84832	0,92843	1,00756	1,08577	1,16318	1,23989	1,31606	1,39186	1,46746
35	0,84036	0,91807	0,99445	1,06958	1,14360	1,21666	1,28897	1,36076	1,43229
40	0,83173	0,90680	0,98013	1,05183	1,12205	1,19101	1,25897	1,32623	1,39314
45	0,82265	0,89490	0,96495	1,03293	1,09901	1,16346	1,22661	1,28886	1,35064
50	0,81338	0,88269	0,94930	1,01333	1,07500	1,13460	1,19255	1,24934	1,30554
55	0,80419	0,87052	0,93362	0,99358	1,05064	1,10513	1,15755	1,20850	1,25868
60	0,79538	0,85879	0,91839	0,97427	1,02664	1,07586	1,12249	1,16726	1,21106
65	0,78724	0,84788	0,90415	0,95606	1,00379	1,04769	1,08839	1,12673	1,16383
70	0,78007	0,83822	0,89144	0,93965	0,98298	1,02172	1,05648	1,08825	1,11838
75	0,77414	0,83020	0,88080	0,92580	0,96519	0,99916	1,02823	1,05343	1,07641
80	0,76971	0,82417	0,87276	0,91523	0,95144	0,98141	1,00543	1,02436	1,04011
85	0,76697	0,82042	0,86773	0,90858	0,94270	0,96992	0,99023	1,00394	1,01266
90	0,76604	0,81915	0,86603	0,90631	0,93969	0,96593	0,98481	0,99619	1,00000

Setzt man $e = a\,k$ und $x \doteq a\,t$, so wird z. B. für die Bogenlänge der Viertelellipse ($\varphi = \pi/2$; $\sin\varphi = 1$; $t = x/a = 1$)

$$s = a \int_0^1 \frac{dt\,\sqrt{1 - k^2 t^2}}{\sqrt{1 - t^2}} = a\,E\left(k, \frac{\pi}{2}\right) = 12{,}7635\ \mathrm{m}$$

Am Einheitskreis wäre $k = \sin\alpha = e/a = 0$. Damit wird die Bogenlänge für den Viertelkreis $= \pi/2 = 1{,}5708$.

Da der Schnittpunkt E der Nahtellipsen nur in Ausnahmefällen mit dem Endpunkt der kleinen Halbachse b zusammenfällt, müssen Werte zwischen $\varphi = 0$ und $\varphi = \pi/2$ errechnet werden, um s zu erhalten. Zweckmäßig verwendet man hierzu Tafeln für das elliptische Integral $E(k, \varphi)$, wie z. B. diejenigen von KIEPERT [*12*], die auf LEGENDRE zurückgehen.

So würde sich z. B. für das Beispiel, wenn $\varphi = \pi/4 = 45°$ ist, die Teilbogenlänge s' ergeben zu

$$s' = a\,E\left(k, \frac{\pi}{4}\right) = 10 \cdot 0{,}73709 = 7{,}3709\ \mathrm{m}$$

Die Werte von 0° bis 90° sind der wiedergegebenen Tafel für $E(k, \varphi)$ zu entnehmen. Ist die Teillänge Δ_s gesucht, so ergibt sie sich zu

$$\Delta_s = s_1 - s_2 = a\,E_{(k,\,\varphi_1)} - a\,E_{(k,\,\varphi_2)} \tag{132}$$

Die Gleichung der Ellipse in Parame terform lautet: $x = a\cos\varphi$; $y = a\sin\varphi$

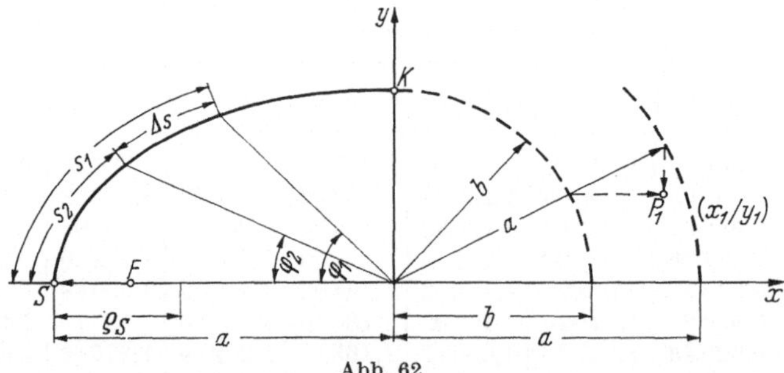

Abb. 62

Für die numerische Berechnung der Schnittgrößen Q, M, N kann es zweckmäßig sein, sie auf der Länge Δs zusammenzufassen. Von der Parameterform ausgehend, kann man das Ellipsenbogenintervall Δs durch das Winkelintervall $\Delta\varphi$ ausdrücken.

$$\Delta s = \frac{a}{\cos\alpha}\sqrt{\cos^2\alpha - \cos^2\beta\,\cos^2\varphi}\;d\varphi \tag{133}$$

Wird $\Delta\varphi = 5°$ gewählt [*177*], dann liegen die Parameter φ der Mittelpunkte bei 2,5°, 7,5° usw.

Während der Krümmungsradius in K $\varrho_K = a^2/b$ und in S $\varrho_s = b^2/a$ beträgt, ist die Krümmung im beliebigen Punkte $P_1(x_1/y_1)$:

$$\varrho_1 = a^2 b^2 \left(\frac{x_1^2}{a^4} + \frac{y_1^2}{b^4}\right)^{3/2}$$

wobei dieser Radius senkrecht steht auf der Tangente

$$\frac{x\,x_1}{a^2} + \frac{y\,y_1}{b^2} = 1$$

oder, um gleich den Richtungsfaktor der Tangente ablesen zu können

$$y = -\frac{x_1 b^2}{y_1 a^2}\,x + \frac{b^2}{y_1}$$

Für die weitere Konstruktion ist noch die Tatsache von Bedeutung, daß die Normale in einem Ellipsenpunkte den von den beiden Brennstrahlen dieses Punktes gebildeten Winkel, die Tangente seinen Nebenwinkel halbiert.

Der Ellipsenabschnitt = Fläche zwischen den Verschneidungslinien ergibt sich zu

$$F_E = a\,b \arccos\frac{a-h}{a} - y\,(a-h) \tag{134}$$

Wird bei Ausführung der Versteifungsträger ein Teil des Querschnitts in das Rohrinnere verlegt, dann ergibt sich deren Ansichtsfläche $E\ T\ E'\ S$

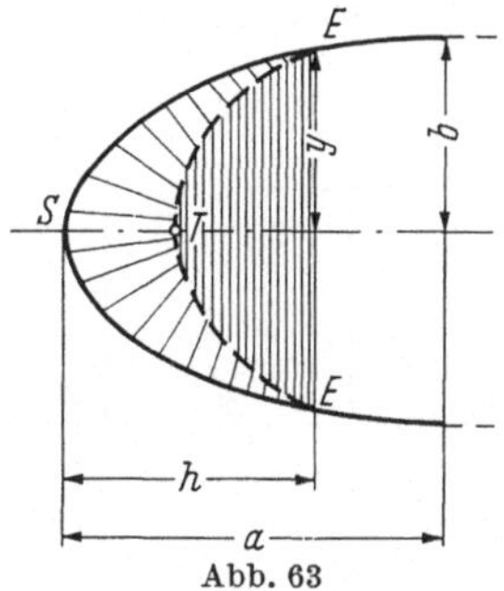

Abb. 63

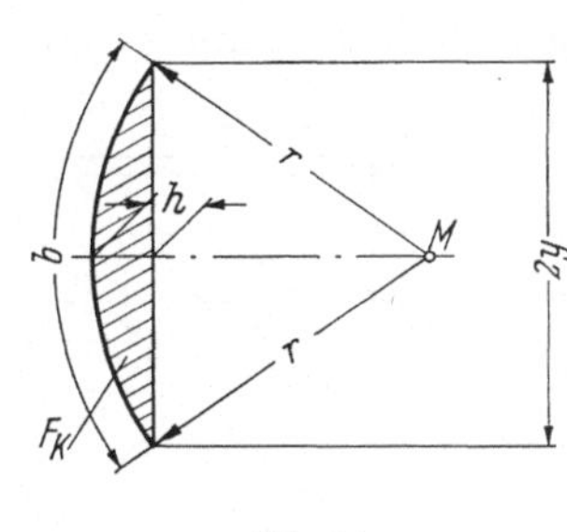

Abb. 64

als Differenz von Ellipsenabschnitten oder als Differenz von Ellipsen- und Kreisabschnitt F_k, wobei

$$F_k = \frac{r\,(b - 2y) + 2\,h\,y}{2} \tag{135}$$

2. Das Kräftespiel in den Nahtlinien am Grundsystem

An der Verschneidungskurve zweier Rohrschalen werden die inneren Membrankräfte zu äußeren „Nahtkräften", die von der zu verstärkenden Rohrschale selbst oder von eigens zu ihrer Aufnahme eingebauten Nahtträgern (Versteifungsträgern) aufgenommen werden müssen. Die Form der Versteifungsträger (die auch nicht unmittelbar in der Naht zu liegen brauchen) wird bestimmt von der Form der Verschneidungslinie sowie von dem Kräfteverlauf längs dieser Naht.

Als Lastursache interessant ist praktisch nur der Innendruck p, da demgegenüber beim einbetonierten bzw. selbst bei frei liegenden Hosenrohren ihr Eigengewicht bzw. die Wasserlast kaum ins Gewicht fallende Beanspruchungen erzeugen.

Die von p erzeugten Membranspannungen sind Tangential- (Ring-) und Axial- (Längs-) Spannungen im geschlossenen, dehnungsbehinderten System, während beim aufgelösten lediglich kleine Axialspannungen aus den Konussen entstehen. Krümmungen, Querkontraktion usw. erzeugen dagegen wiederum Axialspannungen, die so groß sein können, daß schließlich der Membranzustand wie beim geschlossenen System auftritt.

Das letztere System soll nachstehend behandelt werden, da alle anderen Zustände lediglich zu einer Variation der Axialspannung und ihrer Wirkungen führen (s. S. 94).

2.1 Grapho-analytische Ermittlung

2.11 Grundlagen

Die Membranspannungen werden in der „Lastlinie" zu Spannungsresultierenden zusammengefaßt und als Einzellasten in der Mitte des jeweiligen Nahtabschnittes angesetzt [75].

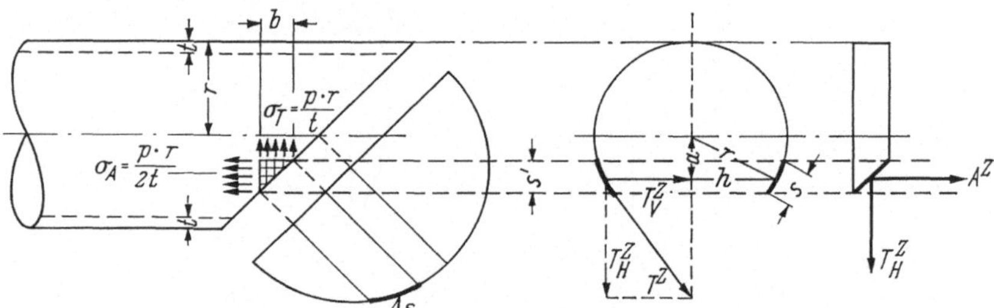

Abb. 65. Zylinderschnitt

$$A^z = \frac{p\,r}{2t}\,t\,s = \frac{p\,r\,s}{2}$$

$$T^z = \frac{p\,r}{t}\,t\,b = p\,r\,b$$

Vertikalkomponente

$$T_v^z = p\,r\,b\,\frac{a}{r} = p\,a\,b = V^z \tag{136}$$

Horizontalkomponente

$$T_H^z = p\,r\,b\,\frac{h}{r} = p\,h\,b = H^z \tag{137}$$

2.12 *Kegelschnitt*

Die Nahtkräfte sind abhängig von α und dem zwischen r_1 und r_2 linear veränderlichen Konusradius r;

$$A'^K = \frac{p\, r_i\, t}{2t \cos\alpha}\, s = \frac{p\, r_i\, s}{2 \cos\alpha}$$

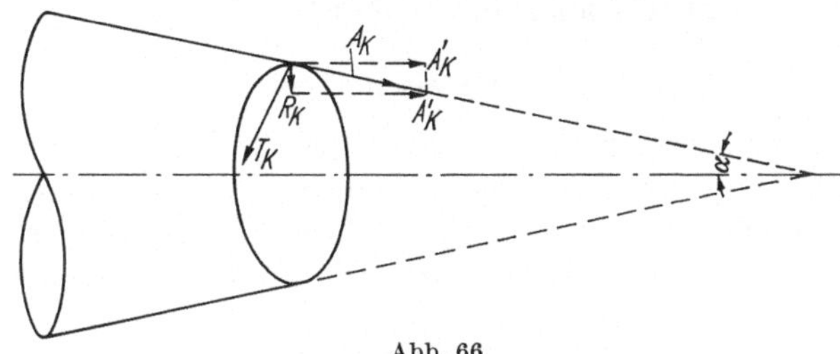

Abb. 66

deren achsenparallele Komponente beträgt

$$A^K = A'^K \cos\alpha = \frac{p\, r_i\, s}{2}$$

und die Radialkraft

$$R^K = A'^K \sin\alpha = \frac{p\, r\, s}{2} \tan\alpha$$

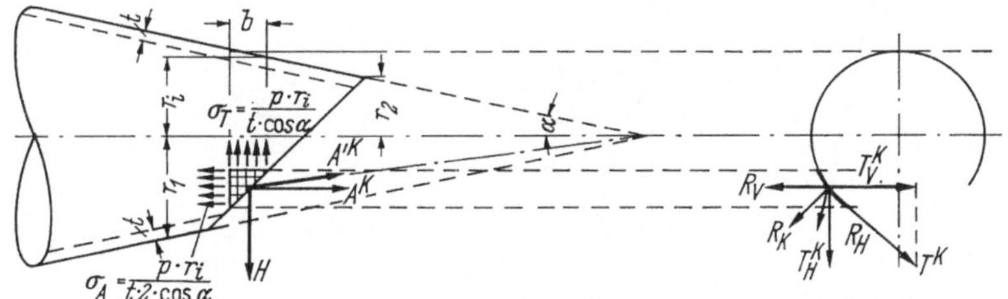

Abb. 67. Kegelschnitt

Die Vertikalkomponente der Radialkraft beträgt

$$R_v^K = R^K \frac{h}{r} = \frac{p \tan\alpha}{2}\, s\, h \tag{138}$$

und ihre Horizontalkomponente

$$R_H^K = R^K \frac{a}{r} = \frac{p \tan\alpha}{2}\, s\, a \tag{139}$$

$$T^K = \frac{p\, r_i\, t\, b}{2t \cos\alpha \cos\alpha} = \frac{p\, r_i\, b}{\cos^2\alpha} \tag{140}$$

$$T_v^K = T^K \frac{a}{r_i} = \frac{p\, a\, b}{\cos^2\alpha} \tag{141}$$

$$T_H^K = T^K \frac{h}{r} = \frac{p\, h\, b}{\cos^2\alpha} \tag{142}$$

$$V = T_v^K - R_v^K \tag{143}$$

$$H = T_H^K + R_H^K \tag{144}$$

(senkrecht zur Kegelachse)

Die Formeln stellen die Belastung des Nahtträgers aus einer Rohrschale dar. Bei symmetrischen Hosenrohren ergeben sich die Naht-Einzelkräfte durch Multiplikation vorgenannter Größen mit 2. Bei Verschneidung verschiedener Kegel oder von Zylinder und Kegel (wie beispielsweise beim Ringträger) müssen die Komponenten aus jedem Rohr getrennt ermittelt und addiert werden.

2.13 *Hufeisenträger*

Mit den gegebenen Größen R, α, β werden die Halbachsen a_H, b_H und die Projektion h_H des Nahtbogens berechnet. Unter Benutzung der Scheitelkrümmungskreise wird die Nahtellipse konstruiert. M. Esslinger [75] schlägt unter Anwendung von S. 88 vor, die Nahtellipse in

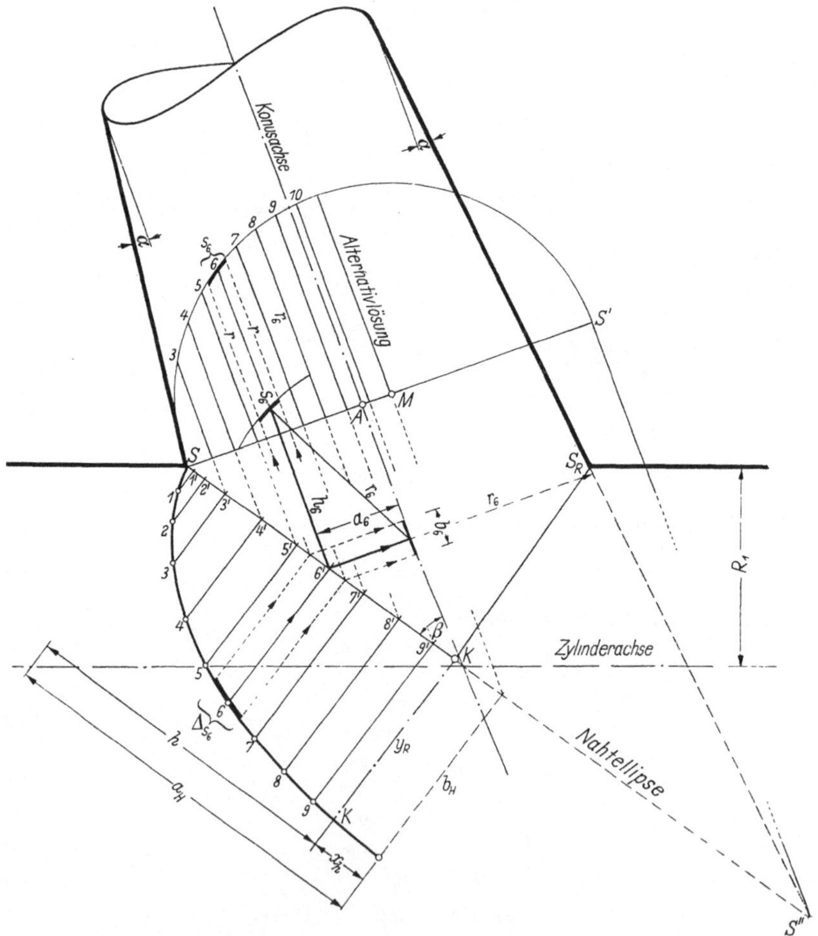

Abb. 68. Konstruktion zur Ermittlung der wahren Länge „s_6“

zehn oder zwölf gleich lange Teilbögen Δs zu teilen. Ist die Nahtellipse das Ergebnis zweier Konusverschneidungen, so ist der Konusradius r_i zu jedem Teilbogenmittelpunkt verschieden lang.

Wie dargestellt ermittelt man die Lage der Teil- und Mittelpunkte auf der Grundrißgeraden und projiziert sie von dort auf die Achse desjenigen Konus, der von der Nahtebene geschnitten wird. Man erhält die Größen b. Mit deren zugehörigem Radius r_i (senkrecht zur Konusachse gemessen), schlägt man einen Kreisbogen. Projiziert man den Intervallmittelpunkt aus der Grundrißgeraden auf diesen Kreisbogen, so bekommt man die Strecken a und h, die zu r_i gehören. Auf demselben Wege über die Zeitpunkte erhält man die gesuchte Bogenlänge s, in der die Axialspannung wirkt. Die Konstruktion ist am Beispiel des Intervalls „6" gezeigt.

Man kann auch so vorgehen, daß man die vollständige Nahtellipse $\overline{SES'}$ parallel zur Konusachse auf die Gerade $\overline{SK}$ projiziert und um sie die Ellipse mit dem Mittelpunkt M klappt. r_i ist dann identisch mit der Strecke $\overline{A1}$, z. B. $\overline{A6}$. s_6 ist dann das zugehörige Kreisbogenintervall wie bei der vorigen Konstruktion.

Damit sind die Voraussetzungen für die Nahtkraftermittlung gegeben.

Für den Fall der Verschneidung zweier Kegel mit $\alpha_1 = \alpha_2 = \alpha$ und $\beta_1 = \beta_2 = \beta$ werden die Vertikalkräfte

$$V = 2(T_V^K - R_V^K) \tag{145}$$

Tabellarische Ermittlung von V_1 bis V_{10} $\left(\frac{p}{\cos^2\alpha} = \text{const}\right)$:

	b	a	T_v^K	h	T_H^K	R_H^K	s	R_v^K	r	A^K	$T_v^K - R_v$	V
1												
2												

Horizontalkräfte in der Nahtebene:

$$H_{\text{längs}} = 2\,[(T_H^K + R_H^K)\sin\beta - A^K\cos\beta] \tag{146}$$

Die tabellarische Ermittlung erfolgt entsprechend.

Horizontalkräfte senkrecht zur Nahtebene

$$H_{\text{quer}} = (T_H^K + R_H^K)\cos\beta + A_H^K\sin\beta \tag{147}$$

Diese normal zur Schnittebene wirkenden Komponenten der Nahtkräfte beanspruchen den Nahtträger-Untergurt auf Zug. Im Falle der Symmetrie kompensieren sie sich.

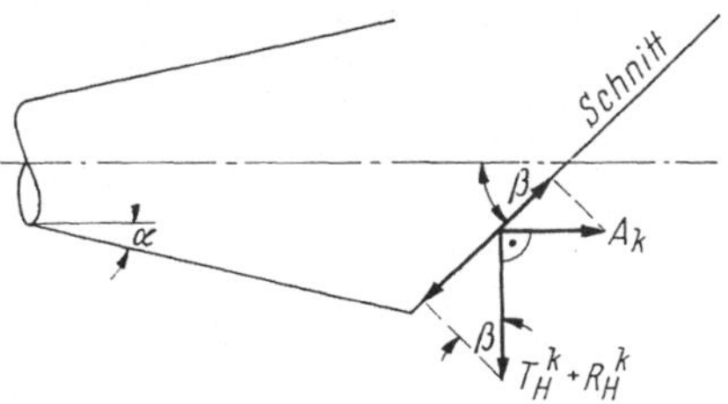

Abb. 69

Die Naht-Einzelkräfte P ergeben sich durch geometrische Addition

$$P = \sqrt{V^2 + H^2_{\text{längs}}} \tag{148}$$

und sind größenordnungsmäßig wiedergegeben.

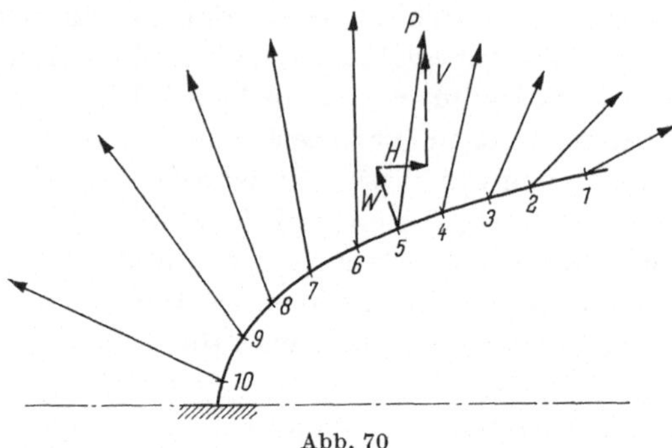

Abb. 70

Ist ein Trägerflansch der Breite $2l$ vorhanden, so ergibt sich der senkrecht zur Ellipsentangente gerichtete Wasserdruck auf der Länge

$$\Delta s \text{ zu } W = 2l\,\Delta s\,p \tag{149}$$

Die Summe aller horizontalen Wasserdruckkomponenten $\sum W_H = 2l\,r\,p$ wird am Trägerende auf die Ringkonstruktion abgesetzt, wodurch die Momente am statisch bestimmten System verringert werden.

Die Kräfte sind für die Nahtlinie bekannt. Querkraft, Normalkraft und Moment des Hufeisenträgers werden aber auf die Nullinie bezogen. Ändern sich Querschnitt und Trägerhöhe stetig, was anzustreben ist, dann ergibt sich eine Nullinienellipse. Bezogen auf die Nullinie werden zur Momentenbestimmung die Hebelarme x_i aus der Zeichnung abgegriffen.

2.14 Ringträger

Im Prinzip liegen hier ähnliche Verhältnisse vor wie beim Hufeisenträger, jedoch ergeben sich die Nahtkräfte aus dem Konus und dem

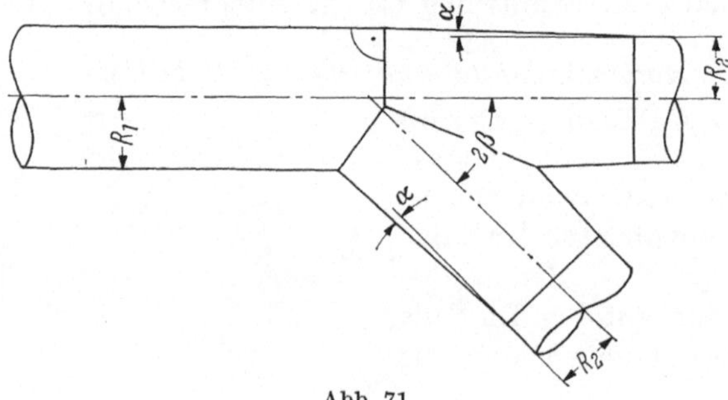

Abb. 71

Zylinder (Hauptrohr). Der Ringträger besteht aus einem kreisförmigen und aus einem elliptischen Bogen.

Die Konstruktion von r, a, b, h, s erfolgt wie bei 2.13.

Elliptischer Trägerteil. Kräfte aus Zylinder.

$$T_v^Z = p\,b\,a \tag{150}$$

$$T_H^Z = p\,b\,h \tag{151}$$

$$A^Z = \frac{p\,r\,s}{2} \tag{152}$$

Kräfte aus Konus

$$T_v^K = \frac{p\,a\,b}{\cos^2\alpha} \tag{153}$$

$$T_H^K = \frac{p\,h\,b}{\cos^2\alpha} \tag{154}$$

$$A^K = \frac{p\,r\,s}{2} \tag{155}$$

$$R_v^K = \frac{p\tan\alpha}{2}\,a\,s \tag{156}$$

$$R_H^K = \frac{p\tan\alpha}{2}\,h\,s \tag{157}$$

Vertikalkräfte in der Nahtebene:

$$V = T_v^Z + T_v^K - R_v \tag{158}$$

Horizontalkräfte in der Nahtebene:

$$H_{\text{längs}} = (T_H^Z + T_H^K + R_H^K)\sin\gamma - (A^Z + A^K)\cos\gamma \tag{159}$$

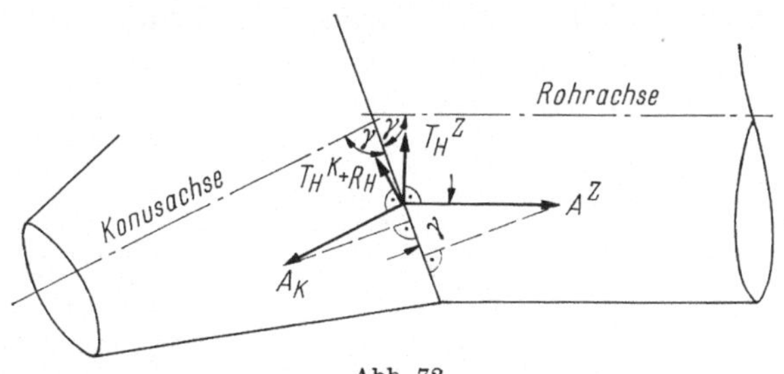

Abb. 72

Horizontalkräfte senkrecht zur Nahtebene:

$$H_{\text{quer}} = (T_H^Z + T_H^K + R_H^K)\cos\gamma + (A^Z + A^K)\sin\gamma \tag{160}$$

Naht-Einzelkräfte P und die Hebelarme für die Momentenbestimmung ergeben sich wie beim Hufeisenträger.

2.15 Kreisförmiger Teil

Die Nahtlinie liegt in einer achsennormalen Schnittebene von Zylinder und Konus und wird deshalb nur durch die Radialkomponenten aus der Konusaxialspannung belastet, d. h. durch R_v^K und R_H^K.

2.16 Gleichgewichtskontrolle

Für die in einem System von Verschneidungslinien wirkenden Kräfte aus Membranspannungen müssen die Gleichgewichtsbedingungen $\Sigma H=0$ und $\sum V = 0$ erfüllt sein.

Das Gleichgewicht in vertikaler Richtung ist stets gegeben, wenn eine horizontale Symmetrieebene für das gesamte System besteht.

2.2 Analytische Ermittlung von *H*, *V* und *M*

An den Nahtlinien sind die Rohrschalen unterbrochen. Dort sind daher die Membranbeanspruchungen als äußere Kräfte gegeben, die von den Nahtversteifungsträgern aufgenommen werden müssen. — Man scheute die rechnerischen Berechnungsmethoden deshalb, weil für jede Rohrverzweigung erneut die Ausgangsgleichungen aufgestellt werden müßten. Das nachfolgend abgeleitete rein analytische Berechnungsverfahren [*19*] erlaubt jedoch, wenn neben den Radien R_1 des Hauptrohres und R_2 der Verteilrohre die Winkel α und β als Kenngrößen bekannt sind, sowohl bei symmetrisch als auch bei unsymmetrisch zur Hauptrohrachse liegender Verzweigung die Benutzung stets derselben Formeln. Neben der größeren Genauigkeit wird auch eine erhebliche Zeitersparnis erzielt.

Die Membranspannungen σ_A und σ_T in Zylinder- und Kegelschale bei gegebenem Innendruck p, Mittelflächenradius R und Blechdicke t sind auf S. 19, Formel 5 bis 22, abgeleitet.

Der Berechnung wird folgendes statisch bestimmte System zugrunde gelegt:

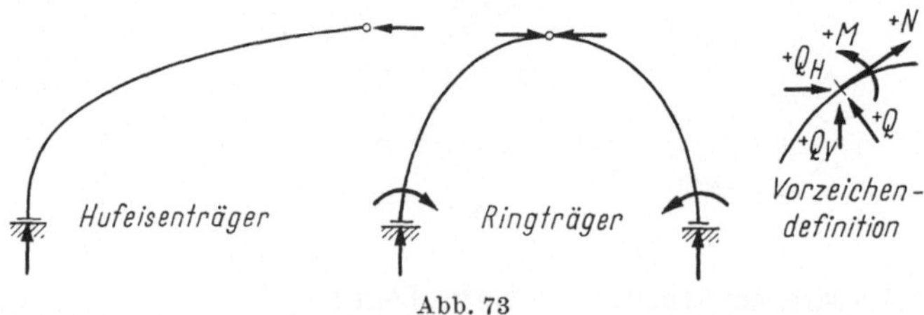

Abb. 73

Auf Grund der Formänderungen und Reaktionen zwischen Ring und Hufeisen wird später durch die Berechnung der statisch unbestimmten Größen die Annahme der statischen Wirkung nahezu der Wirklichkeit gerecht.

2.21 Horizontalkräfte am Hufeisenträger

Mit den Membran-Normalkräften

$$N_T = \sigma_T \, dF_T \tag{161}$$

und

$$N = \sigma_A \, dF_A \tag{162}$$

wird

$$\tfrac{1}{2}H = N_T \sin\beta \sin\varphi + N_A \sin\alpha \cos\varphi \sin\beta - N_a \cos\alpha \cos\beta$$

Bestimmung von dF_T und dF_A:

$$r = y_z - (x - \bar{a}_z) \cos\beta \tan\alpha \tag{163}$$

$$\frac{\bar{a}_z^2}{a_H^2} + \frac{y_z^2}{b_H^2} = 1$$

$$y_z^2 = b_H^2 \left(1 - \frac{\bar{a}_z^2}{a_H^2}\right) \qquad y_z = b_H \sqrt{\left(1 - \frac{\bar{a}_z^2}{a_H^2}\right)}$$

$$\frac{\bar{a}_z}{a_H} = \frac{R_1}{\sin(\beta - \alpha)\, a_H} - 1 = \frac{R_1 - \sin(\beta - \alpha)\, a_H}{\sin(\beta - \alpha)\, a_H}$$

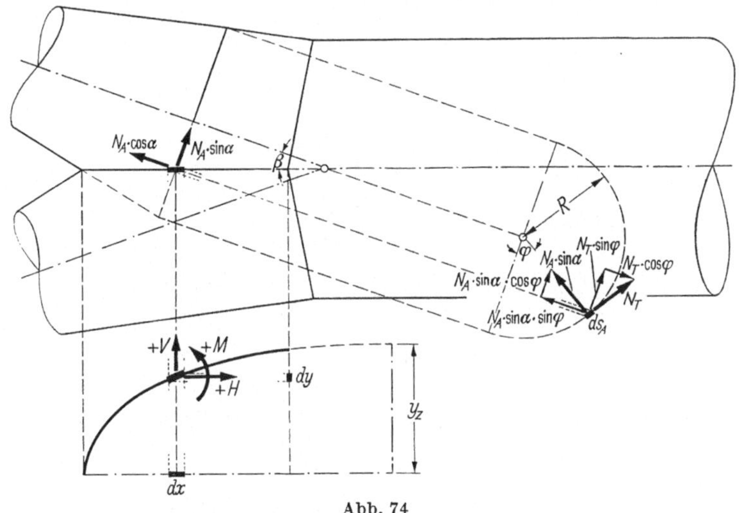

Abb. 74

Nach mehreren Umformungen wird

$$\frac{\bar{a}_z}{a_H} = \frac{\tan\alpha}{\tan\beta}$$

$$y_z = b_H \sqrt{1 - \frac{\tan^2\alpha}{\tan^2\beta}}$$

$$y_z = R_1 \frac{\sin\beta}{\sin^2\beta - \sin^2\alpha} \, \frac{\sqrt{\tan^2\beta - \tan^2\alpha}}{\tan\beta}$$

Schließlich:

$$y_z = \frac{R_1}{\cos\alpha}$$

$$r = \frac{R_1}{\cos\alpha} - \left(x - \frac{\tan\alpha}{\tan\beta} a_H\right) \cos\beta \tan\alpha$$

$$r = a_H \left[\frac{R_1}{a_H \cos\alpha} - \left(\frac{x}{a_H} - \frac{\tan\alpha}{\tan\beta}\right) \cos\beta \tan\alpha\right]$$

$$r = a_H \left[\frac{\sin^2\beta - \sin^2\alpha}{\cos^2\alpha \sin\beta} - \left(\omega - \frac{\tan\alpha}{\tan\beta}\right) \cos\beta \tan\alpha\right]$$

$$r = a_H \left[\frac{\sin^2\beta - \sin^2\alpha}{\cos^2\alpha \sin\beta} - \omega \cos\beta \tan\alpha + \frac{\sin^2\alpha \cos^2\beta}{\cos^2\alpha \sin\beta}\right]$$

$$r = a_H \left[\frac{\sin^2\beta \cos^2\alpha}{\cos^2\alpha \sin\beta} - \omega \cos\beta \tan\alpha\right]$$

$$r = a_H \sin\beta \left(1 - \omega \frac{\tan\alpha}{\tan\beta}\right)$$

$$dr = -\cos\beta \tan\alpha \, dx$$

$$r \cos\varphi = (x - \bar{a}_z) \sin\beta$$

$$\cos\varphi \, dr - r \sin\varphi \, d\varphi = \sin\beta \, dx$$

$$ds_A = r \, d\varphi = \cot\varphi \, dr - \frac{\sin\beta}{\sin\varphi} dx$$

$$dF_A = t \, ds_A = \left(\cot\varphi \, dr - \frac{\sin\beta}{\sin\alpha} dx\right) t$$

$$dF_A = t \, |ds_A| = \left(\cos\beta \tan\alpha \cot\varphi + \frac{\sin\beta}{\sin\varphi}\right) t \, dx$$

$$dF_T = t \, ds_T = \frac{\cos\beta}{\cos\alpha} t \, dx$$

$$\frac{1}{2} H = \sigma_T \, dF_T \sin\beta \sin\varphi + \sigma_A \, dF_A \sin\alpha \cos\varphi \sin\beta - \sigma_A \, dF_A \cos\alpha \cos\beta$$

Mit

$$\cos\varphi = \frac{(x - \bar{a}_z) \sin\beta}{r}, \qquad \sin\varphi = \frac{y}{r}, \qquad dx = \frac{y}{x} \frac{a^2}{b^2} dy$$

wird

$$\frac{1}{2} H = p \left[\frac{\cos\beta \sin\beta}{\cos^2\alpha} y + \frac{\cos\beta \sin^2\alpha}{2 \cos^2\alpha} \frac{(x - \bar{a}_z) \sin^3\beta \, (x - \bar{a}_z)}{y} \right.$$

$$+ \frac{\sin^2\beta \sin\alpha}{2 \cos\alpha} \frac{(x - \bar{a}_z) \sin\beta}{y} r$$

$$\left. - \frac{\cos^2\beta \sin\alpha}{2 \cos\alpha} \frac{(x - \bar{a}_z) \sin\beta}{y} r - \frac{\sin\beta \cos\beta}{2y} r^2\right] dx$$

und umgeformt:

$$\frac{1}{2} H = p R \left[\frac{1}{\omega} \frac{1}{2} \frac{\cos\beta \sin^2\beta}{\cos\alpha(\sin^2\beta - \sin^2\alpha)} - \omega \frac{\cos\beta \sin^2\beta}{\cos\alpha(\sin^2\beta - \sin^2\alpha)} + \frac{\sin\alpha \sin\beta}{2(\sin^2\beta - \sin^2\alpha)} \right] dy \tag{164}$$

$$\frac{1}{2} H = p R \left[\frac{1}{2} A_1 \frac{1}{\omega} - A_1 \omega + A_2 \right] dy$$

wobei

$$A_1 = \frac{\cos\beta \sin^2\beta}{\cos\alpha(\sin^2\beta - \sin^2\alpha)} \tag{165}$$

$$A_2 = \frac{\sin\alpha \sin\beta}{2(\sin^2\beta - \sin^2\alpha)} \tag{166}$$

$$H = p R \left[A_1 \frac{1}{\omega} - 2 A_1 \omega + 2 A_2 \right] dy \tag{167}$$

$$Q_H = b p R \int_{\eta}^{0} \left[A_1 \frac{1}{\omega} - 2 A_1 \omega + 2 A_2 \right] dy$$

$$Q_H = b p R [2 A_2 \eta - A_1 \eta \omega]_{\eta}^{0}$$

$$Q_H = - p R [2 A_2 - A_1 \omega] y$$

$$Q_H = p R [A_1 \omega - 2 A_2] y \tag{168}$$

2.22 *Vertikalkräfte am Hufeisenträger*

$$\frac{1}{2} V = N_T \cos\varphi - N_A \sin\varphi \sin\alpha \tag{169}$$

$$\frac{1}{2} V = \sigma_T \, dF_T \cos\varphi - \sigma_A \, dF_A \sin\varphi \sin\alpha$$

$$\frac{1}{2} V = p R_1 \left[\left(\frac{\sin\beta \cos\beta \cos\alpha \sin\beta}{\cos^2\alpha (\sin^2\beta - \sin^2\alpha)} - \frac{\sin^2\alpha \cos\beta \sin\beta \cos\alpha \sin\beta}{2 \cos^2\alpha (\sin^2\beta - \sin^2\alpha)} + \frac{\sin^2\alpha \sin^2\beta \cos\beta}{2 \cos\alpha (\sin^2\beta - \sin^2\alpha)} \right) (\omega - \omega_H) - \frac{\sin\alpha \sin\beta}{2 \cos^2\alpha} \right] dx$$

$$\frac{1}{2} V = p R_1 \left[A_1 \omega - \frac{\sin\alpha \sin\beta}{\cos^2\alpha} \left(\frac{1}{2} + \frac{\cos^2\beta}{(\sin^2\beta - \sin^2\alpha)} \right) \right] dx$$

$$\frac{1}{2} V = p R_1 (A_1 \omega - A_3) \, dx$$

$$A_3 = \frac{\sin\alpha \sin\beta}{\cos^2\alpha} \left(\frac{1}{2} + \frac{\cos^2\beta}{(\sin^2\beta - \sin^2\alpha)} \right) \tag{170}$$

$$V = p R_1 (2 A_1 \omega - 2 A_3) \, dx \tag{171}$$

$$Q_V = a p R_1 \int_{\omega_H}^{\omega} (2 A_1 \omega - 2 A_3) \, d\omega$$

$$Q_V = p\,R_1^2 \frac{\cos\alpha \sin\beta}{\sin^2\beta - \sin^2\alpha}\,(A_1\omega^2 - 2A_3\omega)\Big|_{\omega_H}^{\omega}$$

$$Q_V = p\,R_1^2 \frac{\cos\alpha \sin\beta}{\sin^2\beta - \sin^2\alpha}\Big[A_1\omega^2 - 2A_3\omega + \frac{\sin^2\alpha}{\sin^2\beta - \sin^2\alpha}\Big(1 + \frac{\cos^2\beta}{\cos^2\alpha} - \frac{\cos\beta}{\cos\alpha}\Big)\Big]$$

$$Q_V = p\,R_1^2(A_4\omega^2 - A_5\omega + A_6) \tag{172}$$

$$A_4 = A_1 \frac{\cos\alpha \sin\beta}{\sin^2\beta - \sin^2\alpha} \tag{173}$$

$$A_5 = 2A_3 \frac{\cos\alpha \sin\beta}{\sin^2\beta - \sin^2\alpha} \tag{174}$$

$$A_6 = \frac{\cos\alpha \sin\beta \sin^2\alpha}{(\sin^2\beta - \sin^2\alpha)^2}\Big(1 + \frac{\cos^2\beta}{\cos^2\alpha} - \frac{\cos\beta}{\cos\alpha}\Big) \tag{175}$$

2.23 Momente am Hufeisenträger

$$\bar{M}_n = \iint V\,dx - \iint H\,dy \tag{176}$$

$$\bar{M}_n = p\,R_1\Big[a^2 \iint (2A_1\omega - 2A_3)\,d\omega\,d\omega - b^2 \int \Big(A_1 \frac{1}{\sqrt{1-\eta^2}} - 2A_1\sqrt{1-\eta^2} + 2A_2\Big)\,d\eta\,d\eta\Big]$$

$$\bar{M} = p\,R_1\Big[a^2 \int (A_1\omega^2 - 2A_3\omega + C_1)\,d\omega - b^2 \int (-A_1\eta\sqrt{1-\eta^2} + 2A_2\eta + C_2)\,d\eta\Big]$$

Bestimmung der Integrationskonstanten:

$$\omega = \omega_H \qquad a^2 \int \stackrel{!}{=} 0$$

$$C_1 + A_1\omega_H^2 - 2A_3\omega_H \stackrel{!}{=} 0$$

$$C_1 = 2A_3\omega_H - A_1\omega_H^2$$

$$\eta = 0 \qquad b^2 \int \stackrel{!}{=} 0$$

$$C_2 = 0$$

$$\bar{M}_n = p\,R_1\Big[a^2 \int (A_1\omega^2 - A_1\omega_H^2 - 2A_3\omega + 2A_3\omega_H)\,d\omega + b^2 \int (A_1\eta\sqrt{1-\eta^2} - 2A_2\eta)\,d\eta\Big]$$

$$\bar{M}_n = p\,R_1\Big[a^2\Big(\frac{1}{3}A_1\omega^3 - A_1\omega_H^2\omega - A_3\omega^2 + 2A_3\omega_H\omega\Big) - b^2\Big(\frac{1}{3}A_1\omega^3 + A_2 - A_2\omega^2\Big) - C_3\Big]$$

Bestimmung der Integrationskonstanten:

$$\omega = \omega_H, \qquad \bar{M}_n = 0$$

$$a^2\left(\frac{2}{3} A_1 \omega_H^3 + A_3 \omega_H^2\right) - b^2\left(\frac{1}{3} A_1 \omega_H^3 + A_2 - A_2 \omega_H^2\right) = C_3$$

$$\bar{M}_n = p R_1 \Big\{a^2\left[\frac{1}{3} A_1 \omega^3 - A_3 \omega^2 - (A_1 \omega_H^2 - 2 A_3 \omega_H)\,\omega + \frac{2}{3} A_1 \omega_H^3 - A_3 \omega_H^2\right] - b^2\left[\frac{1}{3} A_1 \omega^3 - A_2 \omega^2 - \frac{1}{3} A_1 \omega_H^3 + A_2 \omega_H^2\right]\Big\}$$

$$\bar{M}_n = p R_1 \left[\frac{1}{3} A_1 \omega^3 (a^2 - b^2) - \omega^2 (A_3 a^2 - A_2 b^2) - \omega (A_1 \omega_H^2 - 2 A_3 \omega_H)\, a^2 + \frac{1}{3} A_1 \omega_H^3 (2a^2 + b^2) - \omega_H^2 (A_3 a^2 + A_2 b^2)\right]$$

$$\bar{M}_n = D_1 \omega^3 - D_2 \omega^2 - D_3 \omega + D_4 \qquad (177)$$

wobei

$$D_1 = p R_1 (a^2 - b^2) \frac{1}{3} A_1 \qquad (178)$$

$$D_2 = p R_1 (A_3 a^2 - A_2 b^2) \qquad (179)$$

$$D_3 = p R_1 (A_1 \omega_H^2 - 2 A_3 \omega_H)\, a^2 \qquad (180)$$

$$D_4 = p R_1 \left[\frac{1}{3} A_1 \omega_H^3 (2a^2 + b^2) - \omega_H^2 (A_3 a^2 + A_2 b^2)\right] \qquad (181)$$

2.24 Horizontalkräfte am Ringträger

Die Formeln entsprechen grundsätzlich denen des Hufeisenträgers, jedoch setzen sich die Kräfte bzw. Momente aus dem Anteil des Konus (Index K) und dem Anteil des Zylinders (Index Z) zusammen.

Beim Anteil des Konus sei entsprechend den Schnittwinkeln $\beta = \gamma$.

Beim Anteil des Zylinders sei $\alpha = 0 : \beta = \lambda$.

Damit ergibt sich:

Für Konusanteil

$$r = a_R \sin\gamma \left(1 - \omega \frac{\tan\alpha}{\tan\gamma}\right) \qquad (182)$$

$$dr = -\cos\gamma \tan\alpha \, dx$$

$$ds_A = \cot\varphi_K \, dr - \frac{\sin\gamma}{\sin\varphi_K} dx$$

$$dF_{AK} = t\, ds_A = \left(\cos\gamma \tan\alpha \cot\varphi_K + \frac{\sin\gamma}{\sin\varphi_K}\right) t\, dx$$

$$dF_{TK} = t\, ds_T = \frac{\cos\gamma}{\cos\alpha} t\, dx$$

$$\cos\varphi_K = \frac{(x - a_z)\sin\gamma}{r} \qquad \sin\varphi_K = \frac{y}{r}$$

$$a_z = a_R \frac{\tan\alpha}{\tan\gamma} \qquad (183)$$

$$dx = \frac{y}{x} dy \frac{a_R^2}{b_R^2}$$

Für Zylinderanteil

$$r = a_R \sin\lambda \quad dr = 0$$

$$dF_{AZ} = \frac{\sin\lambda}{\sin\varphi} t\,dx$$

$$dF_{TZ} = \cos\lambda\, t\,dx$$

$$\sin\varphi_Z = \frac{y}{R_1}$$

$$H = N_{TK} \sin\varphi_K \sin\gamma - N_{AK} \cos\alpha \cos\gamma + N_{AK} \sin\alpha \sin\gamma \cos\varphi_K + N_{TZ} \sin\varphi_Z \sin\lambda - N_{AZ} \cos\lambda \tag{184}$$

$$H = p\,r \left[\frac{\cos\gamma}{\cos^2\alpha} \sin\varphi_K \sin\gamma - \frac{\cos\gamma}{2}\left(\cos\gamma \tan\alpha \cot\varphi_K + \frac{\sin\gamma}{\sin\varphi_K}\right) + \frac{\tan\alpha \sin\gamma \cos\varphi_K}{2}\left(\cos\gamma \tan\alpha \cot\varphi_K + \frac{\sin\gamma}{\sin\varphi_K}\right)\right] dx + p\,R_1 \left[\cos\lambda \sin\varphi_Z \sin\lambda - \frac{\sin\lambda\cos\lambda}{2\sin\varphi_Z}\right] dx$$

$$H = p\,R_1 \left[\frac{1}{2\omega} \frac{\cos\gamma \sin^2\gamma}{\cos\alpha(\sin^2\gamma - \sin^2\alpha)} - \omega \frac{\cos\gamma \sin^2\gamma}{\cos\alpha(\sin^2\gamma - \sin^2\alpha)} + \frac{\sin\alpha \sin\gamma}{2(\sin^2\gamma - \sin^2\alpha)}\right] dy + p\,R_1 \left[\cos\lambda \sin\lambda \frac{y^2 a_R^2}{R\,x\,b_R^2} - \frac{1}{2} \cos\lambda \sin\lambda \frac{R^2 a_R^2}{R\,x\,b_R^2}\right] dy$$

$$H = p\,R_1 \left[\frac{1}{2\omega} B_1 - \omega B_1 + B_2\right] dy + p\,R_1 \left[\cos\lambda \frac{1-\omega^2}{\omega} - \cos\lambda \frac{1}{2\omega}\right] dy$$

$$H = p\,R_1 \left[\frac{1}{2\omega}(B_1 + \cos\lambda) - \omega(B_1 + \cos\lambda) + B_2\right] dy$$

wobei

$$B_1 = \frac{\cos\gamma \sin^2\gamma}{\cos\alpha(\sin^2\gamma - \sin^2\alpha)} \tag{185}$$

$$B_2 = \frac{\sin\alpha \sin\gamma}{2(\sin^2\gamma - \sin^2\alpha)} \tag{186}$$

$$Q_H = b\,p\,R_1 \int_\eta^0 \left[(B_1 + \cos\lambda)\frac{1}{2\omega} - (B_1 + \cos\lambda)\,\omega + B_2\right] dy$$

$$Q_H = p\,R_1^2 \left[-(B_1 + \cos\lambda)\frac{1}{2}\,\omega\,\eta + B_2\,\eta\right]_\eta^0$$

$$Q_H = p\,R_1^2 \left[(B_1 + \cos\lambda)\frac{1}{2}\,\omega - B_2\right]\eta \tag{187}$$

2.25 Vertikalkräfte am Ringträger

$$V = N_{TK} \cos\varphi_K - N_{AK} \sin\alpha \sin\varphi_K + N_{TZ} \cos\varphi_Z$$

$$V = p\,R_1 \left[\frac{\sin^2\gamma\cos\gamma}{(\sin^2\gamma - \sin^2\alpha)\cos\alpha}\,\omega \right.$$

$$\left. - \frac{\sin\alpha\sin\gamma}{\cos^2\alpha}\left(\frac{1}{2} + \frac{\cos^2\gamma}{\sin^2\gamma - \sin^2\alpha}\right)\right] dx + p\,R_1 \cos\lambda\,\omega\,dx$$

$$V = p\,R_1[(B_1 + \cos\lambda)\,\omega - B_3]\,dx$$

wobei

$$B_3 = \frac{\sin\alpha\sin\gamma}{\cos^2\alpha}\left(\frac{1}{2} + \frac{\cos^2\gamma}{\sin^2\gamma - \sin^2\alpha}\right) \tag{188}$$

$$Q_V = a\,p\,R_1 \int_0^\omega [(B_1 + \cos\lambda)\,\omega - B_3]\,d\omega$$

$$Q_V = a\,p\,R_1 \left[\frac{1}{2}(B_1 + \cos\lambda)\,\omega^2 - B_3\,\omega\right] \tag{189}$$

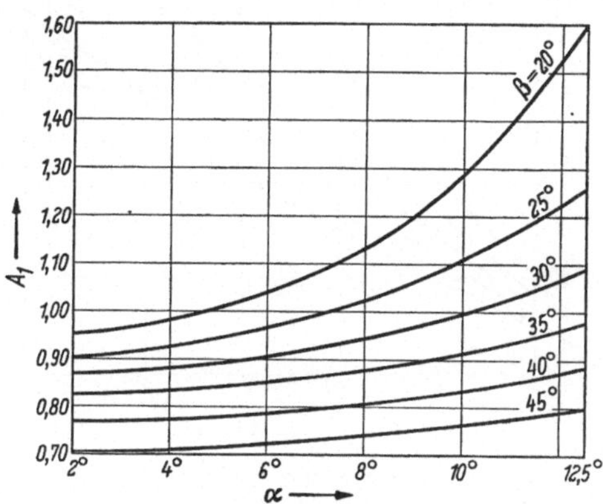

$$A_1 = \boxed{\frac{\cos\beta\sin^2\beta}{\cos\alpha(\sin^2\beta - \sin^2\alpha)}} \tag{165}$$

α \ β	20°	25°	30°	35°	40°	45°
2°	0,951	0,902	0,869	0,823	0,768	0,708
4°	0,984	0,934	0,885	0,834	0,776	0,716
6°	1,043	0,971	0,909	0,853	0,790	0,727
8°	1,138	1,027	0,948	0,880	0,811	0,743
10°	1,283	1,108	0,999	0,916	0,838	0,764
12,5°	1,605	1,258	1,092	0,978	0,884	0,799

Abb. 75

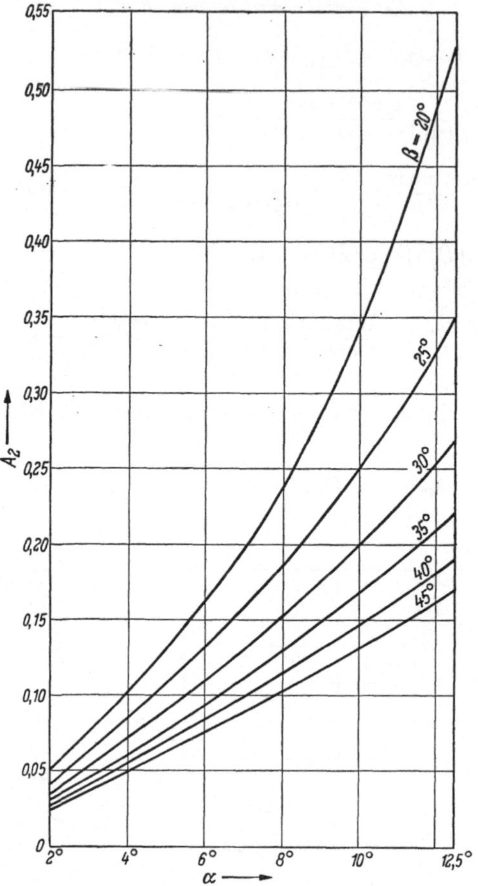

$$A_2 = \boxed{\frac{\sin\alpha \sin\beta}{2(\sin^2\beta - \sin^2\alpha)}} \tag{166}$$

α \ β	20°	25°	30°	35°	40°	45°
2°	0,0515	0,0416	0,0350	0,0305	0,0272	0,0247
4°	0,1065	0,0848	0,0711	0,0618	0,0556	0,0498
6°	0,1677	0,1316	0,1094	0,0942	0,0835	0,0755
8°	0,2347	0,1847	0,1508	0,1289	0,1136	0,1024
10°	0,3419	0,2470	0,1974	0,1666	0,1457	0,1306
12,5°	0,5277	0,3470	0,2662	0,2199	0,1898	0,1688

Abb. 76

2.26 *Momente am Ringträger*

$$\bar{M}_n = \iint V\,dx - \iint H\,dy$$

$$\bar{M}_n = p\,R_1 \Big[a_R^2 \iint [(B_1 + \cos\lambda)\,\omega - B_3]\,d\omega\,d\omega$$

$$- b_R^2 \iint \Big[\Big(\frac{1}{2} B_1 + \frac{1}{2}\cos\lambda\Big)\frac{1}{\sqrt{1-\eta^2}} - (B_1 + \cos\lambda)\sqrt{1-\eta^2} + B_2\Big]\,d\eta\,d\eta$$

$$\bar{M}_n = p\,R_1 \Big[\frac{1}{6}(B_1 + \cos\lambda)(a^2 - b^2)\,\omega^3 - \Big(\frac{1}{2} B_3\,a^2 - \frac{1}{2} B_2\,b^2\Big)\,\omega^2\Big]$$

$$\bar{M}_n = E_1\,\omega^3 - E_2\,\omega^2 \tag{192}$$

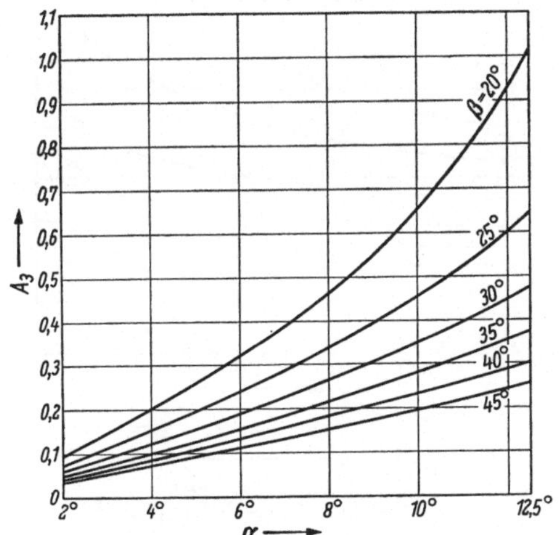

$$A_3 = \boxed{\frac{\sin\alpha\,\sin\beta}{\cos^2\alpha}\Big[0{,}5 + \frac{\cos^2\beta}{(\sin^2\beta - \sin^2\alpha)}\Big]} \tag{170}$$

α \ β	20°	25°	30°	35°	40°	45°
2°	0,0967	0,0759	0,0615	0,0431	0,0509	0,0371
4°	0,2010	0,1548	0,1250	0,0874	0,1033	0,0749
6°	0,3185	0,2413	0,1924	0,1330	0,1581	0,1137
8°	0,4630	0,3396	0,2664	0,1815	0,2171	0,1545
10°	0,6525	0,4566	0,3500	0,2338	0,2819	0,1980
12,5°	1,0148	0,6463	0,4757	0,3068	0,3747	0,2573

Abb. 77

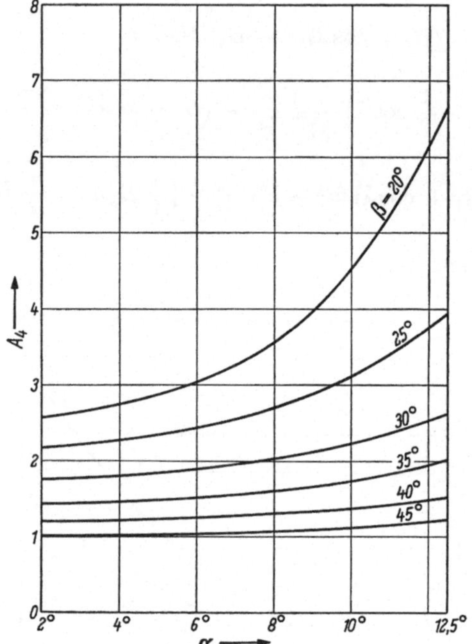

$$A_4 = A_1 \frac{\cos\alpha \sin\beta}{\sin^2\beta - \sin^2\alpha} \tag{173}$$

β \ α	20°	25°	30°	35°	40°	45°
2°	2,5840	2,1658	1,7470	1,4334	1,2004	1,0061
4°	2,7342	2,2580	1,8112	1,4658	1,2254	1,0253
6°	3,0472	2,4347	1,8919	1,5241	1,2553	1,0490
8°	3,5595	2,7079	2,0397	1,6139	1,3090	1,0811
10°	4,5188	3,1091	2,2380	1,7379	1,3868	1,1256
12,5°	6,6672	3,9451	2,6182	2,0159	1,5066	1,2184

Abb. 78

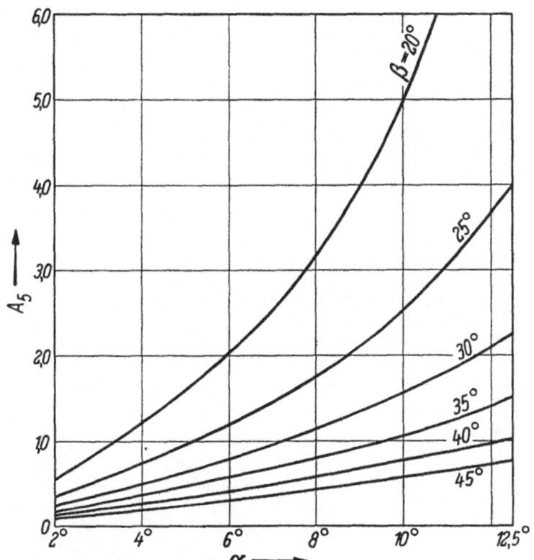

$$A_5 = \boxed{2 A_3 \frac{\cos\alpha \sin\beta}{\sin^2\beta - \sin^2\alpha}} \tag{174}$$

α	$\beta = 20°$	25°	30°	35°	40°	45°
2°	0,5711	0,3615	0,2471	0,1812	0,1345	0,1054
4°	1,2236	0,7513	0,5087	0,3713	0,2744	0,2142
6°	2,04315	1,2097	0,8003	0,5774	0,4203	0,3275
8°	3,1814	1,7854	1,1439	0,8116	0,5881	0,4481
10°	5,06249	2,5601	1,5677	1,08644	0,7715	0,5861
12,5°	9,6631	4,04756	2,2859	1,5181	1,04926	0,7822

Abb. 79

wobei

$$E_1 = p\,R_1 \frac{1}{6}\,(B_1 + \cos\lambda)\,(a^2 - b^2) \qquad (190)$$

$$E_2 = p\,R_1 \frac{1}{2}\,(B_3\,a^2 - B_2\,b^2) \qquad (191)$$

Für den in der Praxis üblichen Bereich von 2α und 2β sind die trigonometrisch umfangreichen Hilfswerte von $A_1 - A_6$ und $B_1 - B_3$ in Abb. 75 bis 83 abgreif- bzw. ablesbar angegeben.

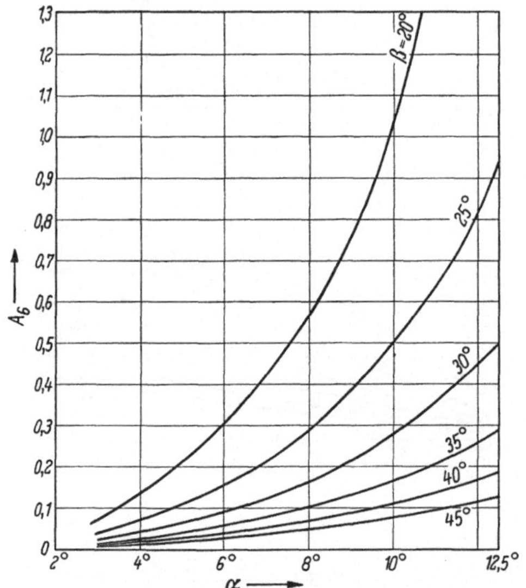

$$A_6 = \boxed{\frac{\cos\alpha\,\sin\beta\,\sin^2\alpha}{(\sin^2\beta - \sin^2\alpha}\left(1 + \frac{\cos^2\beta}{\cos^2\alpha} - \frac{\cos\beta}{\cos\alpha}\right)} \qquad (175)$$

α \ β	20°	25°	30°	35°	40°	45°
2°	0,0292	0,0147	0,0087	0,0059	0,0039	0,0025
4°	0,1272	0,0638	0,0358	0,0243	0,0153	0,0114
6°	0,3121	0,1510	0,0843	0,0524	0,0351	0,0256
8°	0,5588	0,2896	0,1617	0,1030	0,0635	0,0469
10°	1,0280	0,4906	0,2733	0,1625	0,1065	0,0751
12,5°	3,0571	1,0460	0,4967	0,2846	0,1820	0,1259

Abb. 80

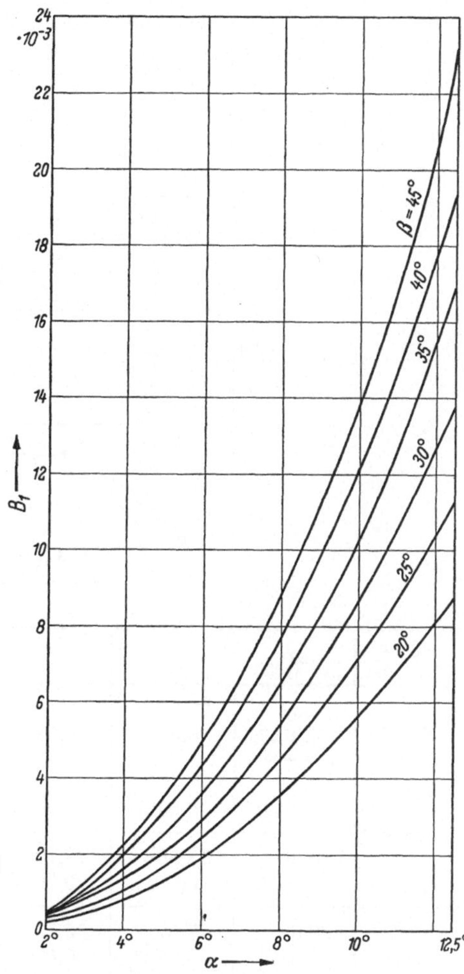

$$B_1 = \boxed{\frac{\cos\gamma \sin^2\alpha}{\cos\alpha\,(\sin^2\gamma - \sin^2\alpha)}} \qquad (185)$$

β \ α	20°	25°	30°	35°	40°	45°
2°	80,02 0,0002	77,52 0,0003	75,05 0,0004	72,50 0,0004	70,03 0,0003	67,54 0,0004
4°	80,03 0,0008	77,56 0,0016	75,07 0,0019	72,54 0,0016	70,08 0,0014	67,64 0,0022
6°	80,06 0,0019	77,56 0,0024	75,10 0,0043	72,60 0,0043	70,09 0,0027	67,64 0,0049
8°	80,09 0,0035	77,57 0,0045	75,15 0,0077	72,61 0,0065	70,17 0,0055	67,65 0,0089
10°	80,09 0,0056	77,57 0,0071	75,15 0,0121	72,61 0,0102	70,21 0,0086	67,71 0,0139
12,5°	80,16 0,0088	77,67 0,0113	75,19 0,0194	72,74 0,0170	70,29 0,0138	67,79 0,0232

Abb. 81

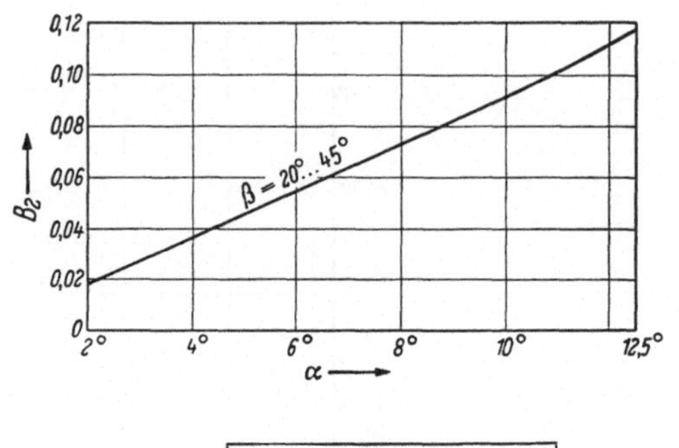

$$B_2 = \boxed{\frac{\sin\alpha\cos\gamma}{2(\sin^2\gamma - \sin^2\alpha)}} \tag{186}$$

α \ β	20°	25°	30°	35°	40°	45°
2° $B_2 =$	80,02 0,0177	77,52 0,0178	75,05 0,0180	72,50 0,0183	70,03 0,0185	67,54 0,0189
4° $B_2 =$	80,03 0,0356	77,54 0,0359	75,07 0,0363	72,54 0,0367	70,06 0,0373	67,60 0,0379
6° $B_2 =$	80,06 0,0536	77,56 0,0541	75,10 0,0547	72,60 0,0555	70,09 0,0563	67,64 0,0571
8° $B_2 =$	80,08 0,0720	77,57 0,0727	75,15 0,0735	72,64 0,0745	70,17 0,0756	67,65 0,0768
10° $B_2 =$	80,12 0,0909	77,59 0,0917	75,17 0,0927	72,69 0,0939	70,21 0,0954	67,71 0,0971
12,5° $B_2 =$	80,16 0,1166	77,67 0,1171	75,19 0,1178	72,74 0,1192	70,29 0,1212	67,79 0,1235

Abb. 82

$$= \boxed{\frac{\cos\gamma \sin^2\alpha}{\cos\alpha(\sin^2\gamma - \sin^2\alpha)}} \quad (185)$$

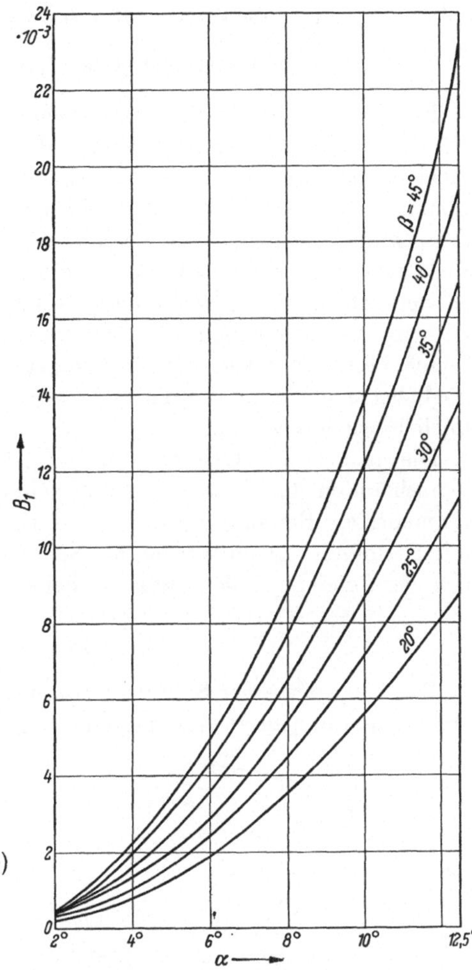

β \ α	20°	25°	30°	35°	40°	45°
2°	80,02 0,0002	77,52 0,0003	75,05 0,0004	72,50 0,0004	70,03 0,0003	67,54 0,0004
4°	80,03 0,0008	77,56 0,0016	75,07 0,0019	72,54 0,0016	70,08 0,0014	67,64 0,0022
6°	80,06 0,0019	77,56 0,0024	75,10 0,0043	72,60 0,0043	70,09 0,0027	67,64 0,0049
8°	80,09 0,0035	77,57 0,0045	75,15 0,0077	72,61 0,0065	70,17 0,0055	67,65 0,0089
10°	80,09 0,0056	77,57 0,0071	75,15 0,0121	72,61 0,0102	70,21 0,0086	67,71 0,0139
12,5°	80,16 0,0088	77,67 0,0113	75,19 0,0194	72,74 0,0170	70,29 0,0138	67,79 0,0232

Abb. 81

2.3 Festlegung der Trägerquerschnitte

Für die Wahl der Versteifungsträger gilt zunächst das über den Einfluß der Querschnittsform sowie das über ausgeführte Versteifungsträgerquerschnitte Gesagte. Darüber hinaus wird man entweder die Querschnitte längs der Nahtverschneidungslinie so wählen, daß in jedem Querschnitt möglichst die gleichen Spannungen herrschen, oder man sucht zu erreichen, daß die Formänderungen der Versteifungen denjenigen der unbehindert verformbaren Rohrschale entsprechen, oder schließlich wird man versuchen, die Biegeträgernullinien möglichst nahe an die Verschneidungsellipsen heranzubringen, d. h. die Maximalspannungen möglichst niedrig zu halten. Die Wege hierzu sind auf S. 30ff. ausführlich wiedergegeben.

Die bisher am Grundsystem ermittelten Schnittkräfte erlauben, überschläglich die Trägerhöhe und seine Steifigkeit festzulegen. — Zur nunmehrigen Berechnung der endgültigen Schnittgrößen, Spannungen und Formänderungen werden die Schnittellipsen der Versteifungsträger in n etwa gleiche Teile geteilt, wobei n meist 10 oder 12 gewählt wird.

2.31 Hufeisenträger

Die Teilpunkte der Schnittellipse werden festgelegt, die zugehörigen Abszissen x_n bestimmt und die geometrischen Größen y_n und φ_n errechnet:

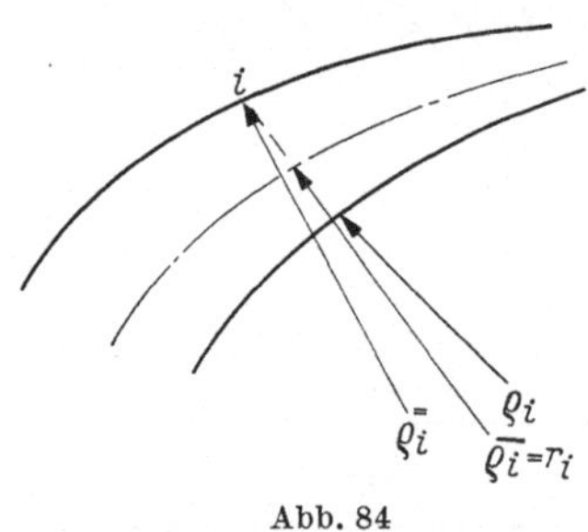

Abb. 84

$$y_n = b_H \sqrt{1 - \frac{x_n^2}{a_H^2}} \tag{193}$$

$$\cot \varphi_n = \frac{dy}{dx} = \frac{b_H}{a_H} \frac{x_x}{\sqrt{a_H^2 - x_n^2}} \tag{194}$$

Der Berechnung der Lage der Nullinie und der Trägheitsmomente J_i^* der Querschnitte i wird der Krümmungsradius ϱ_i der Schnittellipse zugrunde gelegt. $(0 \ldots i \ldots n)$

$r_i = \bar{\varrho}_i =$ Nullinienradius; $\bar{\bar{\varrho}}_i =$ Außenradius des Außengurtes.

Mit $x_H/a_H = \omega_H$ und $y_H/b_H = \eta_H$ wird

$$\varrho_i = a_H^2 b_H^2 \left(\frac{\omega_H^2}{a_H^2} + \frac{\eta_H^2}{b_H^2}\right)^{3/2} \tag{195}$$

2.32 Ringträger

Bei symmetrischer Verzweigung hat der Träger nahezu Kreisform. Teilt man die Viertelellipse ($\approx$ Viertelkreis) in n gleiche Teile, so ist

$$\varphi_n = \varphi_{n-i} + \frac{90^\circ}{n}$$

und

$$x_n = \frac{\cot\varphi_n\, a_R^2}{\sqrt{b_R^2 + \cot\varphi_n^2\, a_R^2}} \quad (196) \qquad y_n = b_R \sqrt{1 - \frac{x_n^2}{a_R^2}} \quad (197)$$

Analog ergibt sich der Krümmungsradius im beliebigen Punkt der Nahtellipse zu

$$\varrho_\mathrm{i} = a_R^2\, b_R^2 \left(\frac{\omega_R^2}{a_R^2} + \frac{\eta_R^2}{b_R^2}\right)^{3/2} \quad (198)$$

Die weitere Berechnung der Querschnittsgrößen erfolgt nach Abschnitt III 2, S. 22.

2.4 Berechnung der zusätzlichen Momente Ne

Die Kenntnis der Trägernullinie erlaubt die Ermittlung der Exzentrizität e gegenüber der Schnittellipse.

Es ist $\mathrm{e_i} = r_\mathrm{i} - \varrho_\mathrm{i}$ und das Moment, auf die Nullinie bezogen:

$$M_\mathrm{i} = M_\mathrm{i} + N_\mathrm{i}\, \mathrm{e_i} \quad (199)$$

Die Normalkraft ist mit ihrem Vorzeichen einzusetzen.

2.5 Quer- und Normalkräfte am Grundsystem

Für Hufeisen- und Ringträger gilt

$$N = Q_H \sin\varphi + Q_V \cos\varphi \quad (200)$$

$$Q = -Q_H \cos\varphi + Q_V \sin\varphi \quad (201)$$

3. Die endgültigen Schnittgrößen und ihre Aufnahme

Während bisher der Berechnung das statisch bestimmte System zugrunde lag, wird im folgenden die unbekannte Zwischenreaktion von Hufeisen- und Ringträger berechnet. Die zur Berechnung erforderlichen Strecken ds_n werden auf der Nullinie gemessen und aus einer Zeichnung entnommen, weil im allgemeinen die Nullinie keiner Funktion gehorcht. Aus den beiden angrenzenden Querschnitten wird für sämtliche Kräfte und Querschnittswerte das Mittel $n - n$ gebildet. Diese Zwischenwerte werden für die Berechnung der Spannungen und Formänderungen benutzt.

3.1 Verbindungskraft X

Die Unbekannte X errechnet sich aus der Bedingung, daß die Aufweitungen beider Träger an der Anschlußstelle gleich sein müssen (Abb. 85):

$$\begin{aligned}\delta_{10} &= \int \frac{M\, M_H\, ds_H}{E\, J_H^*} + \int \frac{N\, N_H\, ds_H}{E\, F_H} + \varkappa \int \frac{Q\, Q_H\, ds_H}{G\, F_H} \\ &= \int \frac{M\, M_R\, ds_R}{E\, J_R^*} + \int \frac{N\, N_R\, ds_R}{E\, F_R} + \varkappa \int \frac{Q\, Q_R\, ds_R}{G\, F_R} \quad (202)\end{aligned}$$

oder δ_{10} Hufeisen $= \delta_{10}$ Ring

$$\alpha = \frac{\varkappa E}{G}$$

Der Träger sei in zehn gleiche Teile geteilt:

$$\delta_{10} = \int_0^{10} \frac{M\,M\,ds}{E^* J} + \int^{10} \frac{N\,N\,ds}{E\,F} + \alpha \int_0^{10} \frac{Q\,Q\,ds}{E\,F}$$

$$E\,\delta_{10} = \int_0^{10} M\,M \frac{ds}{J^*} + \int_0^{10} N\,N \frac{ds}{F} + \alpha \int_0^{10} Q\,Q \frac{ds}{F}$$

a) Hufeisenträger

$$E\,\delta_{10}^M = \sum_0^{10} (x - x_{10})\,\overline{M}'_{n-n} \frac{ds}{J^*_{n-n}} + X \sum_0^{10} (x - x_{10})^2 \frac{ds}{J^*_{n-n}}$$

$$E\,\delta_{10}^N = \sum_0^{10} \cos\varphi\, N_{n-n} \frac{ds}{F_{n=n}} + X \sum_0^{10} \cos^2\varphi \frac{ds}{F_{n-n}} \tag{203}$$

$$E\,\delta_{10}^Q = \alpha \sum_0^{10} \sin\varphi\, Q_{n-n} \frac{ds}{F_{n=n}} + X\,\alpha \sum_0^{10} \sin^2\varphi \frac{ds}{F_{n-n}}$$

$$E_{10}\,\delta = E\,\delta_{10}^M + E\,\delta_{10}^N + E\,\delta_{10}^Q \tag{204}$$

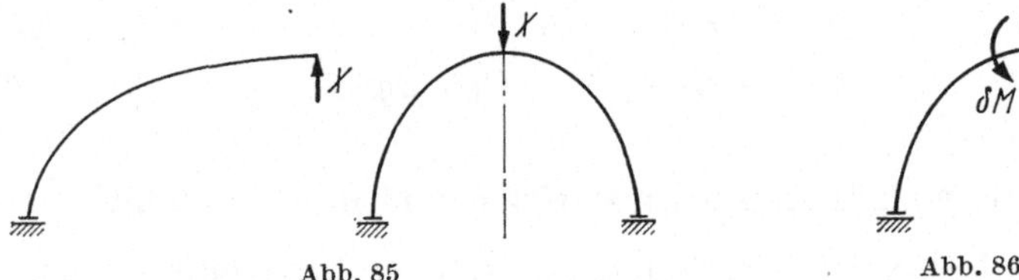

Abb. 85 Abb. 86

b) Ringträger

Der Ringträger ist in sich bereits ein statisch unbestimmtes System. Es muß deshalb zunächst das Moment errechnet werden, welches die Verdrehung der beiden Querschnitte zu Null werden läßt (Abb. 86).

Die Unbekannte X wird gleich mit berücksichtigt.

$$\varphi_{10} = \sum_0^{10} \frac{\overline{M}'_{n-n}\,ds}{E\,J^*_{n-n}} + \frac{1}{2} X \sum_0^{10} x \frac{ds}{E\,J^*_{n-n}} - \delta M \sum_0^{10} \frac{ds}{E\,J_{n-n}}$$

$$E\,\delta_{10}^M = \sum_0^{10} \frac{\overline{M}'_{n-n}\,x\,ds}{J^*_{n-n}} - \frac{1}{2} X \sum_0^{10} \frac{x^2\,ds}{J^*_{n-n}} + \sum_0^{10} \frac{\delta M\,x\,ds}{J_{n-n}}$$

$$E\,\delta_{10}^N = \sum_0^{10} \cos\varphi\, N_{n-n} \frac{ds}{F_{n=n}} - \frac{1}{2} X \sum_0^{10} \cos^2\varphi \frac{ds}{F_{n-n}} \tag{205}$$

$$E\,\delta_{10}^Q = \alpha \sum_0^{10} \sin\varphi\, Q_{n-n} \frac{ds}{F_{n-n}} - \frac{1}{2} X\,\alpha \sum_0^{10} \sin^2\varphi \frac{ds}{F_{n-n}}$$

$$E\,\delta_{10} = E\,\delta_{10}^M + E\,\delta_{10}^N + E\,\delta_{10}^Q$$

Aus der Bedingung

$$E\,\delta_{10}\,(\text{Hufeisenträger}) = E\,\delta_{10}\,(\text{Ringträger}) \tag{206}$$

ergibt sich die Verbindungskraft X.

3.2 Endgültige Schnittgrößen Q, M, N

Hufeisenträger:

$$M_i = \overline{M}_i' - X\,x_i \tag{207}$$

$$N_i = \overline{N}_i - X\cos\varphi_i \tag{208}$$

$$Q_i = \overline{Q}_i - X\sin\varphi_i \tag{209}$$

3.3 Einfluß eines Zugankers (Bolzen)

Die Schnittgrößen am Grundsystem bestimmt man in gleicher Weise wie vorher.

Als Beispiel wird ein Hosenrohr gewählt, bei dem die Hauptrohr- und eine Verteilrohrachse zusammenfallen. Der Zuganker liegt nicht im Schnittpunkt von Hufeisen- und Ringträger, sondern um den Betrag e außerhalb in Verlängerung des Hufeisenträgers.

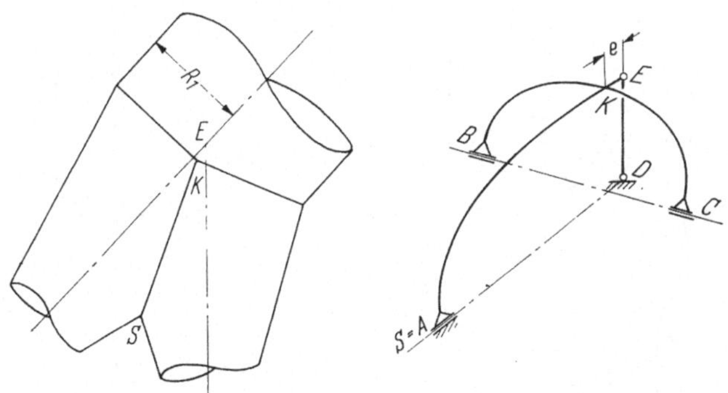

Abb. 87

Wegen der vorhandenen Symmetrie kann man das statische System in einer waagerechten Ebene $ABCD$ „horizontalschubfrei" (schwebend) eingespannt annehmen. Zur Vereinfachung wird der Zuganker ED in den Trägerkreuzungspunkt K unter Bildung eines zusätzlichen Exzentrizitätsmomentes $P\,e$ verschoben gedacht.

Wählt man die Anteile X und Y von Ring- und Hufeisenträger als statisch Unbestimmte, so erhält man einmal den statisch bestimmten

Kragträger und zum anderen den 2fach statisch unbestimmten schubfreien Bogenträger als statische Grundsysteme. Dabei besteht der Ringträger aus einer kreisförmigen und einer elliptischen Hälfte, die die Naht-

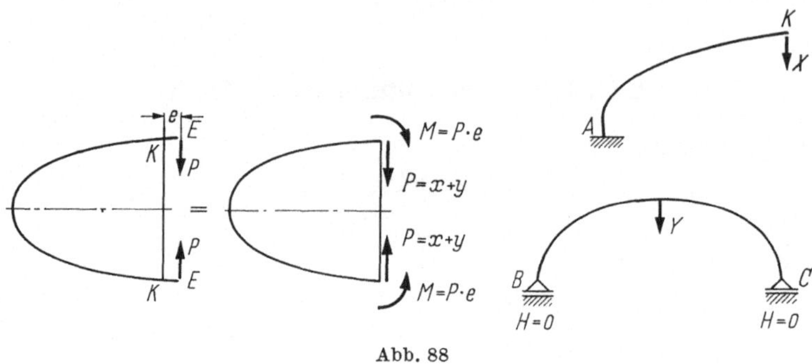

Abb. 88

linien zwischen dem Hauptrohr und den Verteilrohrkegeln sichern. Die Belastung des Kreisbogens erfolgt durch die radial gerichtete Komponente der Axialkraft im Konus, diejenige des elliptischen Teiles durch die Membranspannungen in den anstoßenden Schalen.

Am durch den Horizontalschnitt entstandenen offenen Bogen werden die statisch Unbestimmten M_x und H_x im elastischen Schwerpunkt O_e angesetzt.

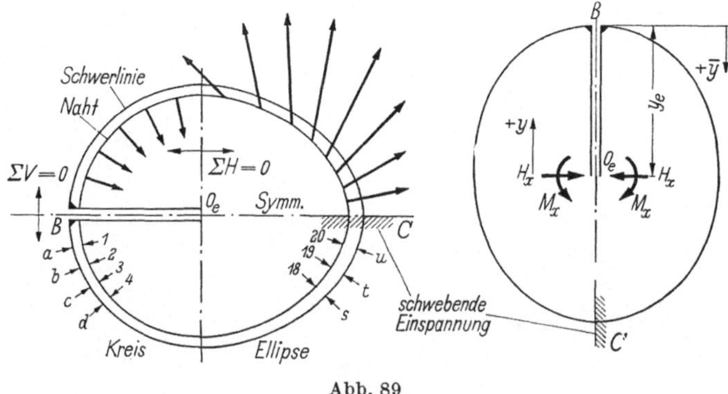

Abb. 89

Der Abstand des elastischen Schwerpunktes an der Schnittstelle ergibt sich aus

$$y_e = \frac{\int \bar{y} \frac{ds}{J}}{\int \frac{ds}{J}} = \frac{\Sigma \, \bar{y} \, \Delta w}{\Sigma \, \Delta w} \tag{210}$$

während sich die Koordinaten der Punkte der Nullinie auf O_e bezogen ergeben zu

$$y = y_e - \overline{y} \tag{211}$$

Aus der Forderung nach Kontinuität der elastischen Linie im Schnittpunkt folgen die statisch unbestimmten Größen im elastischen Schwerpunkt aus

$$H_x = -\frac{\int M_w\, y \frac{ds}{J}}{\int y^2 \frac{ds}{J}} = -\frac{\Sigma\, M_w\, y\, \Delta w}{\Sigma\, y^2\, \Delta w} \tag{212}$$

Darin bedeutet M_w das Moment aus Wasserdruck p am statisch bestimmten Ring-Kragträger

$$M_x = -\frac{\int M_w \frac{ds}{J}}{\int \frac{ds}{J}} = -\frac{\Sigma\, M_w\, \Delta w}{\Sigma\, \Delta w} \tag{213}$$

Dann werden die Momente M_{0w} infolge Wasserdruck p am 2fach statisch unbestimmten Ringträger-Grundsystem:

$$M_{0w} = M_w + M_x + H_x\, y \tag{214}$$

Außerdem erfährt der Ringträger noch eine Beanspruchung aus der Zugstangenkraft P. Es werden die Momente M_p infolge $P = 1$ am statisch bestimmten System errechnet. Die statisch Unbestimmten ergeben sich dann aus

$$M_x = -\frac{\int M_p \frac{ds}{J}}{\int \frac{ds}{J}} = -\frac{\Sigma\, M_p\, \Delta w}{\Sigma\, \Delta w} \tag{215}$$

$$H_x = -\frac{\int M_p\, y \frac{ds}{J}}{\int y^2 \frac{ds}{J}} = -\frac{\Sigma\, M_p\, y\, \Delta w}{\Sigma\, y^2\, \Delta w} \tag{216}$$

Die tabellarische Behandlung führt zu den endgültigen Momenten M_{0p} infolge $P = 1\,t$ am 2fach statisch unbestimmten Ringträger-Grundsystem:

$$M_{0p} = M_p + M_x + H_x\, y \tag{217}$$

Nunmehr kann die Zugstangenkraft P ermittelt werden, die teils vom Hufeisenträger (X), teils vom Ringträger (Y) aufgenommen werden muß, während $M = P\,e = (X + Y)\,e$ beträgt.

Für den Hufeisenträger sind im Kreuzungspunkt mit dem Ringträger die lotrechten Verschiebungen „d" und Verdrehungen „r" infolge Wasserlast w, Einheit der Zugankerkraft P und Einheit des Momentes M zu ermitteln.

Es wird im folgenden mit den E-fachen Formänderungswerten gerechnet:

$$E\,d_w^H = \int M_{0w} M_{0p} \frac{ds}{J} = \sum M_0\, x\, \Delta w \tag{218}$$

$$E\,r_w^H = \int M_{0w} \frac{ds}{J} = \sum M_0 \Delta w \tag{219}$$

$$E\,d_p^H = \int M_{0p}^2 \frac{ds}{J} = \sum x^2 \Delta w \tag{220}$$

$$E\,r_p^H = E\,d_H^M = \int M_{0p} \frac{ds}{J} = \sum x\, \Delta w \tag{221}$$

$$E\,r_M^H = 1 \frac{ds}{J} = \sum \Delta w \tag{222}$$

Für den Ringträger sind im Trägerkreuzungspunkt die Verschiebungen „d^R" infolge Wasserlast w und Zugstangenkrafteinheit P zu ermitteln:

$$E\,d_w^R = \int M_{0w} M_p \frac{ds}{J} = \sum M_{0w} M_p \Delta w \tag{223}$$

$$E\,d_p^R = \int M_{0p} M_p \frac{ds}{J} = \sum M_{0p} M_p \Delta w \tag{224}$$

Für den Zuganker mit dem Querschnitt F und der halben Länge $0{,}5\,l$ beträgt die E-fache Längenänderung = Verschiebung infolge $P = 1\,t$

$$E\,d^z = \frac{1 \cdot 0{,}5 \cdot l}{F} = \frac{l}{2F} \tag{225}$$

Mit diesen Teilwerten lassen sich die folgenden Gleichungen zwecks Bestimmung der Kraftanteile X und Y aufstellen:

1. $d_w^H - d_P^H X - d_M^H (X + Y)\,\mathrm{e} = d_W^R - d_P^R\, Y$ (226)
2. $[r_w^H - r_p^H X - r_M^H (X + Y)\,\mathrm{e}]\,\mathrm{e} + d_W^R - Y\,d_P^R = (X + Y)\,d^z$ (227)

Hierin sind die Einflußgrößen positiv einzusetzen, wobei für die Kräfte X und Y die dargestellten Wirkungsrichtungen gelten:

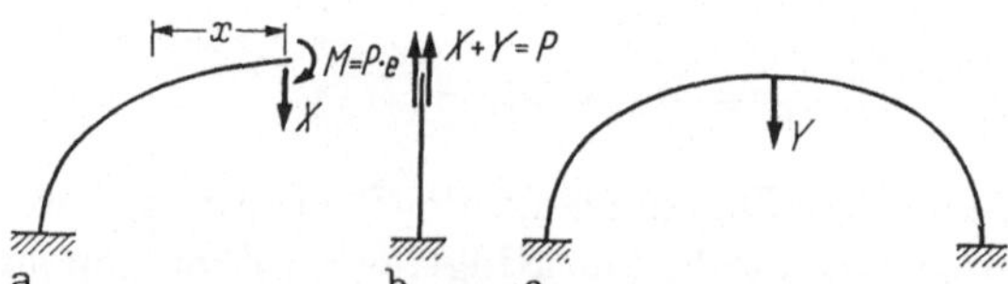

Abb. 90. a) Hufeisenträger; b) Anker; c) Ringträger

Nach dem Einsetzen der Zahlenwerte für die Summanden ergeben sich X und Y und damit die Ankerkraft P in einfacher Weise.

Es wird deutlich, daß die Ankerkraft sowie ihre Kraftanteile durch das Verhältnis des Ankerquerschnittes zu den Steifigkeiten von Ring- und Hufeisenträger bestimmt wird. Je größer die Ringsteifigkeit, desto kleiner wird die Zugankerkraft.

Bei einem Hosenrohr vorgenannter Bauart lagen folgende Verhältnisse vor: Hufeisenträger von $0{,}16\,J_H$ auf J_H und Querschnitte von $0{,}3\,F_H$ auf F_H zunehmend, mittleres Trägheitsmoment des Ringträgers $J_R = 0{,}3\,J_H$ und Zugankerquerschnitt $F_Z = 0{,}1\,F_H$. Die Auflösung der beiden Gleichungen führte etwa zu nachstehenden Werten: $X = 275\,t$, $Y = -155\,t$, $P = 120\,t$.

Die endgültigen Momente berechnen sich am Hufeisenträger zu

$$M = M_{0w}^H - X\,x - (X + Y)\,e \tag{228}$$

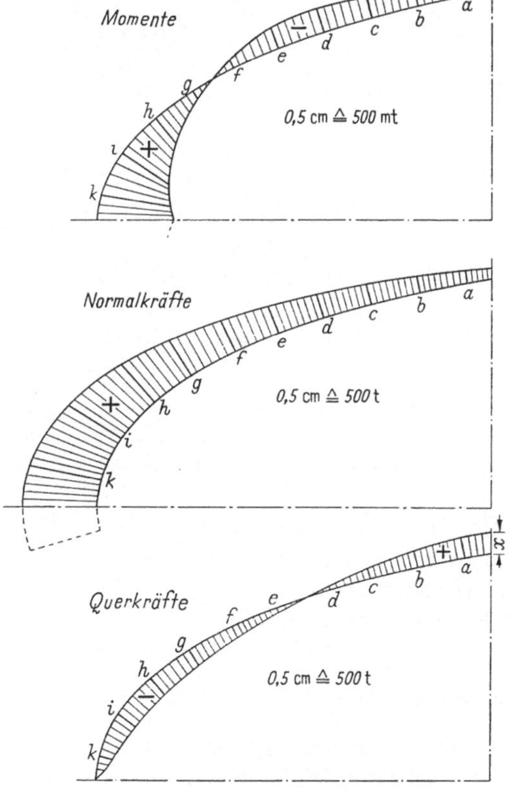

Abb. 91. Hufeisenträger-Schnittgrößen

und am Ringträger zu

$$M = M_{0w}^{R} + Y\, M_p \tag{229}$$

Die Normal- und Querkräfte folgern sinngemäß aus Abschn. 3.2 (S. 113). Um einen Überblick über den Verlauf der Zustandslinien längs der Versteifungsträger zu bekommen, wurden sie graphisch dargestellt

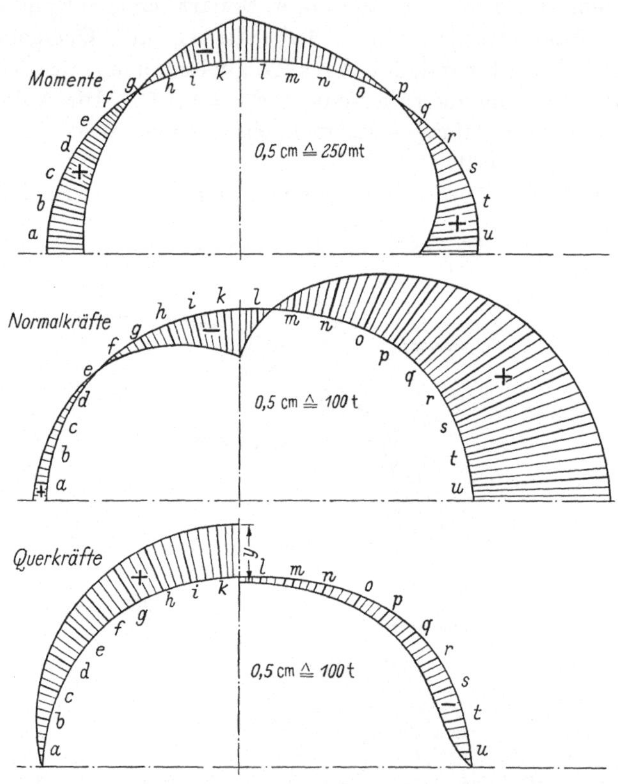

Abb. 92. Ringträger-Schnittgrößen

(Abb. 91, 92). Ob die Verbindungskraft aus dem Hufeisenbügel nur zwischen diesem und dem Ringträger oder zwischen Bügel, Ring und Zuganker wirkt, ist dabei nur für die Größe, nicht aber für die Form der Q-, M- und N-Flächen von Bedeutung.

3.4 Spannungen in und neben den Versteifungsträgern

Nachdem die Membranspannungen und die endgültigen Versteifungsträger-Schnittkräfte bekannt sind, lassen sich die Spannungen in den gekrümmten Konstruktionselementen der Rohrverzweigung ermitteln.

Die festigkeitstheoretischen Zusammenhänge sind im Abschn. III ausführlich untersucht worden.

Nur um die Vielzahl der Spannungsarten demonstrieren zu können, wird nebenstehender Hufeisenquerschnitt besprochen, was schon auf seine ungünstige Ausbildung hinweist. Man kann sagen, daß ein Querschnitt um so schlechter ist, je mehr er Anlaß zu zusätzlichen Beanspruchungen gibt.

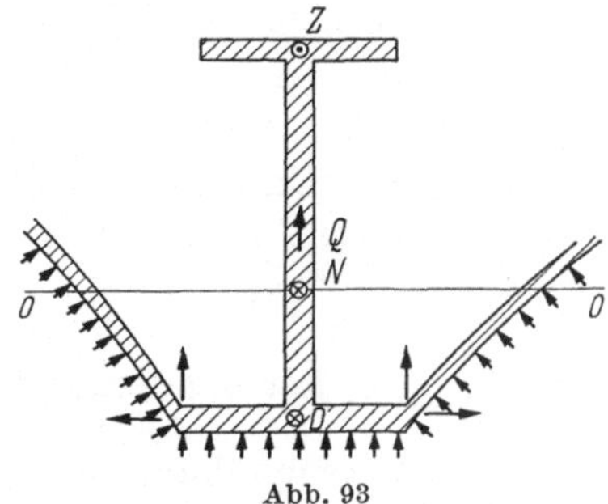

Abb. 93

Wenn man die Scheibenwirkung des Steges vernachlässigt, die bei hohen, wandartigen Trägern beachtlich ist, dann bleiben beim vorliegenden Profil im Querschnitt $n - n$ noch folgende Beanspruchungen übrig:

1. Länge-Biegespannungen

$$\sigma_{i,a} = \pm \frac{M_{n-n} z}{F u (r \pm z)} \tag{230}$$

2. Längsspannungen infolge N_{n-n}:

$$\sigma = \pm \frac{N_{n-n} z}{F (r \pm z)} \tag{231}$$

3. Längs- und Querschubspannungen infolge Q_{n-n}.

4. Innengurt-Querzugspannungen aus den Membranspannungskomponenten von σ_A und σ_T:

$$\sigma_{qz} = \frac{N_{H\,\text{quer}}}{t} \tag{232}$$

5. Infolge der Querkontraktion erzeugt σ_{qz} wiederum eine Längszugspannung

$$\Delta \sigma_{LZ} = \frac{\sigma_{qz}}{m} \tag{233}$$

6. Querbiegespannungen im Untergurt infolge der vertikalen Membranspannungskomponenten.

7. Querbiegespannungen infolge des lokalen Wasserdruckes p auf den Innengurt.

8. Querbiegespannungen in den Innen- und Außengurt sowie in den mitwirkenden Rohrschalen als Folge der Flanschverformungen.

9. Zusätzliche Längsbiegespannungen infolge der Querbiegespannungen 6., 7 und 8.

10. Vergleichsspannungen σ_v für die Beanspruchungen 1. bis 9.

Bezeichnet man die Spannungssumme aus 1., 2. + 5. + 9. mit σ_x, die Spannungssumme aus 4. + 6. + 7. + 8. mit σ_y, dann wird als Maß für die Sicherheit

$$\sigma_v = \sqrt{\sigma_x^2 + \sigma_x^2 - \sigma_x \sigma_y + 3\tau^2} \tag{234}$$

Im vorliegenden Fall wird der Innengurt des Hufeisenträgers überaus vielseitig beansprucht, so daß der Bestimmung der Teilspannungen besondere Sorgfalt zu widmen ist.

Analog zum Querschnitt sind auch die Schweißnähte für die angegebenen Spannungen nachzuweisen.

4. Formänderungen in der Rohrverzweigung

Es wurde schon darauf hingewiesen, daß das Verformungsverhältnis von Nahtversteifung und Rohrschale für die Zusatz-Biegespannungen von erheblichem Einfluß ist. Versteifungsträger und Rohrschalen erleiden unter Innendruck nach Richtung und Größe ungleichartige Verformungen. Die infolge des Zusammenhanges von Rohr und Versteifung auftretenden Zusatzspannungen, die vornehmlich von der Membran aufgenommen werden müssen, wachsen mit der Relativverformung von Schale und Versteifungsbügel. Während die Aufweitung der Rohrmembran unter Innendruck praktisch durch die Wahl von σ_{zul} bzw. Blechdicke t festliegt, kann die Verformungslinie der Versteifungsträger durch ihre Querschnitts- und damit Steifigkeitswahl weitgehend variiert werden. Erst wenn das Verformungsbild ersichtlich ist, kann der Biegeeinfluß auf die Membranränder bestimmt und seine Auswirkung auf die Sicherheit der Konstruktion abgeschätzt werden.

Es ist daher notwendig, einerseits die unbehinderte Rohrschalenaufweitung, andererseits die Größe der lotrechten und waagerechten Verschiebungen der Versteifungsträger zu bestimmen, wobei der Grad der Genauigkeit durch die Berücksichtigung des mitwirkenden Rohrschalenquerschnitts vergrößert wird.

4.1 Rohrverformungen

Die an die Versteifungsträger grenzenden Rohrschalen können Zylinder (Z) oder Kegel (K) sein. Unter Berücksichtigung der Querkontraktion wird nach

$$\Delta R_Z = \frac{5 p R_Z^2}{6 E t} \tag{11}$$

bzw.

$$\Delta R_K = \frac{5 p R_K^2}{6 E t \cos\alpha}$$

senkrecht zum Rohrmantel gemessen. Die zu ΔR_K gehörige Aufweitung senkrecht zur Kegelachse $\Delta R_K'$ ist dann gleich der des Zylinders, wobei jedoch R_K längs der Konusachse quadratisch veränderlich ist. Bei einem in der Naht-Gehrungslinie verlaufenden Ringträger ist es einfacher, die

Ringverformung auf den Mittelwert $\frac{\Delta R_Z + \Delta R'_K}{2}$ der unbehinderten Rohrschale abzustimmen. Beim Hufeisenträger wird die Vertikalverformung

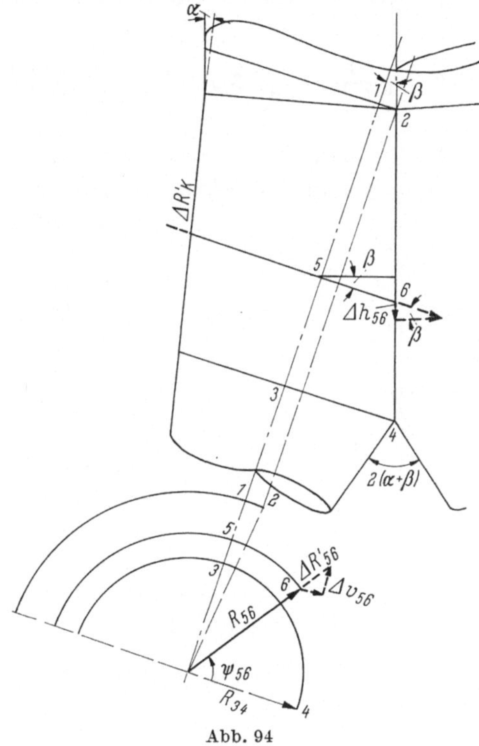

Abb. 94

der Rohrschale in der Bügelebene

$$\Delta v_\psi = \Delta R'_\psi \sin\psi \cos\beta \tag{235}$$

während die Horizontalverformung

$$\Delta h_\psi = \Delta R'_r \cos\psi \sin\beta \tag{236}$$

beträgt. Zweckmäßig ermittelt man die Verschiebungen in den Teilpunkten der Nahtellipsen, in denen man schon die Schnittgrößen Q, M, N berechnet hat.

4.2 Vertikal- und Horizontalverschiebungen der Träger

Die Verformung der Versteifungsträger rührt her von der Verbiegung durch das Biegemoment M, von der Längenänderung der Stabelemente durch die Längskraft N und von der Verschiebung als Folge der Querkraft Q. Die Ergebnisse fußen auf der Lösung durch Integration der im

Abschn. III 2 (S. 22) angegebenen Gleichungen für die Formänderungsarbeit. Wegen des veränderlichen Trägheitsmomentes ersetzt man die Integration durch algebraische Summierung der in eine endliche Anzahl geteilten gekrümmten Balken. Mit der Nullinie als Bezugslinie wird die Verschiebung

$$\delta = \sum_0^n M M_1 \frac{\Delta s}{E J^*} + \sum_0^n N N_1 \frac{\Delta s}{E F} + \varkappa \sum_0^n Q Q_1 \frac{\Delta s}{G F} \qquad (237)$$

Während Q, M, N die endgültigen Schnittgrößen am tatsächlichen, statisch unbestimmten System sind, stellen Q_1, M_1 und N_1 die Verschiebung durch die virtuelle Last „1" dar. Dabei darf nach dem Reduktionssatz die virtuelle Belastung am statisch bestimmten System angesetzt werden. Setzt man die gedachte Last „1" nach außen an, dann ergeben positive Zahlenwerte der Schnittgrößen nach außen gerichtete Verschiebungen für δ.

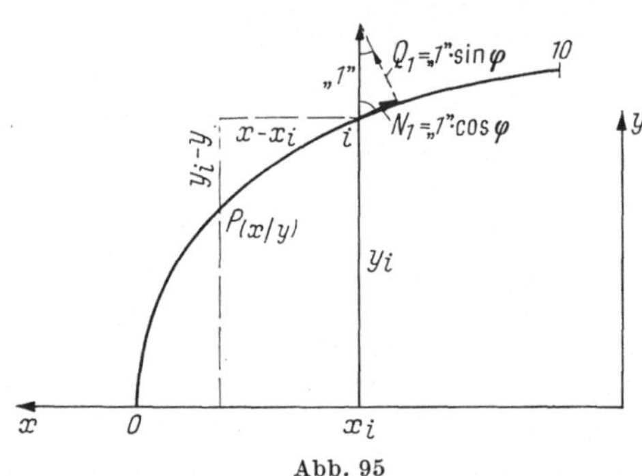

Abb. 95

Je nachdem, ob man die lotrechte oder die waagerechte Verschiebung ermitteln will, läßt man „1" lotrecht oder waagerecht angreifen.

Dann nehmen die Größen M_1, N_1, Q_1 folgende Form an:

für δ_{lotrecht}	für $\delta_{\text{waagerecht}}$
$M_1 = +1\,(x - x_i)$	$M_1 = +1\,(y_i - y)$
$Q_1 = +1 \sin\varphi$	$Q_1 = +1 \cos\varphi$
$N_1 = +1 \cos\varphi$	$N_1 = +1 \sin\varphi$

Für den Hufeisen- und den Ringträger der Rohrverzweigung errechnen sich demnach die Formänderungen:

Vertikalverschiebung:

$$\delta^V = \sum_0^n (x - x_i)\, M_i \frac{\Delta s}{E J_i} + \sum_0^n \sin\varphi_i\, N_i \frac{\Delta s}{E F_i} + \sum_0^n \cos\varphi_i\, \varkappa \frac{Q_i \Delta s}{G F_i} \qquad (237\,\text{a})$$

Horizontalverschiebung:

$$\delta^H = \sum_0^n (y_i - y)\, M_i \frac{\Delta s}{E J_i} + \sum_0^n \cos\varphi_i\, N_i \frac{\Delta s}{E F_i} + \sum_0^n \sin\varphi_i\, \varkappa \frac{Q_i \Delta s}{G F_i} \qquad (237\,\text{b})$$

Die zahlenmäßige Durchführung und die Gegenüberstellung mit der unbehinderten Rohraufweitung ergab z. B. für den Bügel einer ausgeführten Rohrverzweigung die Relativverformung lt. Abb. 96.

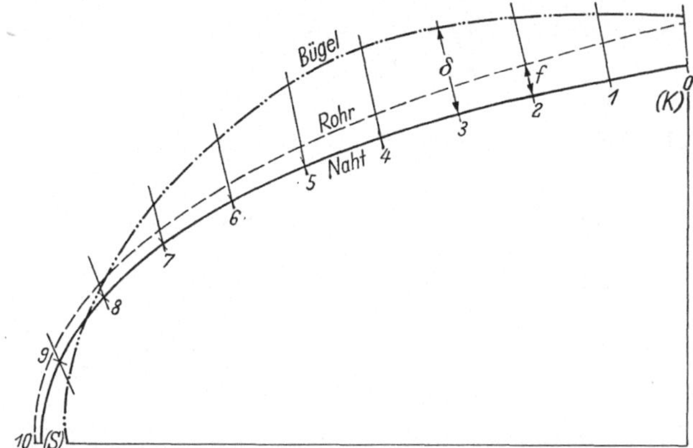

bb. 96. Relativverformung von Bügel, Naht und ungestörter Rohrschale

5. Das Hosenrohr innerhalb des Gesamtsystems

Es wurde schon zu Beginn dieses Kapitels darauf hingewiesen, daß namentlich im geschlossenen Rohrsystem Temperatur und Innendruck eine wesentliche Rolle spielen. Dabei werden die auftretenden Rohrdehnungen als Lastglieder in Rechnung gestellt, wobei wegen der großen Zahl der unbekannten Kraftgrößen zweckmäßig das Formänderungsverfahren angewendet wird. Der relativ große Einfluß der Normalkräfte ist mit zu berücksichtigen.

Steinhardt-Leck [*134*] geben ein ausgeführtes Verteilrohrsystem an, das nachstehend für eine Erwärmung von $\Delta\, t = 10{,}6$ °C nach dem Drehwinkelverfahren zunächst ohne, dann mit Berücksichtigung der Normalkraft berechnet wird.

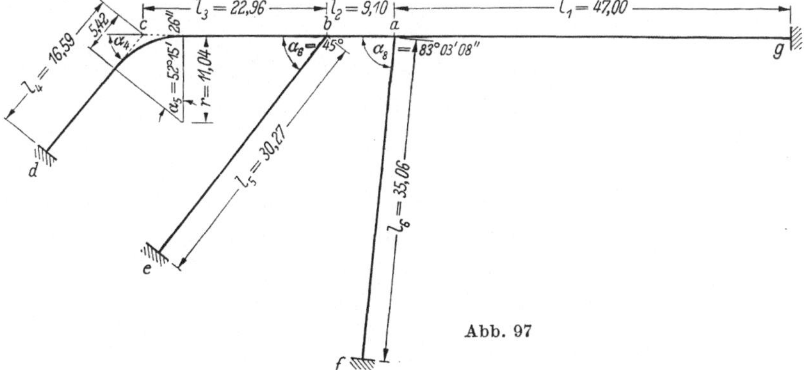

Abb. 97

Im Knoten a ist ein Abzweig, im Knoten b ein Hosenrohr angeordnet. Die Querschnittswerte betragen:

$$F_1 = F_2 = 0{,}708\ \mathrm{m}^2; \qquad F_3 = F_4 = F_5 = 0{,}258\ \mathrm{m}^2; \qquad F_6 = 0{,}225\ \mathrm{m}^2$$
$$J_1 = J_2 = 4{,}388\ \mathrm{m}^4; \qquad J_3 = J_4 = J_5 = 0{,}635\ \mathrm{m}^4; \qquad J_6 = 0{,}446\ \mathrm{m}^4$$
$$s_r = J_r / l_r\, J_c$$

5.1 Momente ohne Berücksichtigung der Längskraft

$$s_1 = \frac{4{,}388}{47{,}0 \cdot 0{,}635} = 0{,}147; \qquad s_2 = \frac{4{,}388}{9{,}10 \cdot 0{,}635} = 0{,}759$$
$$s_3 = \frac{1}{22{,}36} = 0{,}045; \qquad s_4 = \frac{1}{16{,}59} = 0{,}060$$
$$s_5 = \frac{1}{30{,}27} = 0{,}033; \qquad s_6 = \frac{0{,}446}{35{,}06 \cdot 0{,}635} = 0{,}020$$

Die weitere Berechnung erfolgt nach KAMMÜLLER [9]:

$$\alpha_{aa} = 2(0{,}147 + 0{,}020 + 0{,}759) = 1{,}852; \quad \alpha_{ab} = \alpha_{ba} = 0{,}759$$
$$\alpha_{bb} = 2(0{,}759 + 0{,}033 + 0{,}045) = 1{,}674; \quad \alpha_{bc} = \alpha_{cb} = 0{,}045$$
$$\alpha_{cc} = 2(0{,}045 + 0{,}060) = 0{,}210$$

Für die Knotendrehwinkel gilt:

$$1{,}852\,\gamma_a + 0{,}759\,\gamma_b + L_a = 0 \qquad L_i = \sum \xi_i\,(\varphi_r/l_r)$$
$$0{,}759\,\gamma_a + 1{,}674\,\gamma_b + 0{,}045\,\gamma_c + L_b = 0$$
$$+\,0{,}045\,\gamma_b + 0{,}210\,\gamma_c + L_c = 0 \qquad \bar{l}_r = 1/s_r$$

Daraus ergibt sich:

$$\gamma_a = -0{,}664\,L_a + 0{,}308\,L_b - 0{,}064\,L_c$$
$$\gamma_b = +0{,}303\,L_a - 0{,}739\,L_b + 0{,}157\,L_c$$
$$\gamma_c = -0{,}064\,L_a + 0{,}157\,L_b - 4{,}795\,L_c$$

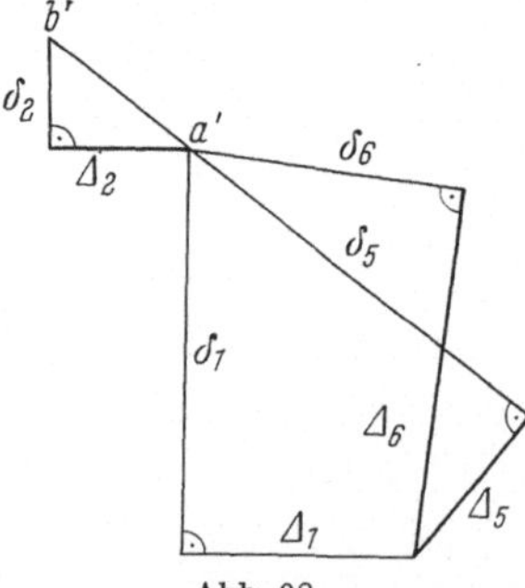

Abb. 98

Die L_i-Werte sind:

$$L_a = 3(0{,}147\,\varphi_1' + 0{,}020\,\varphi_6' + 0{,}759\,\varphi_2')$$
$$L_b = 3(0{,}759\,\varphi_2' + 0{,}033\,\varphi_5' + 0{,}045\,\varphi_3')$$
$$L_c = 3(0{,}045\,\varphi_1' + 0{,}060\,\varphi_4')$$

Die Stabdrehwinkel φ_r' wurden analytisch ermittelt. Mit WILLIOTschem Verschiebungsplan lassen sich dieselben schneller und mit genügender Genauigkeit finden:

$$\text{Stabverlängerung } + \Delta r = \varepsilon_r\, l_r; \qquad \varphi_r = \frac{\delta r}{l_r}; \qquad + \varphi_r \circlearrowright$$

Bei Systemen mit einer bzw. mehreren Verschieblichkeiten dürfen sich die gewählten Grundstäbe im Verschiebungsplan nicht verdrehen, die Längenänderungen dagegen werden auch bei diesen berücksichtigt.

$$\varphi_r' = 2E\,J_c\,\varphi_r$$

Analytisch erhält man

$$\varphi_1 = \frac{-\Delta_1 \cos\alpha_6 + \Delta_6}{l_6 \sin\alpha_6}; \qquad \varphi_5 = \frac{\Delta_1 + \Delta_2 + \Delta_5 \cos\alpha_5}{l_5 \sin\alpha_5}$$

$$\varphi_3 = \frac{-(\Delta_1 + \Delta_2 + \Delta_3)\cos\alpha_4 + \Delta_4}{l_3 \sin\alpha_4} + \frac{(\Delta_1 + \Delta_2)\cos\alpha_5 + \Delta_5}{l_3 \sin\alpha_5}$$

$$\varphi_2 = \frac{-(\Delta_1 + \Delta_2)\cos\alpha_5 + \Delta_5}{l_2 \sin\alpha_5} + \frac{\Delta_1 \cos\alpha_6 + \Delta_6}{l_2 \sin\alpha_6}$$

$$\varphi_4 = \frac{\Delta_1 + \Delta_2 + \Delta_3 + \Delta_4 \cos\alpha_4}{l_4 \sin\alpha_4}; \qquad \varphi_6 = \frac{\Delta_1 + \Delta_6 \cos\alpha_6}{l_6 \sin\alpha_6}$$

Für Erwärmung ist

$$\varepsilon_r = \varepsilon = \alpha_t\,\Delta_t$$

$$\Delta_r = \alpha_t\,\Delta t\,l_r$$

Damit ergeben sich folgende Werte:

$\varphi_1' = -0{,}8733 \cdot 2E\,J_c\,\alpha_t\,\Delta_t$; $L_a = -3{,}492 \cdot 6E\,J_c\,\alpha_t\,\Delta_t$

$\varphi_2' = -4{,}4680 \cdot 2E\,J_c\,\alpha_t\,\Delta_t$; $L_b = -3{,}290 \cdot 6E\,J_c\,\alpha_t\,\Delta_t$

$\varphi_3' = -0{,}0004 \cdot 2E\,J_c\,\alpha_t\,\Delta_t$; $L_c = +0{,}407 \cdot 6E\,J_c\,\alpha_t\,\Delta_t$

$\varphi_4' = +6{,}7549 \cdot 2E\,J_c\,\alpha_t\,\Delta_t$; $\gamma_a = +1{,}295 \cdot 6E\,J_c\,\alpha_t\,\Delta_t$

$\varphi_5' = +3{,}1178 \cdot 2E\,J_c\,\alpha_t\,\Delta_t$; $\gamma_b = +1{,}437 \cdot 6E\,J_c\,\alpha_t\,\Delta_t$

$\varphi_6' = +1{,}4723 \cdot 2E\,J_c\,\alpha_t\,\Delta_t$; $\gamma_c = -2{,}246 \cdot 6E\,J_c\,\alpha_t\,\Delta_t$

Die Stabendmomente erhält man aus:

$$M_r^i = -s_r(Z_{ii}\gamma_i + Z_{ik}\gamma_k + \zeta_i\,\varphi_r')$$

$$M_r^k = -s_r(Z_{kk}\gamma_k + Z_{ki}\gamma_i + \zeta_k\,\varphi_r')$$

Für $\Delta t = 10{,}6^\circ$ ist $6E\,J_c\,\alpha_t\,\Delta_t = 10601{,}3$ $[t\ \mathrm{m}^2]$

$M_1^a = -2677$ mt	$M_3^c = +1447$ mt
$M_6^a = -\ 863$ mt	$M_4^c = -1447$ mt
$M_2^a = +3540$ mt	$M_4^d = -2882$ mt
$M_2^b = +2397$ mt	$M_5^e = -1595$ mt
$M_5^b = -2099$ mt	$M_6^f = -\ 589$ mt
$M_3^b = -\ 298$ mt	$M_1^g = -\ 658$ mt

5.2 Schnittgrößen bei Berücksichtigung der Längskraft

Für den vorliegenden Lastfall, bei dem alle Momente aus Stablängenänderungen herrühren, ist es unumgänglich, den Einfluß der Normalkräfte zu berücksichtigen. Der Gang dieser Berechnung ist folgender:

Man schätzt die im Endzustand vorhandenen Normalkräfte und errechnet sich aus diesen die zugehörigen Stablängenänderungen und Momente. Addiert man diese Momente zu den ursprünglich erhaltenen, so hat man die endgültigen Momente. Je besser die durch diese endgültigen Momente hervorgerufenen Normalkräfte mit den geschätzten übereinstimmen, desto genauer ist das Ergebnis. (Möglichkeit der Iteration durch mehrmalige Wiederholung dieses Verfahrens.)

Die Normalkräfte wurden wie folgt geschätzt:

$N_1 = -284$ t; $N_2 = -256$ t; $N_3 = -189$ t; $N_4 = -58$ t;
$N_5 = -108$ t; $N_6 = +199$ t $(+N = \text{Zugkraft})$.

Die Stablängenänderungen erhält man aus:

$$\Delta_r = \varepsilon_r l_r = \frac{N_r l_r}{E F_r}$$

$\Delta_1 = -8{,}978 \cdot 10^{-4}$ m $\qquad \Delta_4 = -\ 1{,}776 \cdot 10^{-4}$ m

$\Delta_2 = -1{,}567 \cdot 10^{-4}$ m $\qquad \Delta_5 = -\ 6{,}034 \cdot 10^{-4}$ m

$\Delta_3 = -7{,}800 \cdot 10^{-4}$ m $\qquad \Delta_6 = +\ 14{,}766 \cdot 10^{-4}$ m

Daraus ergibt sich:

$\varphi_1' = -\ 2{,}932 \cdot 10^{-5} \cdot 2E\,J_c \qquad \varphi_4' = -14{,}812 \cdot 10^{-5} \cdot 2E\,J_c$

$\varphi_2' = +34{,}499 \cdot 10^{-5} \cdot 2E\,J_c \qquad \varphi_5' = -\ 5{,}948 \cdot 10^{-5} \cdot 2E\,J_c$

$\varphi_3' = +\ 0{,}292 \cdot 10^{-5} \cdot 2E\,J_c \qquad \varphi_6' = -\ 2{,}066 \cdot 10^{-5} \cdot 2E\,J_c$

Es ist dann:

$L_a = +24{,}206 \cdot 10^{-5} \cdot 6E\,J_c \qquad \gamma_a = -\ 8{,}594 \cdot 10^{-5} \cdot 6E\,J_c$

$L_b = +24{,}495 \cdot 10^{-5} \cdot 6E\,J_c \qquad \gamma_b = -10{,}906 \cdot 10^{-5} \cdot 6E\,J_c$

$L_c = -\ 0{,}880 \cdot 10^{-5} \cdot 6E\,J_c \qquad \gamma_c = +\ 6{,}512 \cdot 10^{-5} \cdot 6E\,J_c$

Man hat dann folgende Momente:

	Ursprüngliche Momente [tm]	Momente aus Normalkraft [tm]	Endgültige Momente [tm]
M_{a1}	−2677	+2367	− 310
M_{a6}	− 863	+ 309	+ 554
M_{a2}	+3540	−2676	+ 864
M_{b2}	+2397	−1271	+1126
M_{b5}	−2099	+ 734	−1365
M_{b3}	− 298	+ 537	+ 239
M_{c2}	+1447	− 86	+1361
M_{c4}	−1447	+ 86	−1361
M_{d4}	−2882	+ 400	−2482
M_{e5}	−1595	+ 446	−1149
M_{f6}	− 589	+ 171	− 418
M_{g1}	− 658	+1356	+ 698

Die Normalkräfte ergeben sich aus:

$$N_1 = +Q_6 \sin\alpha_6 + Q_5 \sin\alpha_5 + Q_4 \sin\alpha_4$$

$$N_2 = +Q_5 \sin\alpha_5 + Q_4 \sin\alpha_4; \quad N_3 = +Q_4 \sin\alpha_4$$

$$N_4 = -Q_3 \sin\alpha_4; \quad N_5 = +Q_3 \sin\alpha_5 - Q_2 \sin\alpha_5$$

$$N_6 = +Q_2 \sin\alpha_6 - Q_1 \sin\alpha_6$$

$$Q_r = \frac{M_r^i + M_r^k}{l_r}$$

	Ursprüngliche Normalkraft [t]	Geschätzte Normalkraft [t]	Endgültige Normalkraft [t]	Endgültige N in % des ursprünglichen N
N_1	−344	−284	−276	80,2
N_2	−303	−256	−249	82,1
N_3	−206	−189	−183	88,8
N_4	− 41	− 58	− 57	139,0
N_5	−475	−108	−116	24,4
N_6	+718	−199	+209	28,7

Der erhebliche Einfluß der Normalkraft auf die Schnittgrößen ist offensichtlich.

Bei ähnlichen Systemen können obige Zahlen einen ungefähren Anhalt für die zu schätzenden Normalkräfte geben. Bei Systemen mit weniger großen Steifigkeitsunterschieden zwischen den verschiedenen Stäben erhält man die endgültigen Normalkräfte etwa zu 80% der ursprünglichen.

5.3 Biegespannungen aus der Systemverformung

$M_{b2} = 1126$ mt Rohrdurchmesser 7,01 m; $J_2 = 4{,}388$ m^4

$W_2 = 4{,}388/3{,}505 = 1{,}25$ m^3; $\sigma = 11{,}26/1{,}25 = 900$ t/m^2 = 90 kg/cm^2

$M_{b5} = 1365$ mt

Am Übergang von Hosenrohrkonus zum Verteilrohr, der 6,27 m vom Systempunkt b entfernt ist, findet sich aus M_{b5} und M_{e5} durch Einschaltung $M = 885$ mt. Bei Verteilrohrdurchmesser 4,42 m, $J_5 = 0{,}635$ m^4 und $W_5 = 0{,}635/2{,}21 = 0{,}257$ m^3 wird

$$\sigma = 885/0{,}257 = 3440 \text{ t/m}^2 = 344 \text{ kg/cm}^2$$

Das mit der Beinlänge veränderliche Hosenrohrwiderstandsmoment liegt zwischen W_z und W_5, so daß auch der Biegespannungswert zwischen 90 kg/cm^2 und 344 kg/cm^2 liegt.

Demnach machen die Spannungen im Hosenrohr als Knoten des Gesamtsystems etwa 10% bis 20% der lokalen Bemessungsspannungen aus. Ihr genauer Verlauf innerhalb der Verzweigung kann nicht erfaßt werden, man ist auf ein Abschätzen angewiesen.

Das ist aber ein weiterer Beweis für die Richtigkeit eines höheren rechnerischen Sicherheitsgrades σ_F/σ_{zul} in der Verzweigung gegenüber dem geraden glatten Rohr. Nach den „Richtlinien" [*34*] soll er in dem ungestörten Rohr etwa 1,7, in der Verzweigung aber 2,0 betragen.

6. Überschlägliche Angebotsberechnung

Für den Fall, daß ein Hosenrohr ausgeführt wird, ist ein möglichst genauer und lückenloser Festigkeitsnachweis unerläßlich. Um diesen genauen Nachweis erbringen zu können, ist jedoch zunächst die Annahme der Blechdicken, der Trägerabmessungen usw. erforderlich, um Ausgangswerte zu haben. Ferner genügt es meist für eine Angebotsbearbeitung, das Hosenrohrgewicht mit der üblichen Toleranz, d. h., näherungsweise zu ermitteln, dagegen ist die Möglichkeit einer kurzfristigen Erledigung einer Anfrage besonders wertvoll. Schließlich kann die schnelle Überprüfung einer vorliegenden Berechnung notwendig werden. Für die Erledigung vorgenannter Aufgaben sind die nachstehenden Angaben gedacht. Dabei lag der Gedanke nahe, zahlreiche Beispiele für verschiedene Kombinationen von α und β genau durchzurechnen und die Ergebnisse derart graphisch oder rechnerisch auszuwerten, daß sie dem Praktiker anstatt langwierigen mathematischen Aufwandes ein einfaches Ablesen erlauben. Es wurden Kegelöffnungswinkel von $2\alpha = 4$ bis $25°$ und Rohrverzweigungswinkel $2\beta = 40$ bis $90°$ in Intervallen untersucht, die eine lineare Interpolation von Zwischenwerten mit genügender Genauigkeit gestatten.

Bei der Aufstellung der Tabellen und Diagramme wird wie bei der genauen Berechnung zweckmäßig von den Werten Hauptrohrradius R_1 sowie 2α und 2β ausgegangen. Der Verteilrohrradius R_2 bestimmt zwar die Hosenrohrlänge, dagegen sind die Versteifungsträgerschnittgrößen von ihm unabhängig.

Es werden zunächst alle die geometrischen Größen angegeben, die zum Zeichnen der Verschneidungslinien benötigt werden. Sodann werden die Schnittgrößen der Grundsysteme sowie der statisch unbestimmten, symmetrischen Ring-Hufeisensysteme angegeben, die jeweils auf die Nahtlinien bezogen werden. Es werden die Bezeichnungen wie in den vorhergehenden Abschnitten verwendet.

6.1 Geometrische Werte

Die Auswertung für $\beta = 20° - 45°$ und $\alpha = 2° - 12{,}5°$ ergibt, daß γ sehr empfindlich auf eine β-Änderung, jedoch kaum auf eine Änderung von α reagiert. Wächst bei gleichbleibendem β der α-Wert von 2° auf 12,5°, dann wachsen γ und λ nur um 0,3%.

$\alpha = 2° - 12{,}5°$	$\beta = 20°$	25°	30°	35°	40°	45°
$\tan\gamma = \dfrac{1 + \cos\alpha\cos\beta}{\cos\alpha - \sin\beta}$	$\gamma = 80{,}1°$	77,6°	75,1°	72,6°	70,1°	67,6°
$\lambda = 180° - \beta - \gamma$	$\lambda = 79{,}9°$	77,4°	74,9°	72,4°	69,9°	67,4°

γ ist praktisch unabhängig von α. Dagegen nimmt γ etwa um 0,5° ab, wenn β um 1° zunimmt. Die Kenntnis dieser Winkel erlaubt in Verbindung mit den Längen a_H und h die Darstellung der Verschneidungslinien im Grundriß.

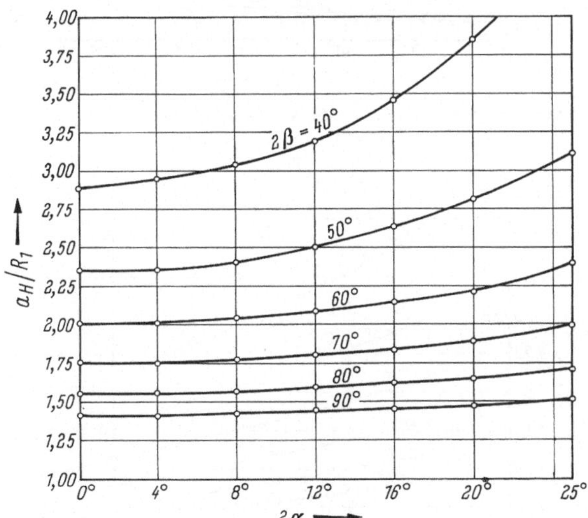

Abb. 99. Ellipsenachse a_H in Abhängigkeit von R_1, 2α und 2β

Neben den Konstanten

$$x_H = a_H - h$$

und

$$\omega_H = \frac{x_H}{a_H}$$

sind die Radien

$$\varrho_s = \frac{b_H^2}{a_H} \tag{238}$$

der größten und

$$\varrho_K = \frac{a_H^2}{b_H} \tag{239}$$

der kleinsten Krümmung von Bedeutung, wobei ϱ_s sich kaum, ϱ_k aber sich sehr stark mit α ändert. Diese Größen können unmittelbar der Tabelle bzw. den Diagrammen entnommen werden.

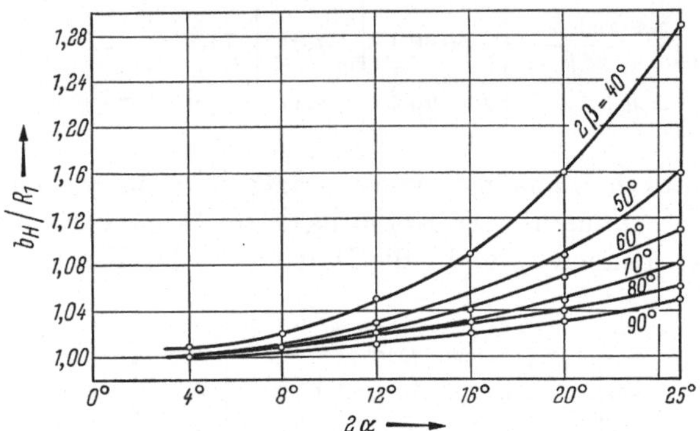

Abb. 100. Ellipsenachse b_H in Abhängigkeit von R_1, 2α und 2β

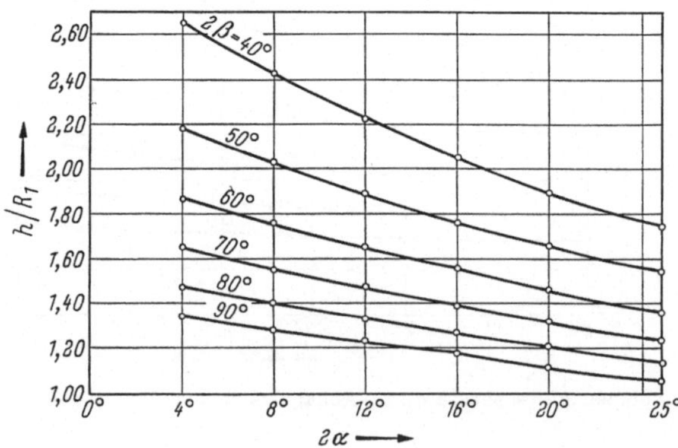

Abb. 101. Projektionslänge h der Hufeisen-Nahtlinie in Abhängigkeit von R_1, 2α und 2β

Es sei noch auf den aus Abb. 56 zu entnehmenden, jedoch häufig übersehenden Umstand hingewiesen, daß der Schnittpunkt K der Nahtlinien nicht mit dem Schnittpunkt der Haupt- und Verteilrohrachsen zusammenfällt.

Ellipsenwerte für Hufeisenträger in Abhängigkeit von R_1, α, β

2β	2α [°]	$\frac{a_H}{R_1}$	$\frac{b_H}{R_1}$	$\frac{h}{R_1}$	$\frac{\varrho_s}{R_1} = \frac{b_H^2}{a_u R_1}$	$\frac{\varrho_k}{R_1} = \frac{a_H^2}{b_u R_1}$	$\frac{x_H}{R_1} = \cot \varphi_k$	φ_K [°]	$\omega_H = \frac{x_H}{a_H}$
$2\beta = 40°$	4	2,95	1,01	2,65	0,339	8,62	0,30	73,3	0,10
	8	3,05	1,02	2,42		9,14	0,63	57,8	0,21
	12	3,20	1,05	2,22	≈0,34	9,77	0,98	45,5	0,31
	16	3,46	1,09	2,05		10,92	1,41	35,3	0,41
	20	3,87	1,16	1,89		12,90	1,98	26,8	0,51
	25	4,74	1,29	1,74	0,349	17,30	3,00	18,5	0,63
$2\beta = 50°$	4	2,37	1,00	2,18	0,420	5,63	0,20	78,7	0,08
	8	2,42	1,01	2,02		5,82	0,40	68,1	0,17
	12	2,50	1,03	1,88	≈0,42	6,07	0,62	58,1	0,25
	16	2,63	1,06	1,76		6,51	0,86	49,3	0,33
	20	2,81	1,09	1,66		7,26	1,15	41,0	0,44
	25	3,12	1,16	1,54	0,429	8,46	1,59	32,2	0,51
$2\beta = 60°$	4	2,01	1,00	1,87	0,497	4,04	0,14	82,0	0,07
	8	2,04	1,01	1,76		4,12	0,28	74,4	0,14
	12	2,08	1,02	1,65	≈0,50	4,24	0,43	66,7	0,21
	16	2,15	1,04	1,55		4,42	0,60	59,0	0,28
	20	2,23	1,07	1,46		4,66	0,77	52,4	0,35
	25	2,40	1,11	1,36	0,511	5,22	1,04	43,9	0,43
$2\beta = 70°$	4	1,75	1,00	1,64	0,573	3,05	0,11	83,7	0,06
	8	1,77	1,01	1,55		3,10	0,22	77,6	0,12
	12	1,80	1,02	1,47	≈0,58	3,16	0,33	71,7	0,18
	16	1,84	1,03	1,39		3,27	0,44	66,3	0,24
	20	1,89	1,05	1,32		3,41	0,57	60,3	0,30
	25	1,98	1,08	1,23	0,587	3,64	0,76	52,8	0,36
$2\beta = 80°$	4	1,56	1,00	1,47	0,642	2,42	0,08	85,4	0,05
	8	1,57	1,01	1,40		2,44	0,17	80,4	0,11
	12	1,59	1,02	1,33	≈0,65	2,47	0,26	75,4	0,16
	16	1,62	1,03	1,27		2,53	0,35	70,7	0,22
	20	1,65	1,04	1,21		2,63	0,45	65,8	0,27
	25	1,71	1,06	1,13	0,657	2,76	0,58	59,9	0,34
$2\beta = 90°$	4	1,41	1,00	1,34	0,707	2,00	0,07	85,9	0,05
	8	1,42	1,01	1,28		2,01	0,14	81,9	0,10
	12	1,44	1,01	1,23	≈0,72	2,04	0,21	78,1	0,15
	16	1,46	1,02	1,17		2,08	0,29	73,8	0,20
	20	1,48	1,03	1,11		2,13	0,37	69,7	0,25
	25	1,52	1,05	1,05	0,722	2,21	0,47	64,8	0,31
Gleichung:		(122)	(123)	(125)	(238)	(239)			(124)

Zwischenwerte können gradlinig interpoliert werden (s. auch die zugehörigen Diagramme).

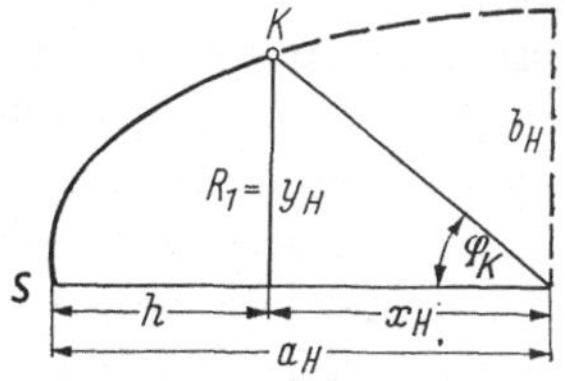

Abb. 102

6.2 Grundsystem-Schnittgrößen

Für den Hufeisenträger wird als Grundsystem der im Scheitelpunkt S schwebend eingespannte gekrümmte Kragträger eingeführt. Für den Ringträger geschieht das zunächst in gleicher Weise, doch müssen erst die Schnittgrößen für den in sich schon statisch unbestimmten geschlos-

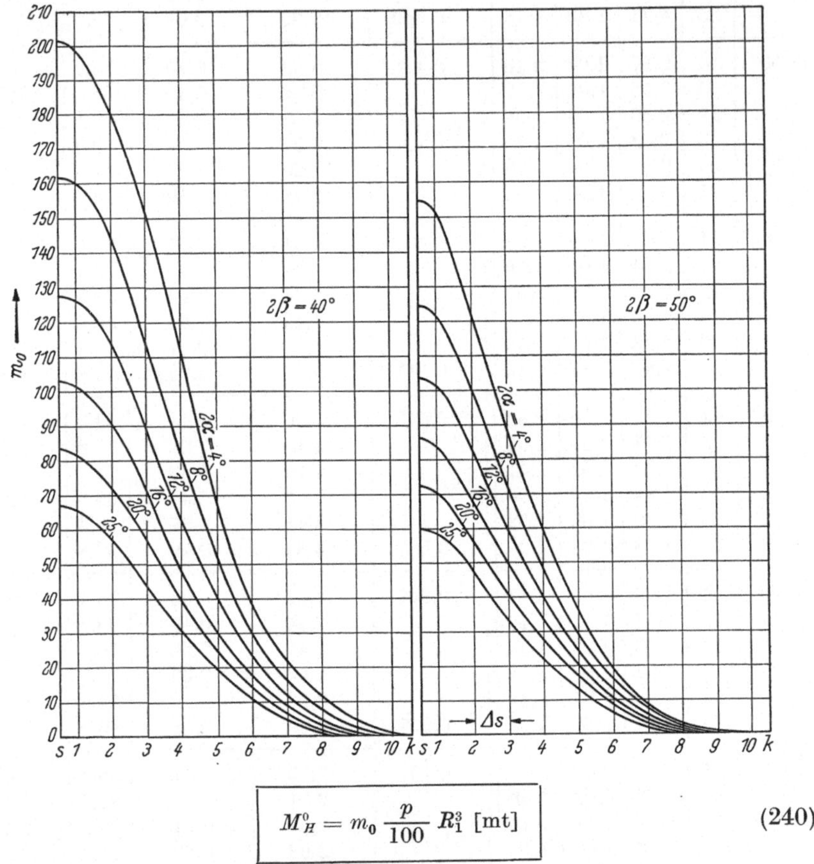

$$M_H^0 = m_0 \frac{p}{100} R_1^3 \text{ [mt]} \tag{240}$$

Abb. 103. Hufeisenträger. Auf die Mantellinie bezogene Momente am Grundsystem

senen Ringträger errechnet werden, bevor in den Punkten K der Hufeisen-Kragträger mit dem Kreisring zu gemeinsamer Tragwirkung, verkörpert durch die Verbindungskraft X, im endgültigen Versteifungssystem zusammengesetzt werden.

Da der Ringträger etwa die Querschnittsabmessungen wie der Hufeisenträger in K hat, wurde auf die Wiedergabe seiner Grundsystemwerte verzichtet. Im Hinblick auf die eingangs erläuterte Absicht genügt beim

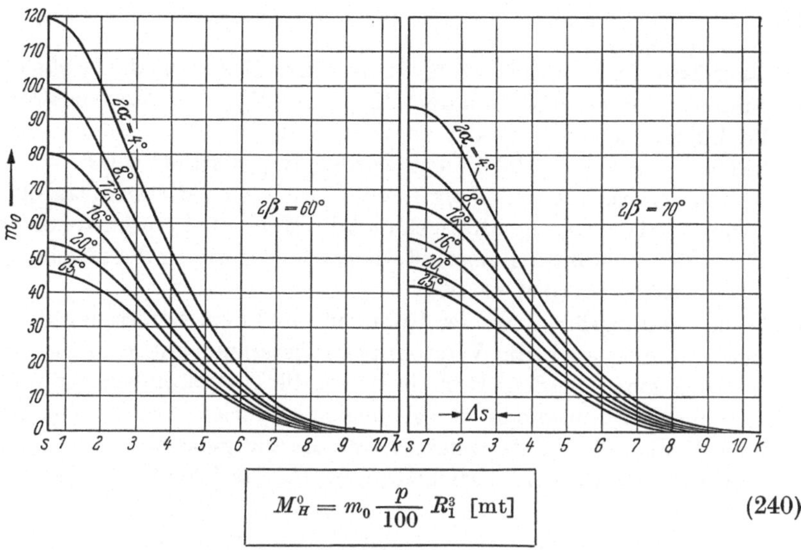

$$M_H^0 = m_0 \frac{p}{100} R_1^3 \text{ [mt]} \tag{240}$$

Abb. 104. Hufeisenträger. Auf die Mantellinie bezogene Momente am Grundsystem

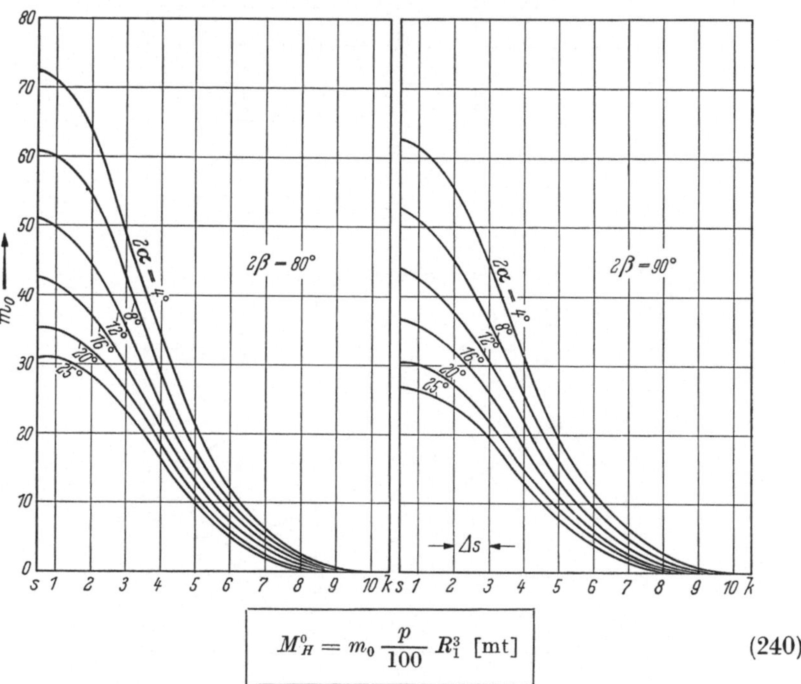

$$M_H^0 = m_0 \frac{p}{100} R_1^3 \text{ [mt]} \tag{240}$$

Abb. 105. Hufeisenträger. Auf die Mantellinie bezogene Momente am Grundsystem

Zu Abb. 103—105

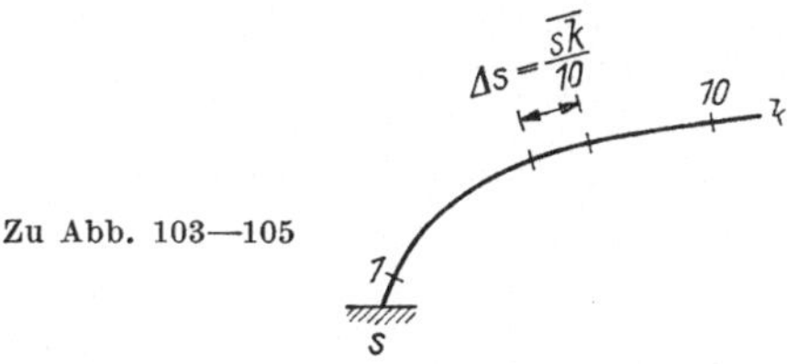

Hufeisenträger die Kenntnis des Momentenverlaufes sowie die Größe der Normalkraft im Scheitel S, weil dort M_{max} und N_{max}, die Ausgangswerte für die Bügel-Querschnittswahl, zusammenfallen.

Die Diagramme Abb. 103 bis 114 wurden aufgezeichnet für $R_1 = 1$ m und dem Innendruck $p = 100$ t/m². Vom Druck sind die Schnittgrößen linear, von R_1 die Kräfte quadratisch und die Momente kubisch abhängig, so daß die der Ausführung zugrunde liegenden Werte in die zugehörige Formel eingesetzt werden müssen.

Da die Schnittgrößen von der Rohrweite und dem Bemessungsdruck abhängen, können auch die Versteifungsträgerabmessungen nicht ohne weiteres angegeben werden. Deshalb liegen die Diagrammbezugspunkte $S-K$ in der Nahtlinie, die in zehn gleich lange Strecken Δs geteilt worden ist. Nach Wahl der Versteifungsträger sind die angegebenen M_0-Momente noch auf deren Nullinie zu beziehen, d. h. um das Produkt $N\,e$ zu vergrößern.

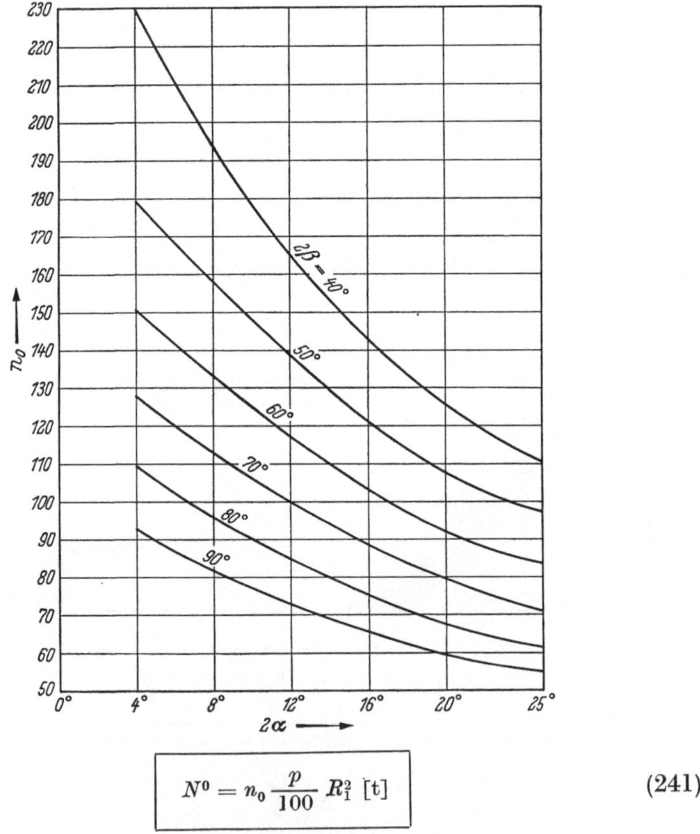

$$N^0 = n_0 \frac{p}{100} R_1^2 \text{ [t]} \tag{241}$$

Abb. 106. Hufeisenträger. Normalkräfte im Scheitelpunkte S der Nahtlinie am Grundsystem

6.3 Endgültige Ring- und Hufeisenschnittgrößen

Es ist bekannt, daß durch falsche „Verstärkungen", d. h., durch unrichtige Verteilung des Werkstoffes über eine Konstruktion deren Tragfähigkeit verringert werden kann. Die typischen Zusammenhänge zwischen Materialverteilung und innerem Kräfteverlauf bei statisch unbestimmten Systemen sind die Folge der Elastizitätsbedingungen, die in Verbindung mit den Gleichgewichtsbedingungen das elastische Verhalten dieser Tragwerke bestimmen. Den Ausgangspunkt für ein wirtschaftliches Konstruieren, d. h. für eine möglichst gute Materialausnutzung, bildet somit die Beherrschung der elastizitätstheoretischen Gegebenheiten, die als Minimalbedingungen für die Formänderungsarbeit angesehen werden können.

Koppelt man wie im Hosenrohr die gestörten Rohrschalen, den 3fach statisch unbestimmten Ringträger und den Hufeisenträger zu einem System und stellt daran die hohen Anforderungen nach Sicherheit, Wirtschaftlichkeit, minimalen Relativdeformationen usw., dann ist die Schätzung optimaler Steifigkeits- und Querschnittsverhältnisse besonders schwierig.

Es ist deshalb nicht verwunderlich, daß das Steifigkeitsverhältnis $J^*_{\text{Hufeisen}} : J^*_{\text{Ring}}$ bei ausgeführten Hosenrohren sehr stark schwankt. Setzt man $J^*_{\text{Ring}} = 1$ als Mittelwert, so findet man für die Hufeisenträgerenden $J^*_H = 0{,}5$ bis 2,0, im Zwickel $J^*_H = 6$ bis 20. Beim Vergleich der Trägerhöhen bedeutet das 1 :(0,8 bis 1,3) : (1,8 bis 3,0). Dabei zeigt Abschn. III 2.2 (S. 30), daß im Gegensatz zum geraden Träger die Querschnittsform bei gekrümmten Trägern von gar nicht so großer Bedeutung ist. Ferner ist von statisch unbestimmten Stabwerken her bekannt, daß Biegemomente nur um 3 bis 10% differieren, wenn das Steifigkeitsverhältnis sich um 100% ändert.

Der Hufeisenträger ist ein gekrümmter Träger mit stark veränderlichem Trägheitsmoment. Statt dessen darf man aber mit einem konstanten Ersatzträgheitsmoment rechnen, das sich aus der vergleichenden Formänderungsuntersuchung ergibt. Will man zudem Ring und Hufeisen gleich gut ausnutzen und die Relativverformung als Ursache zusätzlicher Rohrschalenbiegung klein halten, dann empfiehlt sich als Mittelwert für $J^*_{\text{Ring}} = 1$ und für $J^*_{\text{Hufeisen}} = 7$. — Außerdem ist bemerkenswert, daß an den Stellen maximaler Versteifungsträgermomente die Normalkraft in (t) etwa die Größe dieser Momente in (mt) hat.

Da dort, wo von N und M das Maximum auftritt, die Querkraft $= 0$ ist, in anderen Querschnitten zwischen S und K τ relativ klein und $\sigma_v = \sqrt{\sigma^2 + 3\tau^2}$ nicht viel größer ist als σ, kann man auf die Querkraftermittlung verzichten. Am Anschluß Hufeisen-Ring ergibt sich die Querkraft aus der in jedem Falle zu bestimmenden Verbindungskraft X, wobei $\delta_{10}^{\text{Hufeisen}} + \delta_{11}^{H} X = \delta_{10}^{\text{Ring}} - \delta_{11}^{R} X$ ist. Die endgültigen Ring- und Hufeisenmomente sind den Diagrammen Abb. 107 bis 112 zu entnehmen und wie angegeben auszuwerten. Für den Fall, daß ein anderes J^*-Verhältnis als sieben notwendig ist, ändert sich zunächst X. Um den Einfluß des Steifigkeitsverhältnisses auf die Größe von X abschätzen zu können, ist ein Beispiel in dem Diagramm Abb. 114 angegeben. X nimmt mit wachsender Hufeisensteifigkeit ab, und zwar so, daß, wenn sie sich verfünffacht, X auf die Hälfte absinkt Abb. 107 bis 114.

Es ist ersichtlich, daß vorstehende Wege unmittelbar die endgültigen Momente bei $J_H^*/J_R^* = 7$ ergeben. Zum Beispiel für $2\alpha = 25°$, $2\beta = 50°$, $R_1 = 3{,}00$ m und $p = 80$ t/m² wird das Moment

im Hufeisenscheitel S: $M_H = 24{,}5 \cdot \frac{80}{100} \cdot 3^3 = 529{,}2$ mt

im Ringscheitel S_R: $M_R = 6{,}5 \cdot \frac{80}{100} \cdot 3^3 = +140{,}4$ mt

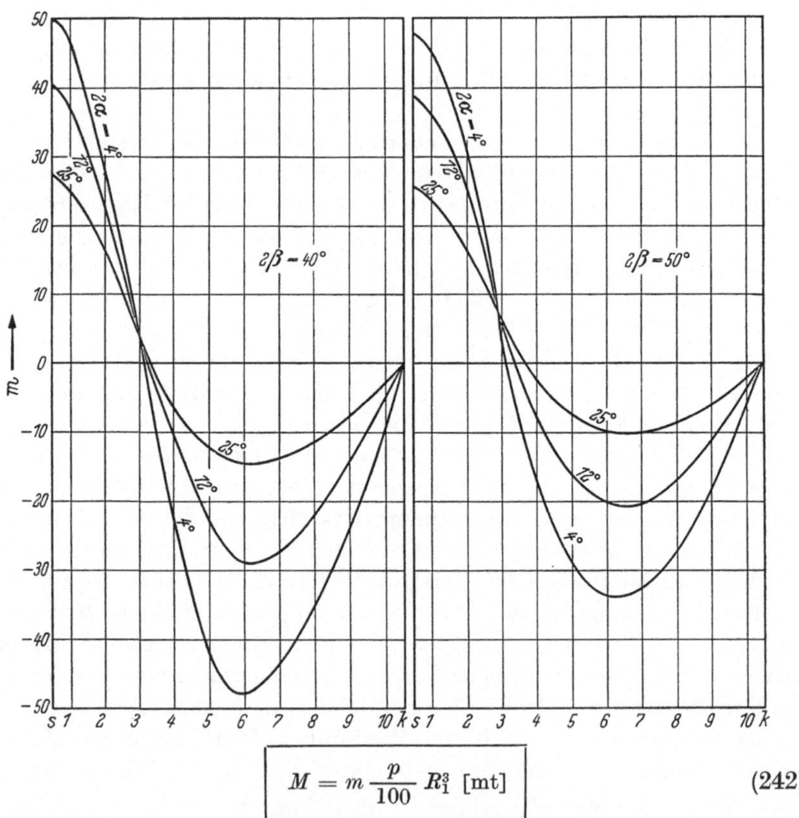

$$M = m \frac{p}{100} R_1^3 \text{ [mt]} \tag{242}$$

$+M$: Innen Zug $-M$: Außen Zug

Abb. 107. Endgültige Hufeisenträgermomente, bezogen auf die Nahtlinie ($J^*_{\text{Hufeisen}} : J^*_{\text{Ring}} = 7$)

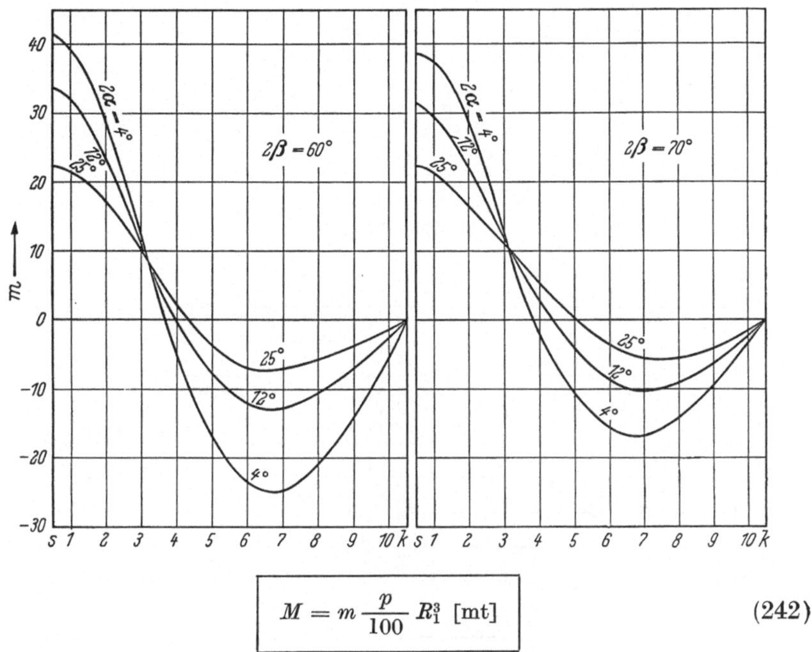

$$M = m \frac{p}{100} R_1^3 \ [\text{mt}] \qquad (242)$$

$+M$: Innen Zug $-M$: Außen Zug

Abb. 108. Endgültige Hufeisenträgermomente, bezogen auf die Nahtlinie ($J^*_{\text{Hufeisen}} : J^*_{\text{Ring}} = 7$

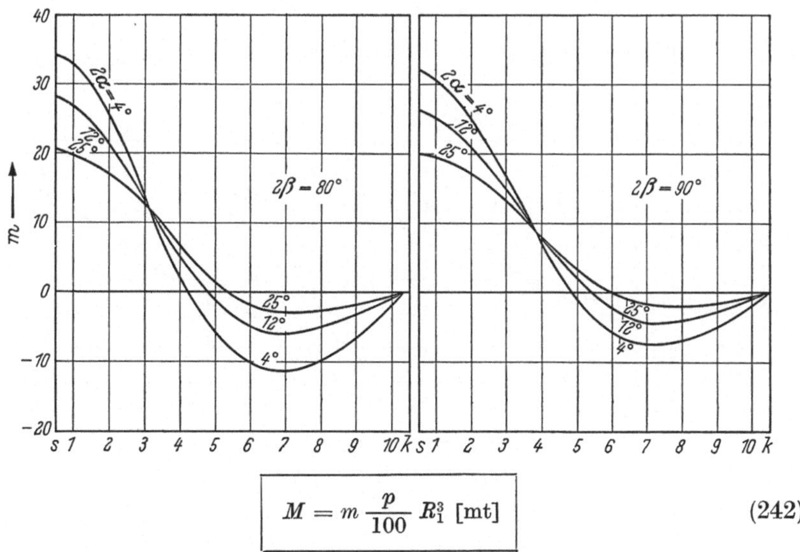

$$M = m \frac{p}{100} R_1^3 \ [\text{mt}] \qquad (242)$$

$+M$: Innen Zug $-M$: Außen Zug

Abb. 109. Endgültige Hufeisenträgermomente, bezogen auf die Nahtlinie ($J^*_{\text{Hufeisen}} : J^*_{\text{Ring}} = 7$)

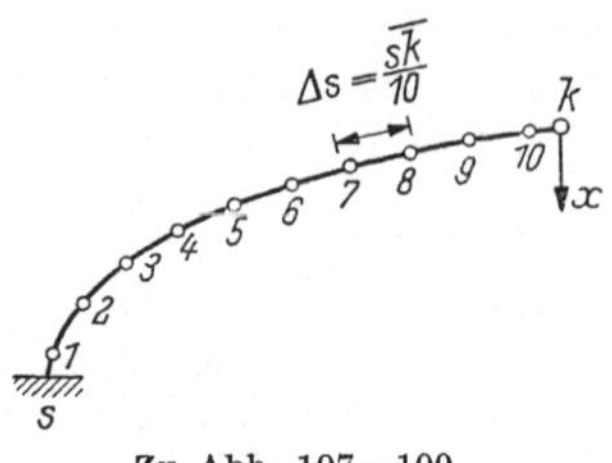

Zu Abb. 107—109

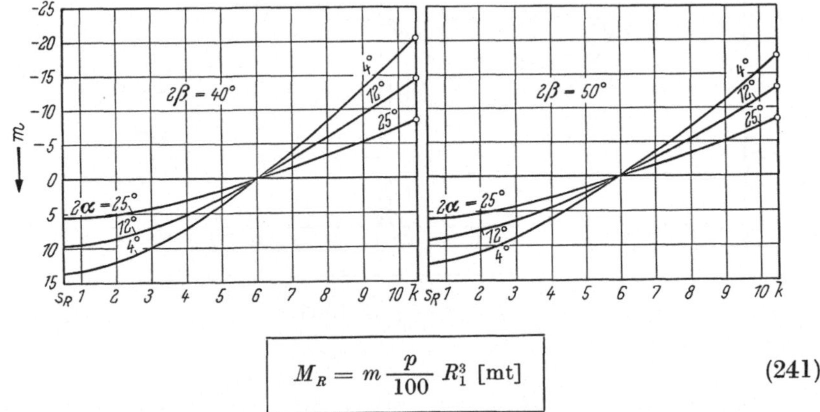

$$M_R = m \frac{p}{100} R_1^3 \text{ [mt]} \tag{241}$$

$+M$: Innen Zug $\quad -M$: Außen Zug

Abb. 110. Endgültige Ringträgermomente, bezogen auf die Nahtlinie ($J^*_{\text{Hufeisen}} : J^*_{\text{Ring}} = 7$)

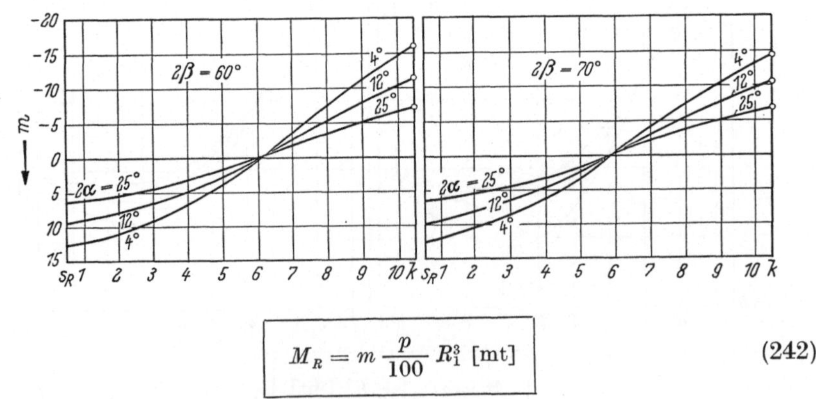

$$M_R = m \frac{p}{100} R_1^3 \text{ [mt]} \tag{242}$$

$+M$: Innen Zug $\quad -M$: Außen Zug

Abb. 111. Endgültige Ringträgermomente, bezogen auf die Nahtlinie ($J^*_{\text{Hufeisen}} : J^*_{\text{Ring}} = 7$)

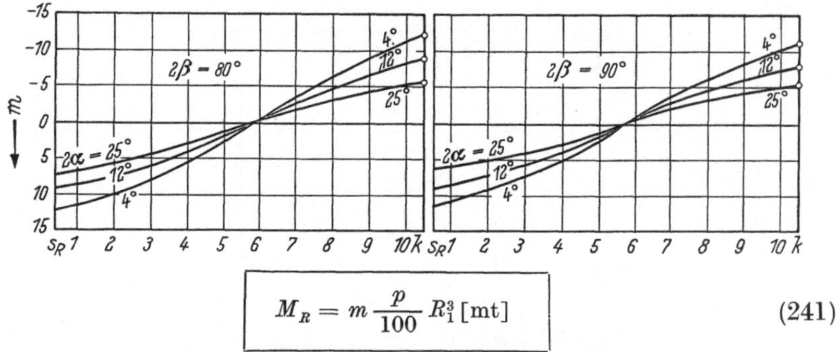

$$M_R = m \frac{p}{100} R_i^3 \,[\mathrm{mt}] \tag{241}$$

$+M$: Innen Zug $\qquad -M$: Außen Zug

Abb. 112. Endgültige Ringträgermomente, bezogen auf die Nahtlinie ($J^*_{\text{Hufeisen}} : J^*_{\text{Ring}} = 7$)

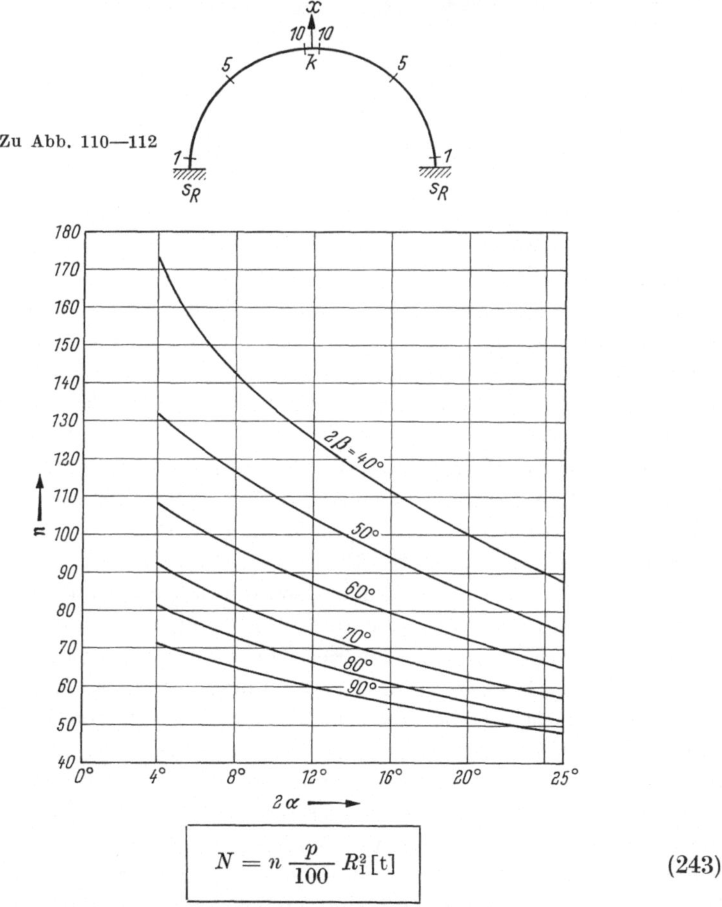

Zu Abb. 110—112

$$N = n \frac{p}{100} R_i^2 \,[\mathrm{t}] \tag{243}$$

Abb. 113. Hufeisenträger: Endgültige Normalkräfte im Scheitelpunkt „S", bezogen auf die Nahtlinie ($J^*_{\text{Hufeisen}} : J^*_{\text{Ring}} = 7$)

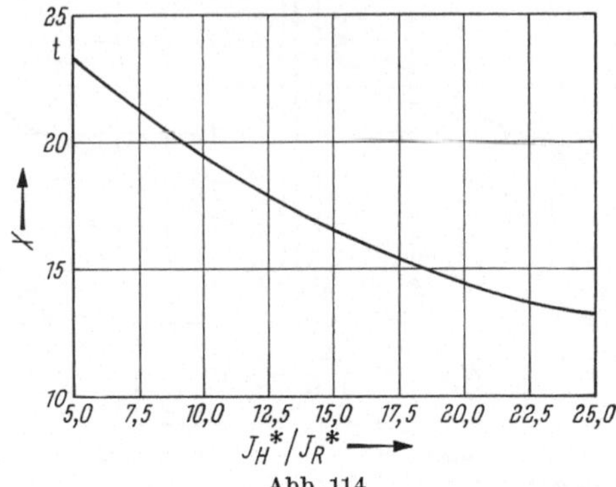

Abb. 114

Einfluß des Steifigkeitsverhältnisses $J^*_{\text{Hufeisen}} : J^*_{\text{Ring}}$ auf die Größe der Verbindungskraft X.

V. Versuchsergebnisse

Bei dem Bestreben, Konstruktionsform und Berechnungsmethode für das Träger-Schalensystem weitgehend den tatsächlichen Notwendigkeiten und Verhältnissen anzupassen, darf nicht übersehen werden, daß infolge des verwickelten Beanspruchungsverlaufes die mathematische und festigkeitstheoretische Analyse nur durch gewisse vereinfachende Annahmen zu einem Ergebnis führt. Zudem ist die geschweißte Verzweigung aus Konstruktionselementen mit vielfacher räumlicher Einspannung aufgebaut, wobei deren gegenseitige Beeinflussung, Verarbeitung, Temperaturbehandlung und Formgebung die gestaltsabhängige Dauerhaltbarkeit, Gestaltsfestigkeit genannt, ausmachen. Es spielen also eine Reihe von Faktoren eine Rolle, die auch im Falle einer möglichen strengen analytischen Untersuchung nicht erfaßt werden können.

Daher gibt über die wirkliche Gestaltsfestigkeit und Sicherheit der Verzweigungskonstruktion nur der Großversuch Auskunft, d. h., die meßtechnische Erforschung der Beanspruchung am ausgeführten Bauwerk ist für den Konstrukteur der zweckmäßigste Weg. Auf diese Weise erhält er Grundlagen, die ihm ermöglichen, Folgerungen zu ziehen und Konstruktionsleitsätze aufzustellen. Andererseits wirkt der durch Messung erkannte Spannungsmechanismus auch befruchtend auf die analytische Betrachtung der Festigkeitsaufgabe. So deutet die folgerichtige Auslegung planmäßig erlangter Meßergebnisse oft auf zweckmäßige Vereinfachungen an sich strenger Lösungsverfahren hin, die zu einfachen Näherungslösungen führen können. Dabei basiert die Spannungsermittlung zweckmäßigerweise auf Formänderungsmessungen.

Falls der stets anzustrebende Großversuch nicht durchgeführt werden kann, sollte man wenigstens den Modellversuch zu Rate ziehen, obwohl Modellergebnisse eine erheblich vorsichtigere Beurteilung erfordern. Das zeigt, abgesehen von dem viel stärkeren Einfluß der Herstellungsungenauigkeiten, schon folgende einfache Überlegung: Wird im Original eine 40 mm dicke Lamelle mit 6 mm dicken Kehlnähten angeschlossen, so beträgt die Nahtdicke 15% der Lamellendicke. Wird das Modell im Maßstab 1 : 10 gefertigt, und ist die kleinstmögliche Nahtdicke 2 mm, so beträgt sie 50% der Lamellendicke 4 mm, was zu ganz anderen Spannungsverhältnissen infolge Umlagerungen usw. führen kann. Auch gibt der Modellversuch keine Auskunft über die späteren tatsächlichen Schweißvorspannungen in ihrem räumlichen Zusammenwirken sowie über die evtl. veränderte Werkstoffstruktur der Großausführung, also über zwei für die Beurteilung des Sicherheitsgrades wichtige Komponenten.

Die Verzweigung als Gefäß unter Innendruck soll im Versuch den Betriebsbedingungen angepaßt werden, wobei der Druckanstieg bis über den Katastrophen-Lastfall erfolgen kann. Besonders dann, wenn keine Wärmebehandlung vorgenommen wurde, addiert sich zur Spannung infolge Innendruck noch die innere Spannung. Durch die Druckerhöhung während des Versuchs übersteigt die Gesamtspannung die Streckgrenze. Infolge plastischer Verformungen gleicht sich die Spannung teilweise aus. Versuche sowie Prüfungen nach dem Einbau vor Ort sollen daher bei mehrfacher Be- und Entlastung durchgeführt werden. An Stellen der Formänderung = Übergängen von Konstruktionsteilen treten Spannungsspitzen auf, die bei der Prüfung die Streckgrenze erreichen; nach der Entlastung wird hier eine Restspannung hervorgerufen. Dadurch wird ein günstiger Verlauf der Betriebsspannung bewirkt.

Für die quantitativen Dehnungs- und Verformungsmessungen werden vornehmlich Tensometer (Huggenberger) und elektrische Widerstandsdrahtgeber (Dehnungsmeßstreifen) benutzt. Über Versuche an Rohrverzweigungen berichten u. a. Steinhardt [*134*], Siebel-Schwaigerer [*119*], Hiemesch [*194*] und Schiller [*22*]. Letzterer entwickelte eine besondere Meßtechnik, um Dehnungsmessungen auch an der unter Innendruck stehenden Innenoberfläche der Rohrschalen vornehmen und so den Biegeeinfluß der Versteifungsträger auf die Rohrschalen an der Ober- und Unterseite erfassen zu können.

Mit Vorteil wird für eine qualitative Spannungsaussage das sog. Reißlackverfahren angewendet, bei dem die Verzweigung mit einer dünnen Lackschicht überzogen wird und die mit steigender Belastung dichter werdenden Rißlinien den Grad der Beanspruchung sichtbar machen.

In den Konstruktionsteilen des Hosenrohres herrschen vornehmlich ebene Spannungszustände. Bei unbekannten Hauptspannungsrichtungen sind bekanntlich Dehnungsmessungen mindestens in drei Richtungen eines Meßpunktes für die Bestimmung der absoluten Größe der beiden Hauptspannungen und deren Lage zu den Meßrichtungen erforderlich.

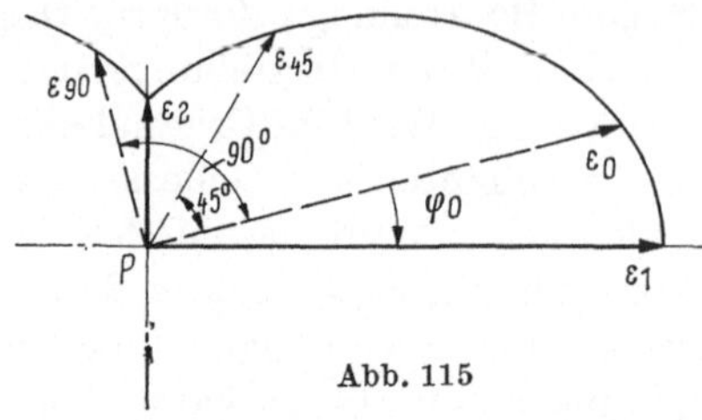

Abb. 115

Die Lage der Meßrichtungen in einem Punkt P ist beliebig. Sie wird meist unter 45° gewählt, so daß man Dehnungen ε_0, ε_{45} und ε_{90} erhält. Bezeichnet man die beiden den Hauptdehnungen ε_1 und ε_2 zugeordneten Hauptspannungen mit σ_1 und σ_2, so ergibt sich zunächst der Winkel φ_0 zwischen ε_0 und ε_1 zu

$$\tan 2\varphi_0 = \frac{\varepsilon_0 + \varepsilon_{90} - 2\varepsilon_{45}}{\varepsilon_0 - \varepsilon_{90}} \tag{244}$$

Die Hauptdehnungen werden

$$\varepsilon_{1(2)} = \frac{\varepsilon_0 + \varepsilon_{90}}{2} (\pm) \frac{\varepsilon_0 - \varepsilon_{90}}{2\cos 2\varphi_0} \tag{245}$$

Mit den jetzt bekannten Hauptdehnungen ε_1 und ε_2 errechnen sich die zugeordneten Hauptspannungen zu

$$\sigma_{1(2)} = \frac{E}{1-\mu^2} (\varepsilon_{1(2)} + \mu\, \varepsilon_{2(1)}) \tag{246}$$

Mit $\mu = 0{,}3$ für Stahl und $E = 2{,}1 \cdot 10^4$ kg/mm² wird

$$\sigma_{1(2)} = 2{,}31\,(\sigma_{1(2)} + 0{,}3\sigma_{2(1)})\, 10^4 \text{ kg/mm}^2 \tag{247}$$

Mit den beiden Hauptspannungen σ_1 und σ_2 sowie dem Winkel φ_0 zwischen σ_1 und der Meßrichtung ε_0 ist der in einem Punkt herrschende ebene Spannungszustand eindeutig definiert, d. h., auf diese Weise lassen sich sämtliche Dehnungsmessungen am Hosenrohr auswerten. Um einen Vergleich der bei mehrachsiger Beanspruchung gemessenen Dehnungswerte ε_1 in Schnittrichtung und ε_2 senkrecht dazu mit denen bei einachsiger Beanspruchung, wie sie im Zugversuch ermittelt werden, zu ermöglichen, ist es u. U. erforderlich, die Vergleichsdehnung σ_v zu errechnen. Diese ergibt sich nach der Gestaltsänderungsenergiehypothese zu

$$\varepsilon_v = \sqrt{\varepsilon_1^2 + \varepsilon_2^2 + 0{,}125\varepsilon_1\,\varepsilon_2}, \tag{248}$$

wenn $\mu = 0{,}3$ ist.

Schiller [*22*] gibt eine Versuchsanordnung an, um die in der Turbinenrohrleitung auftretenden Druckstöße zu imitieren. Dabei erweist sich, daß eine klare und beanspruchungsgerechte Konstruktion auch bei dynamischer Belastung sehr druckschwellfest ist ohne nachteilige übermäßige Spannungskonzentrationen.

Bei der Versuchsdurchführung ist nach der Maßgenauigkeitskontrolle etwa nachstehende Reihenfolge der Messungen gegeben: Aufweitung von Haupt-, Konus- und Verteilrohr-Verformungen der Nahtlinien ohne und mit Versteifungsträgern-Längenänderung evtl. eingebauter Zuganker-Dehnungsmessungen an schachbrettartig über die Verzweigung verteilten Meßstellen-Dehnungsmessungen an Punkten der Träger und Rohrschalen, die bei dem Reißlackversuch bzw. schon aus der Festigkeitsberechnung als besonders ausgezeichnet, d. h. gefährdet gelten. — Nachstehend werden Ergebnisse von Versuchen wiedergegeben, durchgeführt in der „Versuchsanstalt für Stahl-, Holz und Steine der T. H. Karlsruhe" [*19*].

Modell I

Vor dem Zusammenbau wurde der zur Horizontalebene symmetrische Hufeisenträger (s. Längsschnitt sowie Querschnitte 0 und 4) untersucht mit dem Ziel, die Bügelsteifigkeit zu ermitteln sowie die rechnerischen und experimentellen Spannungen in den meist beanspruchten Querschnitten zu ermitteln. Nach Ausschaltung des Eigengewichtseinflusses wurde der Bügel etwa an seinen Enden durch je eine Einzellast $P = 2000$ kg

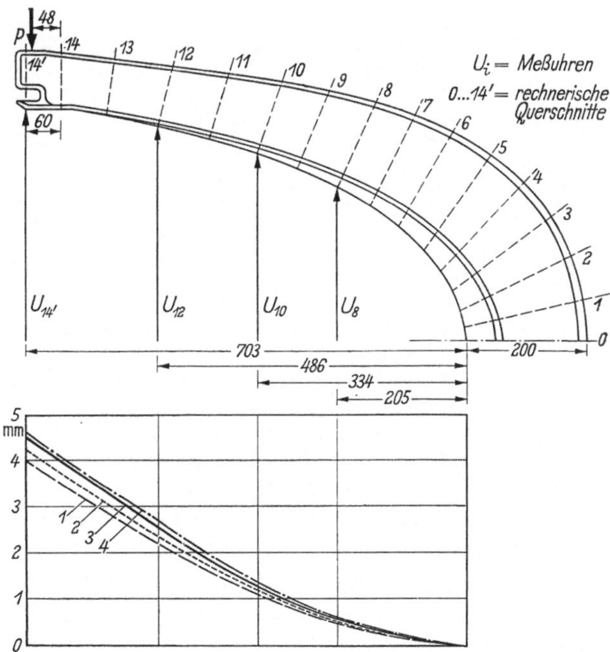

Abb. 116. Bügelaufweitung infolge $P = 2000$ kg bei verschiedenen Annahmen

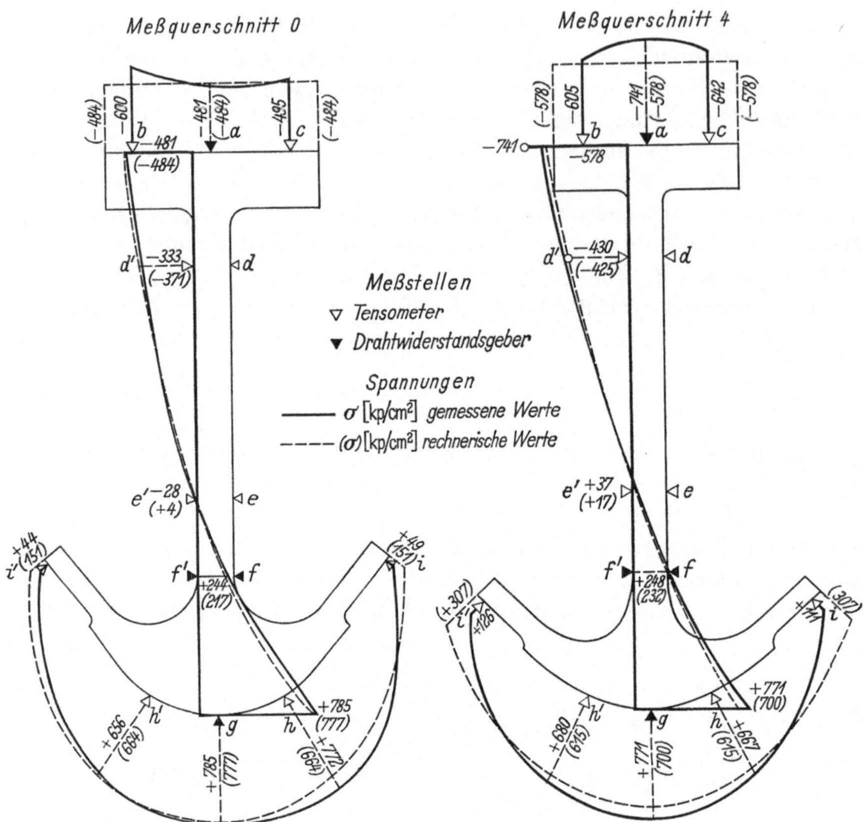

Abb. 117. Gemessene und rechnerische Spannungen bei $P = 2000$ kg

belastet. Formänderungen und Spannungen zeigten sich unabhängig davon, ob P eine Zug- oder Druckkraft ist. Die 4 Bügelaufweitungen bedeuten

Verformungslinie (1): Aufweitung infolge des Biegemomentes, wenn $J = J$ gerader Träger,

Verformungslinie (2): Aufweitung infolge des Biegemomentes, wenn $J = J^*$ gekrümmter Träger,

Verformungslinie (3): Aufweitung infolge von Biegemoment, Normal- und Querkraft ($\varkappa = 2{,}4$) $J = J^*$ gekrümmter Träger,

Verformungslinie (4): Gemessene Bügelaufweitung.

Während der Normalkraftanteil vernachlässigbar klein ist, beträgt der Einfluß der Trägerkrümmung auf die Steifigkeit bis zu 8%, derjenige der Querkraft wegen der großen Trägerhöhe etwa 10%.

Die Spannungen in den Querschnitten 0 und 4 infolge Biegemoment und Normalkraft zeigen eine gute Übereinstimmung ihrer hyperbolischen Verteilung nach Messung und Rechnung.

Nach diesen aufschlußreichen Vorversuchen wurde aus Rohrschalen, Hufeisen- und Versteifungsträger die Verzweigung erstellt, wobei folgende Modellwerte von Interesse sind: Hauptrohrdurchmesser 750 mm, Verteilrohrdurchmesser 450 mm; Durchmesserabweichung $\pm 1{,}8\%$; Blechdickenabweichung $\pm 5{,}2\%$; Blechdicke Hauptrohr und Konus 2,8 mm, Verteilrohr 2,4 mm; $2\alpha = 25°$; $2\beta = 50°$; Werkstoff St. 37 mit $\sigma_F = 2840$ kg/cm², $\sigma_{\text{Bruch}} = 4110$ kg/cm² und Bruchdehnung $\delta = 20{,}4\%$; mittleres Trägheitsmoment $J^* = 1378$ cm⁴ des Bügels und 576 cm⁴ des Ringträgers (beide einstegig). Die Konusschalen sind mit dem Bügel kalt vernietet; die Verbindung Hufeisenbügel-Ringträger ist geschraubt.

Auf den Rohr-Außenflächen und Versteifungen wurden gemessen die Dehnungen mittels Tepic-Streifen nach Huggenberger bzw. mittels Huggenberger-Tensometer: Die Verformungen mittels Mahr-Meßuhren von 1/100 mm Meßgenauigkeit; die Krümmung der Rohrschalen mittels eines Bogenpfeil-Meßgerätes von 100 mm Sehnenlänge.

Die Last wurde in mehreren Stufen bis auf einen Innendruck von $p = 22{,}5$ atü gesteigert.

Die außerhalb des Biegeeinflußbereiches der Versteifungen gemessenen Rohrschalendehnungen erlauben die Errechnung und Gegenüberstellung nachstehender Membranspannungen:

	Verteilrohr	Hauptrohr
σ_T kg/cm² gemessen	682	527
gerechnet	696	488
σ_A kg/cm² gemessen	367	254
gerechnet	348	244

Die an verschiedenen Stellen der Konusschalen gemessenen Dehnungen lieferten Spannungen, die gegenüber den errechneten maximal um 8% abwichen.

Ferner wurde der Biegeeinfluß auf die Rohrschalen untersucht. Im Ringträger-Horizontalschnitt wurden die Tangentialdehnungen auf der Rohrschale gemessen. Diese Dehnungen resultieren aus der tangentialen

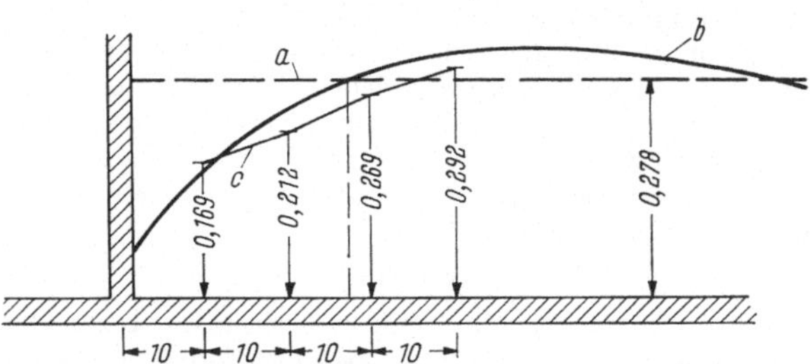

Abb. 118. *a* rechnerische Tangentialdehnung ohne Biegeeinfluß; *b* rechnerische Tangentialdehnung mit Biegeeinfluß; *c* gemessene Tangentialdehnung

Membranspannung (Zug) und der μ-fachen Längsbiegespannung (Druck) beiderseits des Ringträgers, so daß sich hieraus das axiale Biegemoment bestimmen läßt. Der Dehnungsvergleich Rechnung–Messung ergibt unter Beachtung der Querkontraktion und der Formänderung des Ringträgers nebenstehendes Bild.

Berücksichtigt man die bei Modellen mannigfachen lokalen Einflüsse, so zeigt die Darstellung eine deutliche Bestätigung der Rechnungsannahmen.

Der bereits untersuchte Bügel wurde mit den Rohrschalen vernietet, die Verschiebung unter $P = 2000$ kg gemessen, nach Entlastung Bügel und Ringträger miteinander verschraubt und wieder gemessen. Das

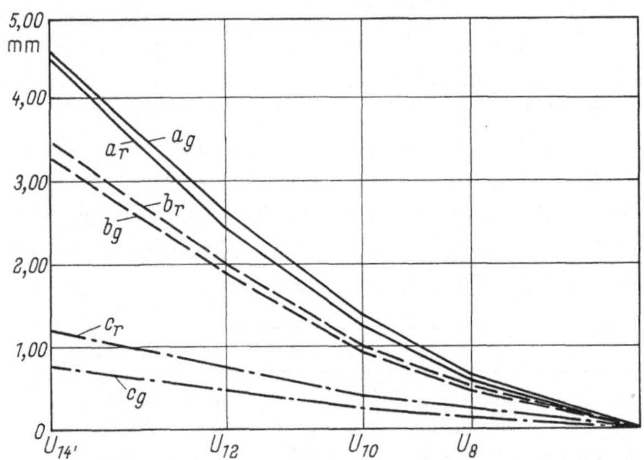

Abb. 119. Vertikale Bügelverformung bei einer Einzellast $P = 2000$ kg
Meßwerte: a_g Bügel allein, b_g Bügel + Rohrschale, c_g Bügel + Rohrschale + Ringträger zusammenwirkend. Rechenwerte: a_r, b_r, c_r entsprechend

Ergebnis zeigt, daß es unrichtig ist, das Zusammenwirken von Träger und Schale außer acht zu lassen, beträgt doch die gemessene Erhöhung der Steifigkeit im Mittel etwa 30%.

Das mit Reißlack überzogene Modell zeigte bei allmählicher Laststeigerung nachstehendes Verhalten:

7 atü: Erste Fließfiguren zwischen den Nietbildern des Hufeisenbügels.
13,3 atü: Fließen auf der Hauptrohrschale neben dem Ringträgersteg, erste Undichtigkeiten der Niete an Bügelenden und Bügelscheitel.
18,9 atü: Schraubenverbindung zwischen Bügel und Ringträger werden durch Abscheren zerstört.
21,5 atü: Erhebliches Fließen des Konusschalen sowie stellenweise eine plastische Verformung des Ringträgerflansches.
22,5 atü: Erreichter Maximaldruck, da zu große Undichtigkeit der Nietanschlüsse.

Der Nietanschluß erweist sich als unzweckmäßig; besonders gefährdet ist der Verbindungsbereich des Hufeisenträgers mit dem Ringträger eine Bestätigung der „Kerbwirkung“ sowie der rechnerischen Aussagen.

Modell II

Sein Horizontalschnitt [*134*] gibt die wichtigsten Daten wieder. Werkstoff, Maßtoleranzen, α und β wie bei Modell I. $J^*_{\text{Hufeisen}} = 1041\ \text{cm}^4$, $J^*_{\text{Ring}} = 666\ \text{cm}^4$ (Mittelwerte), Blechdicke Hauptrohr und Konus 3,2 mm, Verteilrohr 2,6 mm. Außerdem ist ein Zuganker Durchmesser 20 angeordnet.

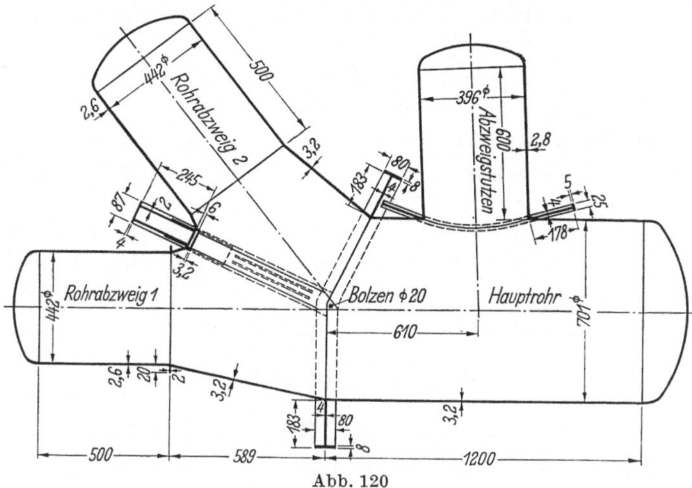

Abb. 120

Modell II ist einschl. der Verbindung Hufeisenbügel-Ringträger geschweißt. Die zweistegigen Querschnitte und der Längsschnitt zeigen den komplizierteren Aufbau des Bügels sowie die aus meßtechnischen Gründen vorhandenen Aussparungen.

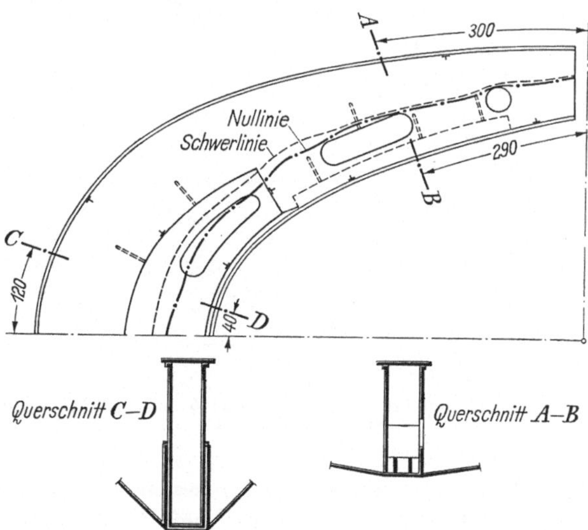

Abb. 121. Null- und Schwerlinie eines gekrümmten Trägers variabler Höhe und Querschnitts (Bügelmodell II)

Die Zugankerverlängerung verläuft etwa proportional dem Druckanstieg von 4 auf 20 atü; ihr Rechenwert ist bei 4 atü um 16%, bei 20 atü um 29% kleiner als der Meßwert. Diese Differenz ist in erster Linie darauf zurückzuführen, daß der Zuganker bei der Modellherstellung schon eine erhebliche Zug-Vorspannung erhalten hat und daher seine Fließgrenze wesentlich eher erreichte, als nach der rein rechnerischen Belastung zu erwarten war.

Auf den Rohrschalen wurden die Dehnungen im Abstand 60 · Blechdicke = 19,2 cm von der nächstliegenden Verstärkung bei 8 atü gemessen, so daß kein Einfluß aus der Mitwirkung der Rohrschale als Versteifungsträgergurt zu erwarten war. Die Membranspannungsdifferenzen hielten sich in den bei Modell I angegebenen Grenzen.

Im Abstand bis zu 18 cm von dem 6 mm dicken Abschlußboden und bis zu 17,1 cm vom Ringträger ist auf den Rohrschalen ein deutlicher Biegeeinfluß meßbar. Rechnerisch ergibt sich bis zur 2. Nullstelle der Biegelinie der unendlich breiten Rohrschale

$$l = 5{,}498 \sqrt{t\,R} = 5{,}498 \sqrt{0{,}32 \cdot 35{,}05} = 18{,}45 \text{ cm} = 57{,}6\,t < 60\,t.$$

Die rechnerische Verformung von Hufeisen- und Ringträger wurde für $p = 5{,}2$ atü unter Berücksichtigung der geneigten bzw. horizontalen

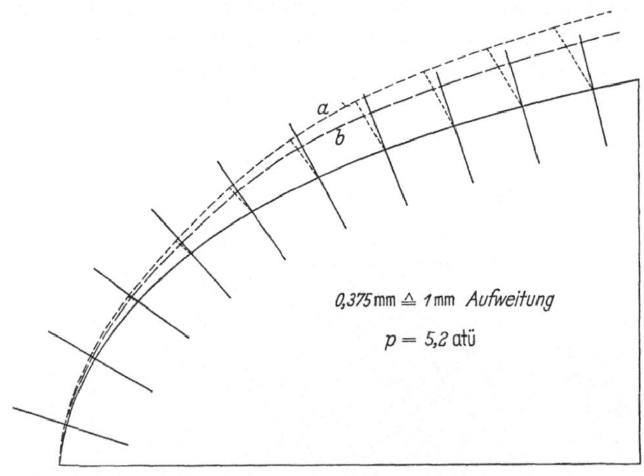

Abb. 122. Bügel-Formänderung Modell II
a ohne Berücksichtigung der angrenzenden Rohrschalen; *b* mit Berücksichtigung der angrenzenden Rohrschalen

mitwirkenden Rohrschale ermittelt, ihr prozentualer Anteil ist aus der Darstellung zu entnehmen. Die Messung liefert etwa 10% geringere Werte.

Die nach Anwendung des Reißlackverfahrens durchgeführten Drucksteigerungen hatten folgendes Ergebnis:

7,6 atü: Keinerlei Fließerscheinungen (5,1 atü + 46% Druckstoß).
16,0 atü: Örtliche Fließlinien auf der Rohrschale in Zugankernähe und an den Stegen des Hufeisenbügels etwa bei seinem rechnerischen Momenten-Nullpunkt. (Stegspannung 2640 kg/cm^2 maximal gemessen).
22,0 atü: Fließlinien auf den Konusschalen, auf den Hauptrohr in Ringträgernähe sowie in und neben den Schweißnähten, was deren formänderungsbehindernde Wirkung beim Modell bestätigt.
24,0 atü: Plötzliches Ausbeulen des Bügels an der Stelle der größten Querkraft; erste kleine Risse in mehreren Schweißnähten.
34,0 atü: Wegen der neben dem Bügelsteg etwa 20 cm vom Zuganker entfernten gerissenen Naht ist keine weitere Drucksteigerung möglich.

Legt man bei 7,6 atü Gebrauchsdruck 24 atü als Beginn allgemeinen Fließens zugrunde, dann beträgt der Sicherheitsgrad 3,2; gegenüber Bruch beträgt er sogar 4,47. Somit bietet die Konstruktion bei einwandfreiem Material, bei planmäßiger Herstellung und Montage auch beim Katastrophenfall eine ausreichende Sicherheit.

Bei im Rohrinnern verlaufenden Verstärkungen, die in der Nähe der horizontalen Symmetrieebene in der Nahtlinie verschweißt sind, reißen diese häufig dort auf, weil zu der Biegebeanspruchung noch die erhebliche Zugkraft hinzukommt, d. h., das Hosenrohr entledigt sich der Verformungsbehinderung.

Siebel-Schwaigerer [*119*] berichten von Versuchen, bei denen nach plastischer Verformung die Verzweigung schlagartig mit einem Trennungsbruch riß, obwohl keine Schweißfehler einen spröden Bruch begünstigen. Vielmehr zeigte sich, daß der sonst zähe Werkstoff durch die Gestaltung und Steifigkeit der Bügel in der Verformung stark behindert war, d. h., dem Werkstoff wurde die natürliche Verformungsfähigkeit genommen. Diese gestaltsbedingte Trennbruchanfälligkeit verbindet sich dann mit der konstruktionsbedingten Kerbwirkung (plötzliche Übergänge) zu besonderer Gefährlichkeit.

Die vorgenannten Versuchsergebnisse zeigen aber auch, daß die Auswertung richtig durchgeführter Messungen zwangsläufig zum Entwurf einer Verzweigung befähigt, die die im Betrieb an sie gestellten Anforderungen sicher erfüllen kann, wobei eine wirklichkeitsnahe Berechnungsmethode gleichzeitig ihre Bestätigung findet.

VI. Zusammenfassung

Die in diesem Buch vorgenommenen Untersuchungen und Berechnungen gelten nicht nur für die Druckrohrverzweigungen der Wasserkraft- und Pumpspeicherwerke, sondern auch für solche der Ölraffinierien, Großversorgungs- und Transportleitungen, Reaktoranlagen usw., also stets dann, wenn Rohrverzweigungen durch Innendruck beansprucht werden.

Wenn zur Herstellung eines Hosenrohres rotationssymmetrische Schalen angeschnitten werden müssen, so bedeutet diese empfindliche Gleichgewichtsstörung eine erhebliche Schwächung, die vor allem bei hohen Innendrücken und großen Rohrdurchmessern Verstärkungen in den Verschneidungslinien bzw. in ihrer Nähe notwendig macht. Dadurch wird aus der Membran ein teilweise biegebeanspruchtes, schiefwinkliges Träger-Schalen-System mit stark veränderlicher Steifigkeit und verwickelten Verformungs- und Beanspruchungsverhältnissen. Bezüglich Werkstoffwahl, Entwurf, Berechnung, Herstellungstechnik und Montage gehören diese Druckgefäße zu den schwierigsten Aufgaben im Stahlbau; treffen doch bei Bau und Betrieb mehrere für die Konstruktion ungünstige Komponenten langzeitig zusammen. Nicht nur, daß die der Festigkeitsberechnung zugrunde liegende Betriebsbelastung fast dauernd in voller Höhe auftritt, sondern es ist auch mit schlagartigen Druckstößen und mit starken Temperaturunterschieden zu rechnen, die Überlegungen zum Sprödbruchproblem notwendig machen, zumal derartige Verzweigungen wirtschaftlich und beanspruchungsgerecht heute nur mittels Elektroschweißung herzustellen sind. Dafür verlangt man Stähle mit hohen Festigkeits- und Kerbschlagzähigkeiten, die auch im Schweißnahtbereich gewährleistet sein müssen. Derartige Stähle erlauben die Ausführung dünner Wandungen mit besseren Schweiß- und einfacheren Montagemöglichkeiten. Gerade in den letzten 15 Jahren haben sich in der Entwicklung des Druckleitungsbaues große Fortschritte gezeigt, weil die Schweißtechnik und die Materialbeschaffenheit sich gegenseitig stark beeinflußt und gefördert haben. Nach Bekanntwerden der Sprödbruchursachen und Schaffung von Verformungsreserven durch Anwendung hochfester, zäher Stahlbleche wurden Leitungen möglich für höchste Gefälle und größte Wassermengen. Dabei zeigt sich, daß man auf unterschiedlichen Wegen zu Stählen verschiedenster Zusammensetzung kommen kann, die dieselben elasto-mechanischen Kenngrößen haben, von denen Kerbzähigkeit und Formänderungsvermögen von besonderer Wichtigkeit sind.

Nach Erläuterung der möglichen Last- und Spannungskombinationen und dem einzuhaltenden Sicherheitsgrad werden hydraulische Überlegungen beim Entwurf der Hosenrohrform wiedergegeben. Die elastische Deformation verbreitet sich im Material mit Schallgeschwindigkeit, die plastische bedeutend langsamer. Ist die Geschwindigkeit schlagartiger Belastung größer als die, mit der sich plastische Verformungen verbreiten können, so werden im Kerbgrund vorhandene örtliche Spannungsspitzen nicht abgebaut, wodurch eine Trennbruchanfälligkeit gegeben ist. — Neben der statischen Druckhöhe und dem Wasserschlag als Ausgangswerte für die Bemessung sind wegen der hydraulischen Belange die Abmessungen von Konusrohren, Abzweigen und Hosenrohren so zu wählen, daß die zu erwartenden Druckhöhenverluste durch strömungstechnisch günstige Gestaltung zu einem Minimum werden.

Besonderes Augenmerk wird auf die statisch-konstruktiven Möglichkeiten und deren Beurteilung gerichtet. Es werden herstellungstechnische Vor- und Nachteile von der Gesamtkonstruktion her gesehen diskutiert, d. h. die Tatsache, daß es sich um ein Kontinuum handelt, steht dabei im Vordergrund. Die daraus resultierenden Regeln für schweißgerechtes Konstruieren werden zusammengefaßt, wobei sich zeigt, daß eine Verstärkung sich dann als Schwächung auswirken kann, wenn sie an der falschen Stelle angebracht wird, wenn sie eine unnötige hohe Steifigkeit und starke Verformungsbehinderung mit Kerbwirkung erzeugt.

Diese zu berücksichtigenden verschiedenartigen Komponenten bilden die Grundlage des Entwurfs, dessen Berechnung der zweite Teil gewidmet ist. Die Konstruktionselemente, vor allem der gekrümmte Träger mit seinen Eigenarten, werden zunächst für sich, dann mit der Rohrschale zusammenwirkend behandelt, wobei letztere rechtwinklig oder geneigt angeschlossener Teil des Trägers wird. Ausgehend von den geometrischen Zusammenhängen, wird die Ermittlung der auf die Kegelschnitt-Nahtlinien wirkenden Kräfte auf verschiedenen Wegen gezeigt. Aus diesen werden die Schnittgrößen für das mehrfach statisch unbestimmte Bügelsystem errechnet und seine Verformung mit derjenigen verglichen, die die ungestörte Rohrschale unter Innendruck ausführen würde. So läßt sich wiederum der Biegeeinfluß der Versteifungsträger auf die Rohrschalen erfassen. — Die Rohrverzweigung ist auch Knotenpunkt des mehrfach statisch unbestimmten Gesamtsystems. Der Temperatureinfluß auf die Schnittgrößen M und N wird durch ein ausgeführtes Beispiel verdeutlicht.

Sowohl die genaue Berechnung als auch das grapho-analytische Verfahren bedingen einen umfangreichen, zeitraubenden Aufwand. In der Praxis wird es aber häufig notwendig, kurzfristig für die Angebotsbearbeitung, Vorbemessung oder Überprüfung, Verzweigungsschnittgrößen zu erhalten. Daher sind Zahlenwerte und Diagramme wiedergegeben, die in Abhängigkeit vom Hauptrohrradius R_1, dem Konusöffnungswinkel 2α und dem Verzweigungswinkel 2β stehen. Sind diese Kenngrößen bekannt, so können unmittelbar die für die Geometrie und Statik des Hosenrohres erforderlichen Werte abgelesen werden.

Die Abhandlung befaßt sich mit den Verstärkungen der Verzweigung durch mehrere Bügel bzw. durch einen Bügel mit Ringträger und evtl. Zuganker, also Lösungen, die vornehmlich gewählt werden. Nicht behandelt werden wegen der seltenen Ausführung Verzweigungen mit aufgebrachten Bandagen, parallelen Fachwerkringen oder einer Schar sich kreuzender Rippen (Schalenrost). Mit Ausnahme der Schnittgrößenermittlung gelten aber auch dafür sinngemäß alle übrigen vorstehenden Angaben.

Einerseits um die angewandten Berechnungsmethoden zu stützen, andererseits um den Einfluß der gewählten Werkstoffverteilung über der Verzweigung sowie die Auswirkungen rechnerisch nicht erfaßbarer Größen auf die Tragfähigkeit ermessen zu können, wurden Ergebnisse von Versuchen besprochen. Sie bestätigen, daß es möglich ist, sowohl theoretisch-rechnerisch als auch konstruktiv-herstellungstechnisch die hohen Anforderungen zu erfüllen, die der Entwurf einer stählernen Druckrohrverzweigung an die Beteiligten stellt.

Literaturverzeichnis

Das Verzeichnis ist nach dem Erscheinungsjahr geordnet

Bücher

[1] GRASHOF, F.: Elastizität und Festigkeit. Berlin: R. Gaertner 1878.

[1a] KIEPERT, L.: Grundriß der Differential- und Integralrechnung, Teil II. Hannover: Helwingsche Verlagsbuchhandlung 1903.

[2] HAYASHI, K.: Theorie des Trägers auf elastischer Unterlage, Berlin: Springer 1921.

[3] TIMOSHENKO-LESSELS: Festigkeitslehre. Berlin: Springer 1928.

[4] STEINHARDT, O.: Beitrag zur Berechnung gekrümmter Stäbe mit gegliedertem Querschnitt (Dissertation). Darmstadt 1938.

[5] STRADTMANN, F. H.: Stahlrohr-Handbuch. Essen: Vulkan-Verlag 1940.

[6] KAYSER, H. E.: Beitrag zur Spannungsermittlung in Rahmenecken mit Rechteckquerschnitt (Dissertation). Darmstadt 1938.

[7] FÖPPL, L.: Drang und Zwang, Bd. III. München: Leibniz-Verlag 1947.

[8] JAHNKE-EMDE: Tafeln höherer Funktionen, 4. Aufl., Leipzig: Teubner 1948.

[9] KAMMÜLLER, K.: Theorie des Stahlbetons, Bd. II, Teil 1. Karlsruhe: Verlag C. F. Müller 1948.

[9a] ONIGA, TH.: Calcul des Tuyaux. Paris: Matémine S. A. 1949.

[10] TÖLKE, F.: Veröffentlichungen zur Erforschung der Druckstoßprobleme in Wasserkraftanlagen und Rohrleitungen, H. 1. Berlin/Göttingen/Heidelberg: Springer 1949.

[11] SCHULTZ-GRUNOW, F.: Einführung in die Festigkeitslehre. Düsseldorf: Werner-Verlag 1949.

[12] Deutscher Stahlbauverband: H. 7, Gegenwartsaufgaben für Betrieb und Montage des Stahlbaues. Bremen: Industrieverlag W. Dorn 1950.

[13] Deutscher Stahlbauverband: H. 11, Tagesfragen des Stahlbaues im Betrieb und auf der Baustelle. Bremen: Industrieverlag W. Dorn 1951.

[14] TIMOSHENKO, S.: Strength of Materials, Part II (Advanced Theory and Problems). New York: van Nostrand Company 1952.

[15] RÜHL, K.: Tragfähigkeit metallischer Baukörper. Berlin: Ernst & Sohn 1952.

[16] ESSLINGER, M.: Statische Berechnung von Kesselböden. Berlin/Göttingen/Heidelberg: Springer 1952.

[17] BIENZO-GRAMMEL: Technische Dynamik, Bd. I. Berlin/Göttingen/Heidelberg: Springer 1953.

[18] v. JÜRGENSONN, H.: Elastizität und Festigkeit im Rohrleitungsbau. Berlin/Göttingen/Heidelberg: Springer 1953.

[19] ATROPS, H.: Untersuchung der Versteifungen in Rohrverzweigungen (Dissertation). Karlsruhe 1953.

[20] GIRKMANN, K.: Flächentragwerke. Wien: Springer 1954.

[21] Werkstoff-Handbuch Stahl und Eisen. Düsseldorf: Verlag Stahleisen 1955.

[22] SCHILLER, A.: Theoretische und experimentelle Untersuchungen über die Spannungsverteilung in Hosenrohren besonderer Bauart (Dissertation). Karlsruhe 1955.

[23] Némec, J.: Festigkeit von Druckbehältern unter verschiedenen Betriebsbedingungen. Berlin: VEB-Verlag Technik 1956.

[24] Mateescu, D. D.: Construktii Metalice Speciale. Bucuresti: Editura Technica 1956.

[25] Malisius, R.: Schrumpfungen, Spannungen und Risse beim Schweißen. Düsseldorf: Deutscher Verlag f. Schweißtechnik 1957. (Dort noch 184 Literaturangaben.)

[26) Vorläufige Empfehlungen zur Wahl der Stahlgütegruppen für geschweißte Stahlbauten. Köln: Stahlbau-Verlags-GmbH 1957.

[27] M. W. Kellog & Company: Design of Piping Systems. New York: Wiley & Sons 1957.

[28] Teodorescu-Mocanu: Calculul şi Incercarile înbinârilor sudate. Bucureşti: Editura Technica 1957.

[29] Deutscher Stahlbauverband: Stahlbau-Handbuch Bd. 1 (1956), Bd. 2 (1957). Köln: Stahlbau-Verlags-GmbH.

[30] Flügge, W.: Statik und Dynamik der Schalen. Berlin/Göttingen/Heidelberg: Springer 1957.

[30a] Richter, H.: Rohrhydraulik. Berlin/Göttingen/Heidelberg: Springer 1958.

[31] Pflüger, A.: Elementare Schalenstatik. Berlin/Göttingen/Heidelberg: Springer 1957.

[32] 50 Jahre Deutscher Ausschuß für Stahlbau (1908—1958). Köln: Stahlbau-Verlags-GmbH 1958.

[33] Scheer, L.: Was ist Stahl? Berlin/Göttingen/Heidelberg: Springer 1958.

[34] Richtlinien für die Erstellung von stählernen Druckrohrleitungen für Wasserkraftanlagen. Frankfurt: Vereinigung Deutscher Elektrizitätswerke 1958.

[35] Flimm, J.: Werkstoffe, Braunschweig: Westermann 1958.

[36] Rauch, A.: Taschenbuch Wasserkraftanlagen, Stuttgart: Franckh 1959.

[37] Erker-Hermsen-Stoll: Gestaltung und Berechnung von Schweißkonstruktionen, Düsseldorf: Deutscher Verlag f. Schweißtechnik 1959.

[38] Rabotnov, B. A., u. B. M. Radzichowski: Richtlinien für Montage und Prüfung an Druckrohrleitungen von Wasserkraftanlagen. Moskau 1959.

[39] Rühl, K.: Die Sprödbruchsicherheit von Stahlkonstruktionen, Düsseldorf: Werner-Verlag 1959. (Dort weitere 105 Literaturangaben.)

[40] Gross, F.: Stahlbehälter für flüssige und gasförmige Stoffe, Düsseldorf: Werner-Verlag 1961.

Aufsätze

[41] Bantlin, H.: Beitrag zur Bestimmung der Biegespannungen in gekrümmten, stabförmigen Körpern. VDI-Z. 1901, 164.

[42] Ritz, W.: Über eine neue Methode zur Lösung gewisser Variationsprobleme der mathematischen Physik. Crelles Journal 1909, 135, H. 1.

[43] Mayer, R.: Über Elastizität und Stabilität des geschlossenen und offenen Kreisbogens. Z. Mathematik Physik 1913, 246.

[44] Mayer, R.: Die Berechnung dünnwandiger ovaler Röhren gegen gleichförmigen Normaldruck. VDI-Z. 1914, H. 17.

[45] Vogel, G.: Untersuchungen über den Verlust in rechtwinkligen Rohrverzweigungen. Mitt. Hydraul. Inst. TH München, 1926, H. 1, 2 u. 11.

[46] Petermann, F.: Der Verlust in schiefwinkligen Rohrverzweigungen. Mitt. Hydraul. Inst. TH München 1929, H. 3.

[47] Huggenberger, U. A.: Festigkeitsuntersuchung im Luftfahrzeugbau. Schweiz. Bauztg., Jan. 1930.

[48] Sonntag, R.: Zur ebenen Biegung des stark gekrümmten Stabes mit veränderlicher Querschnittshöhe. München: Ackermann 1931.

[49] POHL, K.: Berechnung der Ringversteifungen dünnwandiger Hohlzylinder. Der Stahlbau 1931, H. 14.

[50] BLEICH, F.: Die Spannungsverteilung in den Gurtungen gekrümmter Stäbe mit T- und I-förmigem Querschnitt. Der Stahlbau 1933, H. 1.

[51] LINDNER, G.: Biegung krummer Stäbe. Z. angew. Math. Mech. 1934, 43.

[52] RÖTSCHER, F.: Einfache Verfahren zur Ermittlung des Schwerpunktes, des Rauminhaltes und der Momente höherer Ordnung. VDI-Z. 1936, 1354.

[53] BOLLENRATH, F.: Das Verhalten von Schweißspannungen in Behältern bei innerem Überdruck. Stahl u. Eisen 1937, H. 15.

[54] WULF, W.: Praktische Ratschläge für die Herstellung der Röntgenaufnahmen von Schweißnähten und ihre Auswertung. Der Stahlbau 1938, H. 23.

[55] FRITSCHE, J.: Die neuere Fließbedingung und die Ergebnisse der Werkstoffprüfung. Der Stahlbau 1939, H. 3.

[56] RAIDT, W.: Der Einfluß der Durchstrahlungsprüfung auf das Schweißen. Elektroschweiß. 1939, H. 7.

[57] STEINHARDT, O.: Die Berechnung zweistäbiger Rahmenecken mit zusammengesetztem Querschnitt. Der Stahlbau 1940, H. 1.

[58] RIED, E.: Entwurf von Hochdruck-Rohrleitungen. Wasserkraft und Wasserwirtschaft 1940, H. 5.

[59] GIRKMANN, W.: Zur Theorie der Schweißverbindungen. Der Stahlbau 1940, H. 23/24.

[60] Sulzer-Kragenverstärkungen für Rohrleitungen. Schweiz. Bauztg. 1940, 171—173.

[61] SCHULZ, H., u. W. BISCHOF: Die Werkstofffragen beim Schweißen dicker Abmessungen aus St. 52. Der Stahlbau 1941, H. 10/11 u. 12/13.

[62] ZAHN, B.: Elektroschweißung. VDI-Z. 1941, H. 14.

[63] MARGUERRE, K.: Spannungen in Ausschnittsversteifungen. Bericht d. DVA für Luftfahrt, Bd. 18, Berlin 1941.

[64] KIENAST-MÜLLER: Sulzer-Druckleitungsanlagen für Wasserkraftwerke. Techn. Rundschau Sulzer, Winterthur, Schweiz, 1944, H. 2.

[65] BLAIR, J. S.: Reinforcement of Branch Pieces. Engineering, Juli-Dez. 1946.

[66] DINNER, H.: Mikrohärteprüfungen. Technische Rundschau Sulzer 1947, H. 3/4.

[67] SIEBEL, E.: Neue Wege der Festigkeitsrechnung. VDI-Z. 1948, H. 5.

[68] ESSLINGER, M.: Zur Berechnung von Flachblechfahrbahnen. Bautechn. 1948, H. 10.

[69] V. D. E. H.: Das Zustandsschaubild Eisen-Kohlenstoff. Düsseldorf: Verlag Stahleisen 1949.

[70] KOHL, E: Über Nebenspannungen und zul. Beanspruchungen im Stahlbau. Stahlbautagung Braunschweig 1949; Deutscher Stahlbau-Verband H. 8.

[71] MÜLLER, W.: Reibungsverluste in der Druckleitung und Verteilleitung des Kraftwerkes Lucendro. Techn. Rundschau Sulzer 1949, H. 4.

[72] BIER, P. J.: Welded Steel Penstocks, design and construction. Engineering Monographs No. 3 (July 1949). Technical Editorial Office, Denver (Colorado).

[73] SCHULZ, E. H.: Eine neue Stahlart für den Groß-Stahlbau. Bauingenieur 1950, H. 2.

[74] FELIX, W.: Qualitätsüberwachung von Schweißungen. Techn. Rundschau Sulzer, H. 4.

[75] ESSLINGER, M.: Calcul d'un tuyau-raccord à deux branches. L'Ossature Métallique 1950, No. 5.

[76] PITTNER, E.: Zur Ermittlung des Bantlinschen Querschnittsfaktors für stark gekrümmte Stäbe. VDI-Z. 974.

[77] HAUTTMANN, H.: Aluminiumhaltige, alterungsbeständige Stähle. VÖEST-Jahrbuch 1950/51.

[78] HAUTTMANN, H.: Sonderstähle für hochbeanspruchte, geschweißte Konstruktionen, insbesondere Druckrohrleitungen. VÖEST-Jahrbuch 1950/51.

[79] SUESS, T. E.: Stahlherstellung nach dem Sauerstoff-Aufblaseverfahren. VÖEST-Jahrbuch 1950/51.

[80] FOLKHARD, E.: Die Prüfung der Trennbruchanfälligkeit schweißbarer Baustähle. VÖEST-Jahrbuch 1950/51.

[81] LEWENTON, G.: Schweißtechnische Gestaltung auf Biegung beanspruchter Stahlplatten. Schweißen u. Schneiden, 1951, Sonderheft.

[82] KAPPUS, R.: Les contraintes de cisaillement dans les barres courbes. La Recherche Aéronautique 1951, 49.

[83] PETERS: Geschweißter Silo mit 7000 t Fassungsvermögen. Der Stahlbau 1951, H. 1.

[84] SWIDA, W.: Die Berechnung von stählernen Bögen unter Berücksichtigung der Tragfähigkeitsreserve im elastisch-plastischen Zustand. Der Stahlbau 1951, H. 2.

[85] FREYMARK, H. V., u. A. RINNER: Entwurf und Bau eines geschweißten Hosenrohres. Der Stahlbau 1951, H. 4.

[86] MÜLLER, W.: Erfahrungen mit Kesselblechen im Druckleitungsbau. Techn. Rundschau Sulzer 1951, H. 4.

[87] MALISIUS, R., u. W. LIEBIG: Schweißfertigung der Stollenpanzerung für die Druckrohrleitung einer Wasserkraftanlage. Schweißen u. Schneiden 1951, H. 4.

[88] KIRCHFELD, H.: Erfahrungen aus dem Rohrleitungsbau unter Berücksichtigung der Glühbehandlung. Schweißen u. Schneiden 1951, H. 4.

[89] DIENST, H.: Festigkeitsuntersuchungen an einseitigen Kehlnaht-Schweißverbindungen mit verschiedenen Schweißnahtformen. Schweißen u. Schneiden 1951, H. 4.

[90] ESSLINGER, M.: Berechnung von Rohrstutzen. Der Stahlbau 1951, H. 10 u. 11.

[91] SCHULZE, W.: Formgebung von Eckverbindungen. Schweißen u. Schneiden 1951, H. 7.

[92] RARING-RINEHOLT: Static Fatigue of High Strength Steel. Trans. Amer. Soc. Met. 1951, No. 31.

[93] ZEYEN, K. L.: Kennzeichnende Unterschiede und Anwendungsgebiete von Schweißelektroden und automatischen elektrischen Schweißverfahren. Der Stahlbau 1952, H. 6.

[94] KUNTZ, W.: Sprödbruchbedingungen bei Metallen und Stahl. Der Stahlbau 1952, H. 9.

[95] HEMPEL, M.: Dauerfestigkeitsprüfungen und Werkstoffverhalten bei der Schwingungsbeanspruchung. VDI-Z. 1952, H. 26. (Dort weitere 50 Literaturangaben.)

[96] PEPPLER, W.: Der Versuch als Grundlage beanspruchungsgerechter Konstruktion. VDI-Z. 1952, H. 26.

[97] SCHMITZ, K.: Erfahrungen aus Kessel- und Rohrschweißerprüfungen. Schweißen u. Schneiden 1952, H. 8.

[98] ALBRECHT, R.: Spannungsoptische Untersuchung neuer Gurtprofile für geschweißte Blechträger. Schweißen u. Schneiden 1952, H. 8.

[99] KLÖPPEL, K., KUO HAO LIE: Beanspruchung quer belasteter Trägerflansche. Der Stahlbau 1952, H. 11.

[100] ZEYEN, K. L.: Fortschritte auf dem Gebiete des Schweißens und Schneidens. Schweißen u. Schneiden 1952, H. 11. (Dort weitere 267 Literaturangaben.)

[101] Kunz, H.: Neuere Erkenntnisse auf dem Gebiet des autogenen Entspannens von Schweißnähten. Schweißen u. Schneiden 1952, Sonderheft.

[102] Buchholtz, H.: Metallurgische Gesichtspunkte für den Einsatz der Windfrischstähle in der Schweißkonstruktion. Schweißen u. Schneiden 1952, Sonderheft.

[103] Schmidt, F.: Stahlschweißen im Maschinenbau. Schweißen u. Schneiden 1952, Sonderheft.

[104] Wegerhoff, E.: Innere Rißbildung in Kehlnahtschweißungen bei Verwendung größerer Blechdicken. Der Stahlbau 1953, H. 3.

[105] Wansleben, F.: Gedanken zur Querschnittsbemessung von Trägern mit veränderlicher Steghöhe. Der Stahlbau 1953, H. 8.

[106] Kemper, H., u. W. Pomaska: Eigenschaften von Stählen. Schweißen u. Schneiden 1953, H. 6 u. 7.

[107] Stein, P.: Werkstoffmechanik. Stahlbautagung Hamburg 1953. Deutscher Stahlbau-Verband, H. 13.

[108] Zeyen, K. L.: Schweißelektroden, heutiger Entwicklungsstand, betriebliche Bewährung und Linien der voraussichtlichen Weiterentwicklung, besonders im Hinblick auf die Schweißsicherheit. Schweißen u. Schneiden 1953, Dez.-Sonderheft.

[109] Pfender, M.: Ausgleich und Steuerung von Eigenspannungen durch autogenes Erwärmen. Schweißen u. Schneiden 1953, Dez.-Sonderheft.

[110] Lueb, H.: Anwendung der Erkenntnisse moderner Metallkunde auf das Schweißen von Stählen höherer Festigkeit. Schweißen u. Schneiden 1953, Dez.-Sonderheft.

[111] Buchholtz, H.: Die Schweißbarkeit und Schweißsicherheit der Großbaustähle. Schweißen u. Schneiden 1953, Dez.-Sonderheft.

[112] Weck, R.: Kritische Betrachtungen über Schrumpfspannungen, ihre Entstehung, Messung und ihr Einfluß auf die Sicherheit. Schweißen u. Schneiden 1953, Dez.-Sonderheft.

[113] Pfender, M.: Die Bedeutung von Schrumpfspannungen für das Festigkeitsverhalten metallischer Konstruktionen. Schweißen u. Schneiden 1953, Dez.-Sonderheft.

[114] Sistiaga, J. M.: Der Einfluß des Desoxydationsgrades und des Stickstoffgehaltes auf das Schweißgut. Schweißen u. Schneiden 1953, Dez.-Sonderheft.

[115] Grosse, W.: Die Gewährleistung der Schmelzschweißbarkeit, eine Forderung der Stahlverarbeiter. Schweißen u. Schneiden 1953, Dez.-Sonderheft.

[116] Wellinger, K.: Möglichkeiten des Abbaues von Schweißspannungen. Schweißen u. Schneiden 1953, Dez.-Sonderheft.

[117] Oberflächenschutz und Oberflächenveredelung bei Eisen und Stahl. Beratungsstelle für Stahlverwendung, Düsseldorf 1954.

[118] Kugelbehälter aus Stahl. Beratungsstelle für Stahlverwendung, Düsseldorf 1954.

[119] Siebel, E., u. S. Schwaigerer: Untersuchungen über das Festigkeitsverhalten ausgehalster Abzweigstücke. Vereinigter Rohrleitungsbau-Mitteilungen, Düsseldorf 1954.

[120] Siebel, E., u. H. Gaier: Dehnungsmessungen an einem Versuchsbehälter mit Ablauf- und Mannlochstutzen. Bericht der Staatl. MPA Stuttgart, Februar 1954.

[121] Klöppel, K.: Sicherheit und Güteanforderungen bei Schweißkonstruktionen. Schweißen u. Schneiden 1954, Sonderheft.

[122] Felix, W. A.: Die praktische Prüfung der Trennbruchsicherheit und Schweißbarkeit von Stahl. Techn. Rundschau Sulzer 1954, H. 1.

[123] GROHÉ, G. K.: Bruchfortpflanzung in Flußstahlplatten. Der Stahlbau 1954, H. 1.

[124] WELLS, A. A.: Die Mechanik des kerbspröden Bruches. Der Stahlbau 1954, H. 4.

[125] MÜLLER, W.: 75 Jahre Druckleitungsbau. Techn. Rundschau Sulzer 1954, H. 4.

[126] ESSLINGER, M.: Berechnung einer Seiltrommel. Der Stahlbau 1954, H. 7.

[127] HERION, E.: Kugelbehälter mit großem Fassungsvermögen in geschweißter Bauart. Acier-Stahl-Steel 1954, H. 7/8.

[128] CHIROL, R.: Geschweißte Stahlkonstruktionen in der Erdölindustrie. Acier-Stahl-Steel 1954, H. 7/8.

[129] FOULON, A.: Zur Frage der Werkstoffprüfung. Der Stahlbau 1954, H. 8.

[130] BORNSCHEUER, F. W.: Vorgespannte, bandagierte Druckrohre. Der Stahlbau 1954, H. 10.

[131] KÜHNEL, R.: Die Kerbschlagbiegeprobe beim Nachweis der Sprödbruchneigung von Stahl; Ergebnisse beim Stahlverbraucher. Der Stahlbau 1954, H. 11.

[132] BORNSCHEUER, F. W.: Betrachtungen zur Bemessung und Sicherheit elektrisch geschweißter Turbinenrohrleitungen. Der Stahlbau 1954, H. 12.

[133] FÖRSTER-ZIZELMANN: Die schnelle zerstörungsfreie Bestimmung der Blechanisotropie mit dem Restpunktpolverfahren. Z. Metallkde. 1954, H. 4.

[134] STEINHARDT, O., u. H. LECK: Die Druckrohrleitung der Big-Eildon-Sperre (Australien). Bauingenieur 1955, H. 1.

[135] DÜSTERDICK, H.: Bau eines Kugelgasbehälters zur Speicherung von Ferngas bei den Stadtwerken Köln. Der Stahlbau 1955, H. 3.

[136] SIEBEL, E., u. H. HAUSER: Festigkeitsversuche an Behältern mit eingeschweißten Stutzen. Bericht der Staatl. MPA Stuttgart, Mai 1955.

[137] KLÖPPEL, K.: Klassifizierung geschweißter Stahlkonstruktionen zwecks Werkstoffwahl. Der Stahlbau 1955, H. 5.

[138] NEHL, F.: H. S. B.-Stähle. Der Stahlbau 1955, H. 6.

[139] RÜHL, K.: Neuere Gesichtspunkte der Sprödbruchprüfung. Der Stahlbau 1955, H. 7.

[140] FEDERHOFER, K.: Zusammenfassende Darstellung der Entwicklung der Statik und Dynamik der Kreizsylinderschalen. Der Stahlbau 1955, H. 9. (Dort weitere 46 Literaturangaben).

[141] DÖRR, J.: Oberflächenverformungen und Randkräfte bei runden Rollen und Bohrungen, Der Stahlbau 1955, H. 9.

[142] CHWALLA, E.: Neuere österreichische Druckrohrleitungen und Druckschächte. Öst. Stahlbautagung 1955, Stahlbau-Rundschau. (Dort weitere 69 Literaturangaben.)

[143] HIEMESCH, U.: Druckrohrleitungen aus Österreich aus aller Welt. Öst. Stahlbautagung 1955, Stahlbau-Rundschau.

[144] WALZEL, R.: Neuzeitliche Wege der Stahlherstellung für den Stahlbau. Öst. Stahlbautagung 1955, Stahlbau-Rundschau.

[145] SCHLATTENSCHEK, A.: Eigenschaften der Stähle im Druckrohrleitungs- u. Stahlwasserbau sowie deren Abnahmebedingungen. Öst. Stahlbautagung 1955, Stahlbau-Rundschau.

[146] STAUFER, W., u. A. KELLER: Prüfung und Kontrolle von Werkstoffen und geschweißten Objekten für Wasserkraftanlagen. 1. Int. Werkstoff-Kongreß, Zürich 1955.

[147] MARINCEK, M.: Entwicklungsstand geschweißter Druckrohrleitungen der Wasserkraftwerke in Jugoslawien. 1. Int. Werkstoff-Kongreß, Zürich 1955.

[148] Föckeler, C.: Die Druckrohrleitung des Lech-Speicherkraftwerkes Roßhaupten. Der Stahlbau 1956, H. 1. u. 2.

[149] Klöppel, K., u. E. Ross: Beitrag zum Durchschlagproblem dünnwandiger versteifter Kugelschalen für voll- und halbseitige Belastung. Der Stahlbau 1956, H. 3.

[150] Koch, H.: Werkstofffragen beim Schweißen. Schweißen u. Schneiden 1956, H. 6.

[151] Dörnen, A., u. G. Trittler: Neue Wege der Verbindungstechnik im Stahlbau. Der Stahlbau 1956, H. 8.

[152] Kollmar, A.: Dauerfestigkeitsversuche mit Werkstoff und Stumpfnahtschweißverbindungen. Der Stahlbau 1956, H. 9.

[153] Kollbrunner, C. F.: Beitrag zur Berechnung von auf Außendruck beanspruchten kreiszylindrischen Rohren. Zürich: Verlag Leemann 1956.

[154] Grass, G., u. K. G. Würker: Zulässige Aufheiz- und Abkühlgeschwindigkeit dickwandiger Rohrleitungen. Allg. Wärmetechnik 1956, H. 10.

[155] Lefort, P.: L'état actuel de la technique de la fatigue des métaux. Le Génie Civil 1956, 318—334.

[156] Stüssi, E.: Grundzüge und Aufgaben einer Theorie der Dauerfestigkeit. Stahlbautagung Köln 1956, Deutscher Stahlbauverband, H. 11.

[157] Rühl, K.: Zeit- und Zukunftsfragen der Festigkeitsforschung. Stahlbautagung Köln 1956, Deutscher Stahlbauverband, H. 11.

[158] Bühler, H.: Beitrag zur Frage der Prüfverfahren zur Bestimmung des Alterungsverhaltens bei Stählen. Stahl u. Eisen 1956, H. 19.

[159] Dechner, F., u. H. Speich: Verhinderung von Martensitbildung beim Lichtbogenschweißen. Stahl u. Eisen 1956, H. 19.

[160] Vorläufige Empfehlungen zur Wahl der Stahlgütegruppen für geschweißte Stahlbauten, Köln: Stahlbau-Verlags-GmbH. 1957.

[161] Geschweißte Verbindungen im Rohrleitungsbau. Beratungsstelle f. Stahlverwendung Düsseldorf 1957.

[162] Hummitzsch, W.: Mechanische Eigenschaften von Schweißverbindungen an Stählen für den Kessel- und Behälterbau in Abhängigkeit von der Wärmebehandlung. Stahl u. Eisen 1957, H. 7.

[163] Heilig, R.: Zur Berechnung von Trägern mit veränderlicher Querschnittshöhe und von Scheibenbogen. Bautechnik 1957, H. 7 u. 11.

[164] Wiester, H. J.: Probleme der Schweißung hochfester Baustähle. Schweißen u. Schneiden 1957, H. 10.

[165] Zeyen, K. L.: Die Schweißbarkeit der Stähle für den Ingenieurbau. Bauingenieur 1957, H. 6 u. 11.

[166] Schenk-Schmidtmann: Der Einfluß von Seigerungen, Kaltverformung und Alterungsbehandlung auf die Kerbschlagzähigkeit unberuhigter, weicher Baustähle. Stahl u. Eisen 1957, H. 12.

[167] Wiester-Bading-Riedel-Scholz: Einfluß der Stickstoffabbindung durch Aluminium auf die Eigenschaften von Baustählen. Stahl u. Eisen 1957, H. 12.

[168] Kochendörfer-Scholl: Die Sprödbruchneigung von Stählen in Abhängigkeit von Spannungszustand und Temperatur. Stahl u. Eisen 1957, H. 15 u. 18.

[169] Henninger, O.: Fortschritte in Planung, Bau und Betrieb von Wasserkraftanlagen. Bericht auf der Weltkraftkonferenz Wien 13 (1957) 4515.

[170] Süss, A.: Verminderung von Materialaufwand und Energieverlusten bei Verteilleitungen von Wasserkraftanlagen. Escher-Wyss-Mitt. 1957, H. 3 u. 1958, H. 1.

[171] Dubas, M.: Récentes réalisations Vevey en matière de conduites forcées. Bull. Techn. Vevey-Suisse 1958, H. 1.

[172] LIKIN, N. V.: Beispiele der neuesten Stahldruckrohrleitungen. Moskau: Verlag Orgenergostivi 1958.

[173] NAESER, G., u. W. SCHOLZ: Der Einfluß einer mechanischen Bearbeitung auf das Reaktionsvermögen von festen Stoffen. Mitt. Forschungsinst. Mannesmann-A. G. Kolloid-Z. 1958, 1—8.

[174] HAUTTMANN, H.: Erprobung trennbruchsicherer Baustähle in Berstversuchen. Z. Schweißtechn. Wien 1958, 67—74.

[175] DÖRNEN, A.: Verbindungstechnik, Durchbildung und Gestaltung im Stahlbau. Der Stahlbau 1908—1958. Köln: Stahlbau-Verlags-GmbH 1958, 137.

[176] SCHEPERS, A., u. F. R. LICHT: Der Temperaturverlauf der Kerbschlagzähigkeit und das Bruchaussehen im Übergang von der Hoch- zur Tieflage. Stahl u. Eisen 1958, 227.

[177] STEINHARDT, O.: Die Stahlkonstruktionen der großen deutschen hydroelektrischen Speicheranlagen. Stahlbautagung Heidelberg: Deutscher Stahlbauverband 1958, H. 12.

[178] Das örtliche Entspannen von Schweißnähten durch induktive Wärmebehandlung. Beratungsstelle für Stahlverwendung, Düsseldorf 1959.

[179] SCHLEGEL, E.: Zur Konstruktion von geschweißten Rohrverzweigungen. Der Stahlbau 1959, H. 1.

[180] BORN, K.: Stähle für Rohrkonstruktionen. Techn. Mitt. Mannesmann 3, 1959.

[181] RUBO, E.: Grundsätzliche Betrachtungen zur Minderung von Eigenspannungen in geschweißten Bauteilen aus Stahl, insbesondere an Druckbehältern. Der Stahlbau 1959, H. 6.

[182] ESSLINGER, M.: Aussteifungsringe von Druckrohrleitungen. Der Stahlbau 1959, H. 9.

[183] HAUTTMANN, H.: Der LD-Stahl, seine Herstellung und seine Eigenschaften. VDI-Z. 1959, 514—520.

[184] KRÄCHTER, H.: Erfahrungen mit einem 15 MeV-Betatron bei der zerstörungsfreien Prüfung von Stahlerzeugnissen. Stahl u. Eisen 1959, 419.

[185] REUSCH, E.: Berechnungsweise für Rohrabzweige. Diplomarbeit Lehrstuhl Prof. Dr.-Ing. O. Steinhardt, T. H. Karlsruhe 1959.

[186] WITTMOSER, A.: Einteilung der Eisen-Kohlenstoff-Gußwerkstoffe. Zentrale Gußverwendung-Nachrichten Dez. 1959.

[187] AD-Merkblätter der Arbeitsgemeinschaft Druckbehälter. Köln: Beuth-Vertrieb GmbH 1960.

[188] API-Vorschrift über Leitungsrohre mit erhöhten Prüfanforderungen. American Petroleum Institute, Dallas (Texas) 1960.

[189] PUECH, M.: Die Alterung von Baustählen. Acier-Stahl-Steel 1960, H. 2.

[190] KLÖPPEL, K., u. H. WEIHERMÜLLER: Dauerfestigkeitsversuche mit Schweißverbindungen aus St. 52. Der Stahlbau 1960, H. 5.

[191] SKUBALLA, W.: Neuere Hochleistungsschweißverfahren und ihre Bedeutung für den Stahlbau. Der Stahlbau 1960, H. 5.

[192] HERZET-LAVAL-MARTELÉE: Die Stahlmäntel der Kernreaktoren, BR II u. III in Mol (Belgien) Acier-Stahl-Steel 1960, H. 6.

[193] UHLIR, E., u. F. KERMAUNER: Zuverlässige Prüfungen gewährleisten die Sicherheit der Rohrleitungen. Öst. Z. Elektrizitätswirtschaft (ÖZE) 1960, H. 6.

[194] HIEMESCH, U.: Kugelverteilstücke als Turbinenabzweige. ÖZE 1960, H. 6.

[195] SCHULZ, F., u. K. H. FASOL: Druckstoßmessungen im Kraftwerk Reisseck-Kreuzeck. ÖZE 1960, H. 6.

[196] KÄMMEL, G.: Der elliptische Bogen. Bautechn. 1960. H. 8.

[*197*] Zastrow, E.: Stähle für das Leistungsreaktor-Druckgefäß. Der Stahlbau 1960, H. 11.

[*198*] Wysiatycki, K.: Beitrag zur Berechnung von Spannungen in Trägern mit veränderlicher Höhe. Bautechn. 1961, H. 5.

[*199*] Feige, A., u. W. Freund: Die konstruktive Gestaltung einiger charakteristischer Bauelemente von stählernen Druckrohrleitungen in neuzeitlicher Ausführung. Der Stahlbau 1961, H. 5.

[*200*] Klöppel, K., u. R. Schardt: Versuche mit kaltgereckten Stählen. Der Stahlbau 1961, H. 7.

[*201*] Zeyen, K. L.: Festigkeitsverhalten von geschweißten Rohrverbindungen. Der Stahlbau 1961, H. 9.

[*202*] Chevalley, A., u. H. Leising: Beitrag zu Entwurf und Konstruktion von Abzweigungen stählerner Druckrohrleitungen. Der Stahlbau 1961, H. 11.

[*203*] Mittelstaedt, K.: Berechnung der Verformung von Trägern mit stetig veränderlichem Trägheitsmoment. Der Stahlbau 1962, H. 3.

Patentschriften

[*204*] Nr. 187359 Klasse 47f: Österr. Patentamt: Abzweigstück oder ähnl. Rohrformstück. (Maschinenfabrik Augsburg-Nürnberg AG in Nürnberg 1953).

[*205*] Nr. 829837 Deutsches Patentamt: Aussteifung für Rohrformstücke, beispielsweise für Rohrabzweigstücke in Form sogenannter Hosenrohre (A. Rinner, Dortmunder Union Brückenbau-A. G. 1951).

[*206*] Nr. 880826 Deutsches Patentamt: Geschmiedete Umkehrkappe (J. Sellen, Paris. Schmidtsche Heißdampf-Gesellschaft mbH., Kassel 1953).

[*207*] Nr. 940081 Deutsches Patentamt: Wie [*204*].

[*208*] Nr. 945726 Deutsches Patentamt: Geschweißte Rohrabzweigung mit Verstärkung der Schweißnaht (B. J. Kenneth, London. Deutsche Babcock & Wilcox-Dampfkessel-Werke, AG, Oberhausen Rhld. 1956).

[*209*] Nr. 961934 Deutsches Patentamt: Rohrverzweigung, insbesondere Hosenrohr (A. Schiller, Mannesmann AG, Düsseldorf 1953).

[*210*] Nr. 1060201 Deutsches Patentamt: Rohrverzweigungsstück mit Verstärkungsrippe (A. Süss, Zürich; Escher Wyss GmbH, Ravensburg 1959).

Sachverzeichnis